多孔介质中燃烧的孔隙尺度模拟

Pore-Scale Simulations of Combustion in Porous Media

史俊瑞　陈仲山　岳　猛　著

科　学　出　版　社

北　京

内 容 简 介

多孔介质中燃烧广泛存在于自然界与生产生活中，也是开发新型燃烧系统与节能环保设备的先进燃烧技术。本书介绍著者团队近十年来在多孔介质中燃烧的孔隙尺度模拟的研究工作及成果。全书共 7 章，包括导论、稳态燃烧非平衡特性的二维数值研究、富燃料多孔介质中制取合成气的孔隙尺度模拟、多孔介质内非稳态燃烧孔隙尺度二维数值模拟、低速过滤燃烧非平衡特性的三维孔隙尺度研究、高压湍流过滤燃烧火焰特性的孔隙尺度研究以及往复流多孔介质燃烧器的稳态模型与应用的研究。

本书可供工程热物理、热能、化工、冶金、动力机械及工程等专业科研和工程技术人员阅读，也可作为相关专业硕士和博士研究生教材或参考书。

图书在版编目（CIP）数据

多孔介质中燃烧的孔隙尺度模拟=Pore-Scale Simulations of Combustion in Porous Media / 史俊瑞，陈仲山，岳猛著. —北京：科学出版社，2021.6

ISBN 978-7-03-068993-1

Ⅰ. ①多… Ⅱ. ①史… ②陈… ③岳… Ⅲ. ①多孔介质-燃烧理论-孔隙度测定-数值模拟 Ⅳ. ①O643.2

中国版本图书馆CIP数据核字（2021）第105310号

责任编辑：刘翠娜 孙静惠 / 责任校对：彭珍珍
责任印制：赵 博 / 封面设计：蓝正设计

科学出版社 出版
北京东黄城根北街 16 号
邮政编码: 100717
http://www.sciencep.com
北京天宇星印刷厂印刷
科学出版社发行 各地新华书店经销
*
2021 年 6 月第 一 版 开本：720 × 1000 1/16
2025 年 4 月第三次印刷 印张：12 1/2
字数：260 000

定价：118.00 元

（如有印装质量问题，我社负责调换）

序

液体及气体燃料在多孔介质内的燃烧，亦称为过滤燃烧，是自然界和工程技术中广泛存在的一种燃烧现象。提高燃烧效率和减少燃烧过程中的污染物排放始终是燃烧领域两大热点研究课题，为此人们开发了各种新颖的燃烧技术。20 世纪 80 年代以来引起广泛关注的多孔介质燃烧是可望解决这两大问题的一项重要技术，为研究和开发新型先进燃烧系统提供了一条前景广阔的新途径。

多孔介质是一种典型的多尺度结构的复杂几何系统，其孔隙结构或颗粒分布通常是随机、非均匀的。无论其自身几何结构还是发生在其中的流动、传热传质和燃烧过程均涉及许多层次不同的尺度，不同尺度下的过程(流动、输运及化学反应)呈现出各自不同的特点。因此，要深入了解多孔介质内过滤燃烧过程的详细机理是十分困难的。长期以来，对过滤燃烧的研究，无论是理论分析还是数值模拟，都采用宏观描述的简化方法，即把多孔介质视为均匀的连续介质，在研究对象的宏观尺度上对基本控制方程按体积取统计平均，而各种输运关系及固相与流体相之间的相互作用则采用经验公式来描述，对于流固两相间的非平衡，则采用双温度模型之类宏观方法来处理，这样虽然使研究得以大大简化，但在体积平均过程中，大量中小尺度乃至微尺度下的信息丢失，从而使得出的结果往往与实际有较大的偏差。某些情况下，甚至会发生定性的失真。因此，为了透彻地了解燃烧与多孔介质复杂的相互作用，从本质上揭示过滤燃烧的机理，必须抛弃传统的体积平均方法，在孔隙尺度上对多孔介质内的输运和燃烧过程进行直接模拟。随着计算机技术的突飞猛进，这已经成为现实。该书正是作者近年来在该方向进行探索和实践的成果展示和经验总结。全书内容系统且完整，除对多孔介质燃烧数值模拟基础知识以及国内外在该领域的新进展进行概括介绍外，重点介绍了作者对多孔介质燃烧孔隙尺度模拟的相关理论问题的探讨及其在某些具体工程问题中的应用。

史俊瑞教授是我国工程热物理燃烧学领域一位成绩卓著的中青年学者，自攻读博士学位以来，近 20 年时间一直从事多孔介质燃烧研究，在实验、理论和数值模拟方面均取得了令人瞩目的成果。近年来，他及其团队专注于多孔介质燃烧的孔隙尺度模拟并取得显著进展。我相信，该书的出版将会对我国多孔介质燃烧模拟研究产生一定的推动作用。该书对从事多孔介质燃烧研究的科研和工程技术人员将是大有裨益的，对于立志从事燃烧研究的广大青年学子，也将是一本有益的参考书。

解茂昭

2021 年 4 月于大连理工大学

前　言

燃烧为人类的发展、进步与文明提供了不竭的动力。提高燃烧效率与减少燃烧过程中污染物排放是人类共同的追求。多孔介质燃烧是一项先进并具有广阔应用前景的燃烧技术，为研究和开发新型燃烧系统提供了一条广阔可行的新途径。

著者研究团队自 2002 年以来一直从事多孔介质燃烧的研究工作。本书系统介绍著者团队的研究进展与成果。关于多孔介质燃烧的孔隙尺度模拟，国内尚无系统全面的介绍。国内出版的《多孔介质燃烧理论与技术》(化学工业出版社，2013)，是浙江大学程乐鸣教授团队自 1999 年以来研究工作的总结，系统介绍了其团队开展的多孔介质燃烧理论、实验研究和应用研发。解茂昭教授等撰写的专著《多孔介质燃烧理论与模拟》主要总结并系统介绍著者团队 30 年来在多孔介质燃烧领域的研究工作及成果，特别是在惰性多孔介质燃烧理论和数值模拟方法方面所取得的进展。本书的重点与特色在于从孔隙尺度研究多孔介质燃烧，譬如探索把随机多孔介质简化为二维对称结构、三维对称结构及开展全尺寸的三维孔隙尺度模拟，都各具特色，所以本书与程乐鸣教授、解茂昭教授的专著具有较强的互补性。

本书系统介绍著者团队在孔隙尺度模拟多孔介质燃烧中取得的进展与成果。本书分为 5 个单元，共 7 章。第 1 单元为第 1 章，在展示本团队研究进展的同时，把迄今国际上多孔介质燃烧模拟的重要成果与最新进展介绍给读者，对多孔介质燃烧进行了分类，便于读者从总体上把握多孔介质燃烧的形态和特征，最后介绍本书的核心思想和研究内容及方法，期望为学术界和工程界提供多孔介质燃烧模拟的参考资料。第 2 单元包括第 2 章与第 3 章，涵盖两层多孔介质燃烧器的二维孔隙尺度模拟、富燃料多孔介质中制取合成气的二维与三维孔隙尺度模拟。第 3 单元包括第 4 章与第 5 章，包括非稳态燃烧的二维与三维孔隙尺度模拟。第 4 单元为第 6 章，主要介绍多孔介质中高压湍流燃烧的三维孔隙尺度模拟。第 5 单元为第 7 章，主要介绍多孔介质燃烧稳态模型的建立与应用。

本书第 1～4 章、第 7 章由史俊瑞(山东理工大学)撰写，第 5 章由岳猛(大连理工大学能源与动力学院)与史俊瑞共同撰写，第 6 章由陈仲山(辽宁工程技术大学安全科学与工程学院)撰写，全书由史俊瑞统稿。本书写作过程中参阅与引用了国内外众多研究者的大量成果，研究生刘洋与李厚平等为本书提供了素材，在此，谨向上述所有同志表示由衷的感谢。山东理工大学交通与车辆工程学院能源与动力工程系的各位同事，特别是刘永启教授、毛明明博士，对全书的完善提供了有益的帮助。能源与动力工程系是团结向上、积极进取的大家庭，感谢同事们在著者写作过程中提供的各种帮助，感谢张秀丽老师细致地校稿。科学出版社为本书的出版提供了支持和协助，使本书如期出版，在此一并致谢。

著者对大连理工大学解茂昭教授、李本文教授表示诚挚的感谢，解茂昭教授于 2002 年将我引领到多孔介质燃烧领域，使我开启这一燃烧新方向；李本文教授在我博士后及后期研究工作中给予细致的指导和热心的帮助。与本书内容相关的研究工作先后得到了 3 项国家自然科学基金的资助，应该说，我们在多孔介质燃烧研究方向取得的所有进展和成果都与这些基金的资助密不可分，在此，谨向国家自然科学基金委员会表示深切的谢意。同时，感谢父母、姐姐、哥哥、弟弟，特别感谢妻子和儿子，为著者写作创造了良好的条件。

本书相关的研究内容得到了国家自然科学基金面向项目“低速过滤燃烧非平衡特性的孔隙尺度研究”(51876107)的资助，同时也得到山东理工大学交通与车辆工程学院学科建设的资助。在此，谨向上述机构或组织表示诚挚的感谢。

限于著者的知识范围与水平，书中难免存在不足之处，诚恳期望同行专家学者和广大读者不吝赐教。

史俊瑞　陈仲山　岳　猛
2021 年 3 月于山东理工大学

目　录

第1章　导　论

1.1　多孔介质与多孔介质中燃烧分类

在自然界和工程中存在着多样的多孔介质。研究多孔介质中输运、反应和相变取决于目前已经掌握的研究自由空间中这些现象的知识与技能。在自由空间中引入多孔介质后，多孔介质的孔隙结构和性质对反应和输运等过程产生显著的影响。一般而言，多孔介质通常是指由固体基体(骨架)和具有相互连接的孔隙所构成的多相体系，固体骨架遍及多孔介质所占据的体积空间，孔隙空间相互连通。每个相可以是连续或分散的，其中固相可能具有规则的或随机的几何形状和结构，而流体相可以是气相、液相或二者兼有。自然界中存在的多孔介质大多是非规则的，孔隙结构是随机无序的，如土壤、煤炭、雪、岩石、动物器官和生物组织等。工程中应用的多孔介质较多的是氧化铝、碳化硅小球和泡沫陶瓷等，孔隙当量直径为 0.4～5mm。图 1-1 是燃烧场所常用到的泡沫陶瓷和氧化铝小球。

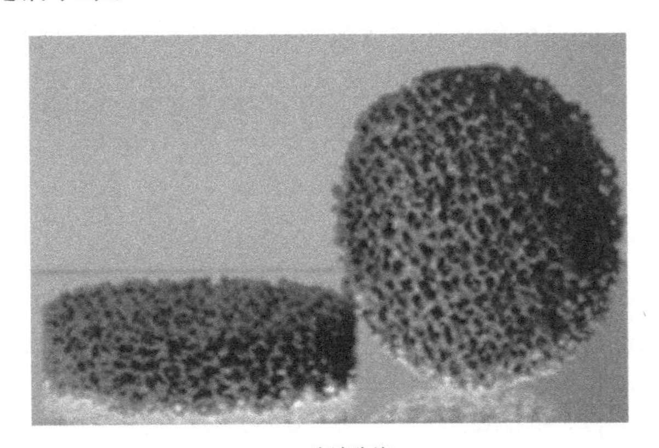

(a) 泡沫陶瓷

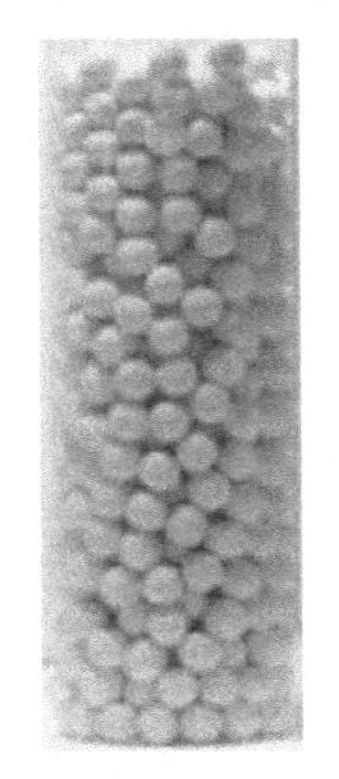

(b) 氧化铝小球

图 1-1　燃烧场所常用到的泡沫陶瓷与氧化铝小球

广义上的多孔介质燃烧涵盖的范围很宽，包括惰性(活性)的多孔介质通入气体或液体燃料(氧化剂)场合下的燃烧，以及气体燃料在催化填充床内的催化燃烧。本书研究气体燃料在惰性多孔介质中的预混燃烧，具有特定含义，第 2～7 章中所指多孔介质燃烧均指本书的特定含义。

近几十年来各国学者对多孔介质中燃烧开展了系统深入的研究。多孔介质中燃烧涉及的范围很宽，预混燃烧只是多孔介质中燃烧的一个主要分支。为叙述方便，本节首先将多孔介质中燃烧做简要的分类。本书主要体现著者研究团队近几年所取得的成果和进展，因此内容并不追求全面，对于未涉足的领域或者某一类别的多孔介质中燃烧，只做简单的分类，方便读者从总体上把握和理解。

与传统的自由空间燃烧相类比，按照燃烧方式分类，多孔介质燃烧可分为多孔介质中预混燃烧与多孔介质中扩散燃烧。多孔介质中预混燃烧是指燃料和氧化剂在进入多孔介质之前进行充分完全的混合；而多孔介质中扩散燃烧是指燃料、氧化剂通过各自的喷口进入多孔介质后发生混合与燃烧，燃料与氧化剂在进入多孔介质之前未进行混合。按照燃烧状态分类，可分为稳态、非稳态和具有周期特征的准稳态。预混气体完全浸没于均质的多孔介质中燃烧为非稳态燃烧，其中低速过滤燃烧就是典型的非稳态燃烧，国内外研究者对此开展了大量的研究，取得了丰硕的成果。非稳态燃烧的典型特征是出现向上游或下游稳定传播的燃烧波，或者在特定的当量比(φ)下，火焰驻定于燃烧器内的某一位置(火焰传播速度为零)，燃烧波传播速度与当量比的函数关系类似于U形曲线，该现象在多种多孔介质、多种气体燃料中得到证实，如图1-2所示。

图 1-2 所示的超绝热燃烧(superadiabatic combustion)，或者过焓预混燃烧(excess enthalpy premixed combustion)，是指预混气体在多孔介质中燃烧，由多孔介质的存在而导致的部分反应热利用固体的导热和辐射，通过自我组织的

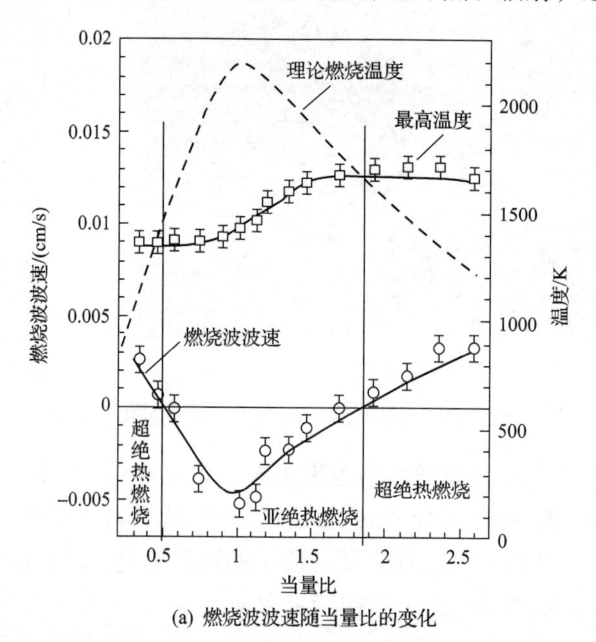

(a) 燃烧波波速随当量比的变化

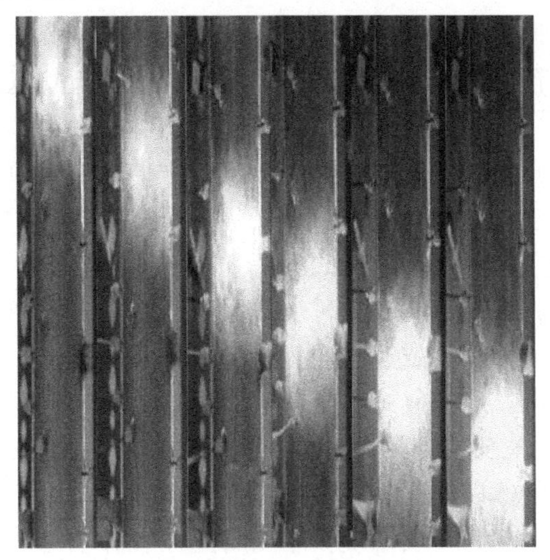

(b) 氢气/空气多孔介质中燃烧照片

图 1-2　燃烧波波速随当量比的变化及气体多孔介质中燃烧照片

热回流，使得反应物在未达到反应区域就得到了有效的预热。因此，在反应区域，气体的温度可高于相应燃料的绝热燃烧温度。而亚绝热燃烧是指多孔介质中燃烧温度低于理论燃烧温度。如图 1-2(a)所示，可以根据是否发生超绝热燃烧，将当量比的范围分为超绝热燃烧区与亚绝热燃烧区。图 1-3 通过比较混合气在不同燃烧系统中焓值的变化来描述超绝热燃烧的概念，虚线表示没有预热的自由空间燃烧系统中焓值的变化，实线表示预混气体多孔介质中燃烧时焓值的变化。在没有预热的燃烧系统中，由于存在热损失，温度难以达到绝热燃烧温度，尾气温度较高，尾气余热无法回收。而在实线表示的燃烧系统中，由于蓄热和传热能力较好的多孔介质的存在，蓄积在火焰区下游多孔介质中的部分

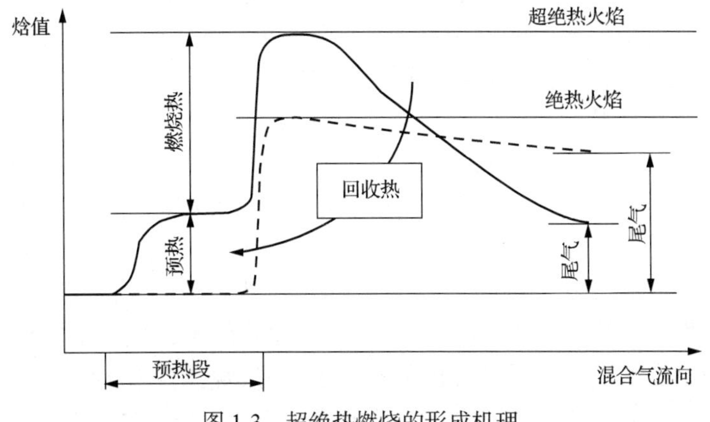

图 1-3　超绝热燃烧的形成机理

热量，通过多孔介质的辐射和导热，产生了向上游的热回流，使混合气在到达反应区前已被充分预热，温度迅速提高，混合气到达反应区后发生燃烧反应，预热量叠加燃烧热，产生了超绝热燃烧现象。

预混气体多孔介质中燃烧，按照气流流动方向可分为单向流动与往复流动下的燃烧。常规的多孔介质燃烧器能够扩展预混气体的可燃极限，但其降低贫可燃极限的程度毕竟是有限的。Zhdanok 等[1]在实验中将甲烷/空气在气体单向流动的小球填充床的贫可燃极限扩展到 0.153。为了进一步扩展贫可燃极限，使得低热值甚至超低热值的燃料或工业污染物也可以稳定燃烧，研究者提出了往复流多孔介质燃烧技术。对往复式超绝热燃烧的研究最早出现在化工催化反应领域。往复流多孔介质燃烧技术，就是将预混气流过多孔介质的方向实行周期性交替改变，即预混气体以往复流动方式分别从多孔介质的两端流入，实现周期性循环燃烧。往复流多孔介质燃烧技术与普通多孔介质燃烧技术最大的不同在于它不仅利用了多孔介质的热反馈作用，而且通过来流气体的不断往复，不断吸收上个半周期下游多孔介质储存的尾气热量。因此预混气体的预热效果得到改善，从而拓展了预混气体的可燃极限。预混气体在多孔介质内往复流动下燃烧，气流流动方向在一定的半周期下交替往复换向，当运行达到一定的半周期后，在相邻的两个半周期内，燃烧和流动等表现出相似的状态而不再随周期的变化而变化，称为具有周期特征的准稳态。

早在 1997 年，日本学者成功利用往复流多孔介质燃烧技术将天然气/空气预混气体的贫可燃极限扩展到了 0.026[2]。利用往复流多孔介质燃烧技术，实现极低热值瓦斯气的焚烧发电，并已经在国内外实现了商业化利用。根据文献报道[3]，往复流多孔介质燃烧器-换热器可实现当量比仅为 0.021 的甲烷/空气的低热值气体稳定燃烧，而当量比达到 0.041 可实现取热利用，被视为极具吸引力的高效清洁燃烧技术。瑞典 MEGTEC 公司于 2007 年建成了处理量为 25 万 m^3/h 瓦斯气的发电厂，燃料是当量比仅为 0.09 的瓦斯气，可见往复流多孔介质燃烧器-换热器具有工业化处理低热值气体和取热利用的应用前景。

根据火焰与多孔介质的相对位置，分为火焰稳定在多孔介质出口表面的表面燃烧和火焰完全浸没于多孔介质孔隙中的浸没燃烧，前者主要用于工业加热和食品加工等领域，如红外燃气灶就是基于多孔介质表面燃烧技术研发的一类燃烧器，其节能环保性能优异，备受业界好评。燃烧器内布置不同结构或材料的多孔介质时，在一定的工况范围内，火焰会自适应地驻定在多层多孔介质交界面附近，此时多为稳定状态。基于两种不同材料或结构组合，并将火焰控制在两种材料交界面的燃烧器称为两层多孔介质燃烧器。该燃烧器技术相对成熟，在工业加热等领域已经开始推广应用。国内外研究者对稳定燃烧开展了大量的研究[4-12]。

过去几十年，研究者对多孔介质预混燃烧开展了大量的研究工作，并取得了显著的进展。但是对多孔介质扩散燃烧的研究则关注极少[13-23]。气体在多孔介质中扩散燃烧，必然具有扩散燃烧的某些特性和新的特征。研究者先后在实验中观测到两种火焰结构：浸没于多孔介质填充床内的浸没火焰和在多孔介质表面的扩散火焰，且随着小球直径、当量比和流速等的变化，火焰明显表现出类似于自由空间中燃烧(燃料在开敞和封闭空间内的燃烧)的变化规律[13-14]。多孔介质复杂多变的通道，增强了气流的传热传质和横向掺混；同时由于弥散作用，火焰结构又有别于自由空间扩散燃烧的火焰结构。图 1-4 是著者团队在实验中观测到的不同流速下多孔介质中扩散燃烧的火焰结构[24]，甲烷质量分数(Y_{CH_4})为 0.188。从图中可以看出，同时存在着两种火焰：浸没于填充床中的火焰与小球表面的火焰，浸没于小球填充床中的火焰是近似于平行的蓝色火焰，而表面火焰呈现锥形结构。因此可以看出扩散过滤燃烧仍然具有自由空间扩散燃烧的某些属性。

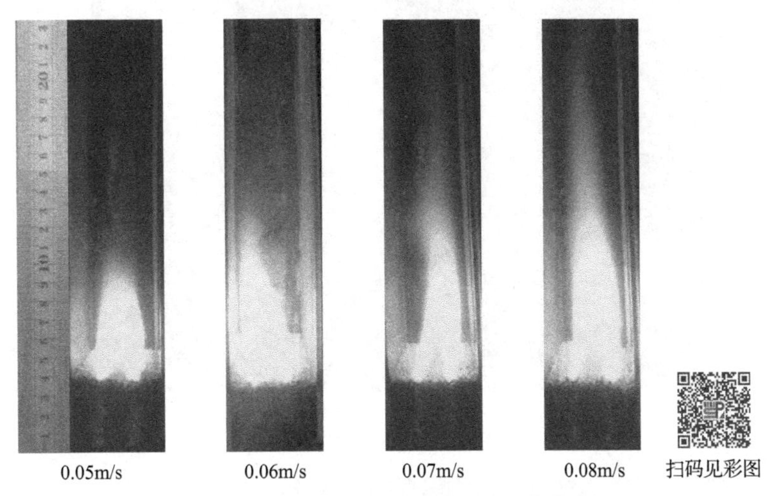

图 1-4 扩散火焰形态随流速的变化[h(填充床高度)=40mm，Y_{CH_4}=0.188，d(小球直径)=2.5mm]

近二十年来，研究者开展了多孔介质中微尺度和介观尺度燃烧的研究。根据 Ju 和 Maruta[25]的建议，可以根据燃烧器尺寸、火焰淬熄直径和相对长度尺寸对微尺度和介观尺度燃烧进行分类。燃烧器的尺度小于 1mm 是微尺度燃烧，燃烧器尺度介于 1～10mm 之间，则认为是中尺度燃烧[26-29]，其他两类分类见文献[25]。过去二十年，国内研究者对微尺度燃烧开展了深入细致的研究，极大推进了对微尺度稳定燃烧和可燃极限等的认识[30-39]。

Babkin 等[40]根据预混气体在多孔介质中燃烧波传播速度的区段及相应的形成机理，将过滤燃烧分为低速、高速、声速、低速爆炸和爆震波等五种稳定的燃烧。其中低速过滤燃烧的燃烧波传播速度的数量级为 0.1mm/s，是目前研究较为集中的热点。过去十年内，著者团队在该方向开展了系统深入的研究。按照燃料的相态分类，多孔介质中燃烧可分为多孔介质中气体燃烧和多孔介质中液体燃烧。

在理论分析和数值研究中，研究者通常采用体积平均法，假设火焰锋面是连续、稳定的平面波，且火焰厚度为无限薄或是毫米量级燃烧波，但这与实际燃烧器内的火焰结构相去甚远，甚至在本质上是错误的。由于多孔介质本身是随机无序的，因此其火焰形态可能是不连续且多维的，甚至在一定条件下火焰会产生失稳变形等非稳定现象。研究者先后在实验中观测到了火焰出现破裂、倾斜、热斑、胞室和熄火等非稳定燃烧现象，火焰形态不再保持初始时刻平整的火焰形状[41-46]。因此按照气体多孔介质中的燃烧状态，可分为稳定燃烧与非稳定燃烧。图 1-5 是著者团队实验中观测到的多孔介质中燃烧火焰倾斜和热斑现

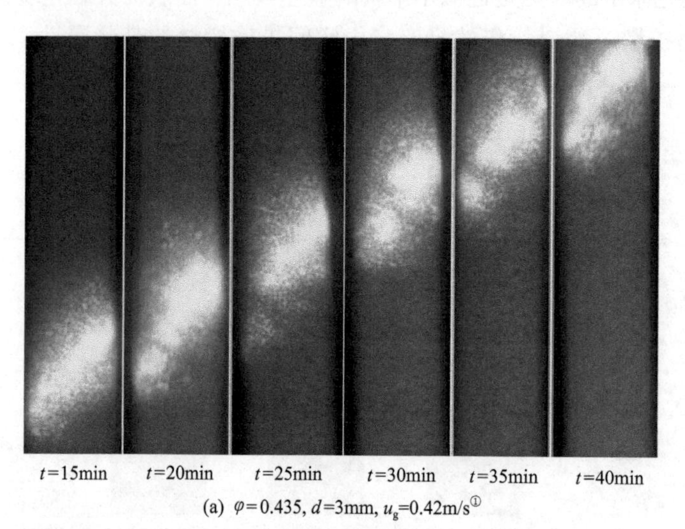

(a) φ=0.435, d=3mm, u_g=0.42m/s[①]

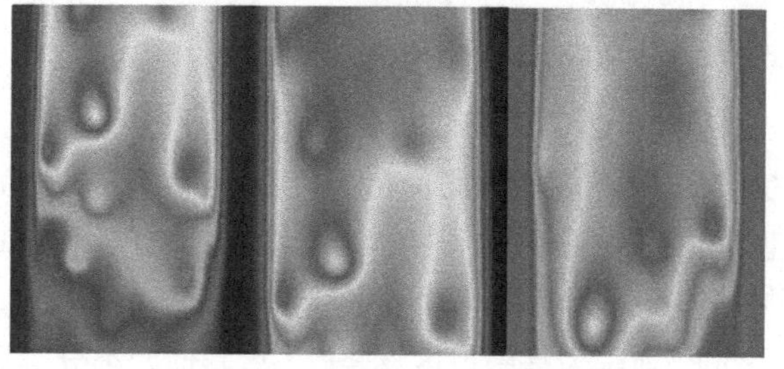

(b) d=3.5mm, u_g=0.5m/s, Y_{H_2}=6.5%

图 1-5　火焰倾斜与热斑

① u_g为入口流速，本文所指入口流速，是指气体垂直于燃烧器入口的速度，不同章节中所研究的对象采用了不同维数的模型，因此入口流速的表示符号在各章节中有差异。

象[47-49]。燃烧波前沿的非稳定发展，会导致火焰熄灭或者形成新的火焰前沿结构，对于工业和实际燃烧器的利用是非常不利的，探索火焰锋面的非稳定机制，寻求抑制火焰失稳策略，无疑具有重要的科学意义[50-58]。

1.2　多孔介质中燃烧的数值研究

在介绍多孔介质燃烧的数值模拟之前，有必要简明扼要地介绍多孔介质中输运和燃烧的尺度问题。人类对多孔介质中输运的科学研究可追溯到19世纪。1856年，Darcy出版的著作中描述了饱和土中水的渗流速度与水力坡降之间的线性关系的规律，称为线性渗流定律。随后，该定律得到不断完善与改进，随后研究者将多孔介质内流动的研究扩展到了传热传质和燃烧过程。

一般而言，对多孔介质燃烧的研究可分为微尺度、颗粒尺度(孔隙尺度)和系统尺度。多孔介质中燃烧的研究对于低热值气体利用、燃料合成、油气开采和火灾防护等具有重要的指导意义和理论价值。其中孔隙尺度的研究尤其引人注目。多孔介质孔隙跨越多个尺度，从分子级别到厘米量级甚至更大。图1-6是孔隙尺度内输运、反应和相变过程示意图[59]。

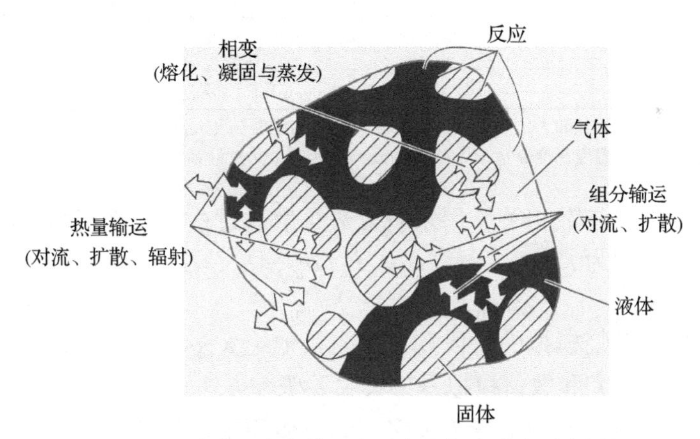

图1-6　孔隙尺度内输运、反应和相变过程示意图

系统尺度(L)通常远大于孔隙尺度(d)。但是也有例外，有的场合下系统尺度与孔隙尺度相当，如非常薄的多孔层上面有导热涂层。在该场合下研究多孔介质内的导热和流动一般采用直接数值模拟，而不引入当地热平衡等假设。另外，当$L/d \gg 1$且孔隙范围内的温度(或浓度)的变化与系统尺度内温度(或浓度)的变化相比可以忽略，可假设在孔隙尺度内气相和固相处于当地热平衡。当固体基质结构在孔隙距离内不能够充分被描述时，可以用大于孔隙尺度(d)的表征元来表述多孔介质，同时也不得不假设表征元尺度(l)内的当地热平衡。这里需要引出

除了d、L、l尺度外的另外一个尺度：渗透率的平方根$K^{1/2}$，称为BSD(Brinkman screening distance)。BSD小于d，其数量级为$10^{-2}d$，在该尺度下对当地热平衡假设的限定很弱，四个尺度的大小关系：$K^{1/2} \ll d \ll l \ll L$。这些尺度的数量级[59]见表1-1。

表1-1 单相连续介质长度、时间与温度尺度

BSD	孔隙尺度(颗粒尺度)	表征元尺度	系统尺度
长度尺度			
$K^{1/2}$	d	l	L
$K^{1/2} \ll d$	$d < l$	$l \ll L$	
10^{-12}～10^{-3}m	10^{-10}～10^{-2}m	10^{-8}～1m	10^{-6}～10^{-2}m
时间尺度			
$K^{1/2}$	d	l	L
K / α_e	d^2 / α_e，10^{-15}～10s	l^2 / α_e，10^{-11}～10^5s	L^2 / α_e，10^{-7}～10^7s
$K^{1/2} / u_0{}^+$，0～10^3s	d / u_0，0～10^4s	l / u_0，10^{-3}～10^6s	L / u_0，10^{-1}～10^8s
温度尺度			
$K^{1/2}$	d	l	L
$\Delta T_{K^{1/2}} = 0$	$\Delta T_{K^{1/2}} < \Delta T_d$	$\Delta T_d < \Delta T_l \ll \Delta T_L$	$\Delta T_L{}^{++}$
0	0～10^{-3}℃	0.1～10℃	1～10^3℃

注：+速度可能低到0.1mm/天，也可能高到声速；++地热温度梯度大约0.025℃/m，而在两相流蒸发冷却和多孔介质中燃烧火焰的温度梯度高达10^4～10^5℃/m；α_e为有效热扩散系数；u_0为入口流速(一维)。

时间尺度与热扩散相关，用来表征热扩散通过这些尺度所需的时间，这些尺度的表达式分别为K / α_e、d^2 / α_e、l^2 / α_e、L^2 / α_e，流体颗粒穿越这些尺度的停留时间为$K^{1/2} / u_0$、d / u_0、l / u_0、L / u_0。

多孔介质中燃烧模拟的手段和方法与其他绝大多数学科和领域是相似的，理论分析、实验研究和数值模拟是三大主要研究方法。

多孔介质中燃烧的理论分析大多是基于体积平均法开展研究的。与描述自由空间中燃烧的控制方程组相比，多孔介质中燃烧的控制方程组需要额外考虑固体能量守恒方程，当然如果采用当地热平衡假设，气体与固体能量方程可以合二为一。多孔介质的引入，还会对流场和组分输运等产生影响，因此为理论分析带来了困难。研究者借鉴经典层流预混燃烧理论，如对燃烧区域进行分区分析、假设火焰为无限薄的平面火焰、大活化能理论的应用等，再加以引入适当的假设，对多孔介质燃烧开展了大量的理论分析，形成了较为系统的理论体系，如火焰传播速度理论解、贫可燃极限和能量的累积效应等[1,40]。

实验是研究多孔介质中燃烧的重要方法，近几年来取得了显著的研究成果。填充床内的温度测量与烟气成分分析是主要的常规实验手段，为宏观尺度上描述多孔介质燃烧特性提供了丰富信息和重要数据。但是，多孔介质本身结构的复杂性和非透明性，也为传统的接触式测量带来了困难。近年来，研究者将非接触测试技术应用于多孔介质孔隙中温度、组分和火焰结构等的测量，极大地推进了多孔介质中火焰结构和热非平衡特性的认识。Stelzner 等[60]利用 PLIF(平面激光诱导荧光系统)测试技术，以中间产物—OH 表征火焰结构，他们发现火焰面是不规则的。Kiefer 等[61]通过搭建相干反斯托克斯拉曼反射(coherent anti-Stokes Raman scattering, CARS)在国际上首次实现了孔隙内气体温度和组分分布的测量。他们的研究表明，由于热非平衡导致向上游的热回流，火焰上游的气体得到了充分的预热。Dunnmon 等[62]利用 X 射线计算机断层扫描(X-ray computed tomography, X-CT)实现了对泡沫陶瓷整个截面孔隙内气体温度的定量测量，测量值与实验值吻合较好。同时他们观测到了火焰区域的热回流现象，发现孔隙结构对燃烧有很大的影响。

多孔介质中燃烧和输运过程的模拟，按模拟尺度可分为宏观尺度、孔隙尺度和微观尺度或分子尺度。从认识需要、求解方法和计算资源等综合考虑，研究者采用不同尺度对多孔介质燃烧开展研究。体积平均法是早先大多研究者采用的方法并延续至今，该方法不考虑多孔介质的详细结构，它的优势是不需要复杂的几何建模，因此计算区域的网格数量大为减少，数学模型对传统的 N-S 方程进行修正而获得，气固之间的换热，以及弥散效应等通过宏观经验公式考虑，因此数学模型简单，求解相对容易，计算所需计算资源很小，计算成本较低。

基于常规实验手段和体积平均法对多孔介质燃烧的研究取得了进展，但二者存在着根本性的缺陷：无法研究孔隙与火焰、流体的相互作用。克服上述局限的一种有效方法是采用孔隙尺度的数值研究，该方法的基本思想是建立二维或者三维几何体，基质结构是固体相，而气固交界面处理为壁面，然后建立并求解孔隙内的燃烧和输运过程，实现了气固传热的耦合计算，这就可以直观研究多孔介质孔隙与流动和燃烧的相互作用。

显然，受到计算资源的约束，目前对全部多孔介质的几何建模和数学求解是不现实的，特别是孔隙尺度变化很大的泡沫陶瓷的建模和网格划分。理论上讲，现代造影技术的发展使得多孔介质几何结构重构不存在困难，但尺度跨越很大的多孔介质结构需要在计算域布置千万甚至上亿数量级的网格，化学反应的时间跨越多个尺度，这将为数值计算带来难以承受的计算成本。与体积平均法不同，孔隙尺度模拟不需要经验公式考虑气固之间的相互作用以及各种弥散效应。近年来发展很快的格子玻尔兹曼方法(lattice Boltzmann methods, LBM)[63-66]和无网格法光滑粒子流体动力学方法(SPH)[67]也是介观方法，能够很好地处理边界问题，少数研究者甚至尝试 LBM 研究多孔介质中的燃烧问题，但 LBM 和 SPH 方法用来研究低速过滤燃烧还不成熟。

微观尺度是连续介质方法中的最小尺度，简称微尺度。在这个尺度区域内对分子相互作用进行平均，得到的物理量不会因这个平均区域的微小变动而产生任何波动，也就是说它是定义明确的，如描述微小孔隙、颗粒、气泡和液滴的界面及内部过程的微尺度。

1.3 孔隙尺度模拟的必要性、主要过程与简化方法

1.3.1 必要性

体积平均法模型简单，计算成本低，为认识多孔介质中燃烧的宏观特性奠定了基础。基于体积平均法取得了丰硕的理论成果，特别是在指导工程设计、工程应用层面做出了巨大的贡献。在体积平均过程中，大量中小尺度和微尺度的信息被过滤。随着研究者对过滤燃烧认识的逐步深入，体积平均法模型本身的局限性和基于此方法的研究结果受到了极大的挑战。实际上，过滤燃烧既不存在宏观尺度上的火焰，也不存在一个薄的连续火焰锋面，宏观控制方程取得的成果与实际有较大的差别。基于体积平均法无法预测孔隙内的火焰结构和信息传递，掩盖了过滤燃烧的物理机制和真实面目。研究者采用非接触光学测试手段，在实验中多次证实火焰结构、流场和温度场的非均匀性，多孔介质基质结构对火焰结构有显著的影响。为了从根本上阐明燃烧与多孔介质复杂交互作用的内在机理，必须开展更小尺度的研究，从本源上揭示过滤燃烧的本来面目。但需要指出的是，若从最微观的层面(分子层面)入手，无疑会给数值计算带来巨大的挑战，其巨大的存储和计算量是现有计算机难以承受的。

目前多孔介质孔隙尺度的研究，大多集中于传热传质过程，孔隙尺度的燃烧研究还没有引起足够的重视。目前还没有孔隙尺度过滤燃烧普适性好的数学和物理模型，对孔隙内流动、传热传质和燃烧过程知之甚少，没有形成孔隙内火焰传播和驻定燃烧机理的系统理论，严重制约着人们认识火焰结构及其真实面目，本书将总结著者团队近年来在该方面的最新研究工作和探索实践。

1.3.2 主要过程与简化方法

孔隙尺度物理模型中考虑多孔介质的详细结构，建立数学模型需要考虑气体在孔隙内输运和燃烧。特别是当流速较大时需要使用湍流模型。本书讨论的流体符合传统的连续介质模型，可以采用 N-S 方程描述。描述孔隙内气体燃烧

的数学模型，在连续介质的假设下，多孔介质基质处理为固体相，流固接触面处理为边界条件。在此模型下，体积平均法中使用的宏观经验常数则不再需要考虑。控制方程组通常包括 N-S 方程和固相能量守恒方程等，得到封闭的方程组，在合适的定解条件下数值求解方程组，属于传统的 CFD 方法。

建立准确的多孔介质几何模型是研究孔隙尺度燃烧的基础，研究者常采用以下方法重构多孔结构：物理方法(核磁共振成像等)[68-69]、数值方法[70-71]、规则的颗粒堆积[72-75]等方法，其中泡沫陶瓷和小球填充床是应用最为广泛的多孔结构，也是研究者重构最多的结构。由于泡沫陶瓷结构的无序性，大多研究者采用物理方法重构，而小球填充床则有多样的重构方法。随着高清影像技术的发展，研究者可以重构纳米级随机颗粒填充床结构。由于多孔介质结构复杂，孔隙尺寸变化大，流固边界附近参数变化剧烈，对计算域进行网格划分，特别是接触点附近的网格划分需要系统研究。

基于颗粒孔隙尺度的研究，可以直观揭示出孔隙内的输运和燃烧特性，无疑是理想和现实可行的研究方法。随着高性能计算机的涌现和数值算法的不断改进、先进测试手段的发展，借鉴前人丰富的研究成果，从介观尺度认识过滤燃烧已经成为可能。尽管孔隙尺度模拟已经可行，但开展孔隙尺度模拟至少在最近几年内，只能在模型的复杂性与求解精度之间折中。鉴于此，下文抛砖引玉，从以下几个方面为开展孔隙尺度的研究提供简化的思路和方法，同时本书将在后几章中开展详细论述。

1. 从有序走向随机

自然界与工业应用中的多孔介质结构是随机无序的，这为几何建模、网格划分以及计算求解带来巨大的工作量和计算成本。为此，将随机无序多孔介质在一定的原则下简化为有序或结构化结构(周期性结构)介质，通过对称等边界条件把几何结构简化，达到简化几何结构与减少计算量的目的，以节省巨大的计算成本。需要指出的是，随机填充床内的输运和燃烧过程与结构化填充床内的这些过程完全不同。但是在一定的结构简化原则下，仍然可以反映随机填充床内的燃烧特性，为最终实现无序多孔介质内的燃烧提供理论支撑和依据。研究表明，相比于随机填充床，结构化填充床内的燃烧具有综合换热效率高、压力损失小等优势，这也将为结构化填充床的开发和优化提供理论依据。在还未找到随机填充床孔隙尺度研究有效方法的时候，必须对问题进行分解整合，这符合研究规律，也是认识过滤燃烧特性的必由之路。随机填充床简化为结构化填充床，探索用结构化填充床替代随机填充床，研究填充床内的燃烧特性的实践，将在本书的第 2～5 章中展开论述。

2. 计算域简化

采用孔隙尺度模拟多孔介质中燃烧，为了节省计算成本，计算域简化始终是研究者广泛采用的方法。简化的方法包括为了验证数值模拟的有效性，实验研究的燃烧器采用比率小(燃烧器直径/小球直径的比值)的燃烧器等，采用对称边界条件、沿气流方向选取代表性的部分，本书的第2～4章中将展开论述。

3. 化学反应计算加速

直接将具有大量网格的多维模型与包括数十甚至百种组分的详细化学反应动力学模型耦合起来，其计算量远远超过了目前计算机的计算能力。在均质压燃的数值模拟中发现，详细化学反应动力学的计算时间占据了整个计算时间的90%以上，因此加速化学反应动力学的计算速度可以大大提高计算效率。目前加速化学反应计算的方法很多，其中非结构化自适应列表法(ISAT)是存储/提取法，通过把预先算好的化学反应源项储存在一个多维的储存库中，使在CFD的计算中无须对此源项进行积分计算，而是从储存库中直接提取，因此可以大大节约计算时间[76]。目前，ISAT等加速化学反应计算的方法已经嵌入到商业软件Fluent模块中，该算法已经引入到多孔介质中燃烧的计算。

4. 多尺度方法

多孔介质中燃烧、传质传热、流动和燃烧的时间尺度跨越很大。在非稳态数值模拟计算中，若采用满足全部时间尺度的最小时间步长，显然会增加成百上千倍的计算时间，计算成本难以承受。若采用一致的较大时间步长，则难以满足详细化学反应机理所需的时间尺度要求。为此，研究者对传热传质和燃烧等过程施加不同的时间尺度，以提高计算效率。Yakovlev 等[77]的研究表明，采用多尺度模拟多孔介质中燃烧，可显著提高计算效率，同时保证了计算精度。

5. 采用简化化学反应机理

除了预测污染物排放和燃料改性，单步总包化学反应机理仍然是目前研究者的首选机理，其计算工作量小是首要原因。研究者证实，在当量比较大时使用单步总包反应机理导致预测的燃烧温度过高等问题，使用多步或者详细化学反应机理可改善预测结果[78]。简化机理或者骨架机理只适用于部分压力、温度和当量比的特定条件，因此简化机理的使用受到一定的限制。详细化学反应机理适用的范围宽广，如天然气反应机理GRI-Mech不断更新，为用户提供了多样的选择[79]。如前所述，成百个组分和上千个基元反应的机理，为多维非稳态的计算带来了极大的困难。但令人欣慰的是，加速化学反应机理的各种算法，目前已经嵌入到多款商业软件中，为用户提供了便利。本书第 2 章将开展该方面的探索实践。从后面的实践结果可以看出，反应机理的选择应根据认知的需求和计算资源而定，完全没有必要追求最新的反应机理耦合全尺寸的多维计算。

6. 稳态模型的应用

下面以低速过滤燃烧为例说明稳态模型的应用。贫燃料与富燃料低速过滤燃烧的火焰传播速度数量级为 0.1m/s，火焰传播速度很小，特别是燃料重整的场合，采用非稳态模型是适当的选择。但非稳态模拟计算非常耗时。在预测燃料重整的数值研究中，去除燃烧在燃烧器入口与出口处的影响，采用稳态模型预测燃烧波达到燃烧器中央部位的燃料重整特性，将是非常有意义的探索。

往复流多孔介质燃烧器在达到准稳态平衡后，具有准稳态燃烧的特性[80-82]。传统的模型模拟往复流多孔介质燃烧器中的燃烧，需要采用非稳态模型，在切换大约 20 个周期后，达到准稳态平衡，非常费时费力[83-92]。若在非稳态模型的基础上，通过适当简化，采用稳态模型计算，预期将节省大量的计算时间和计算成本[93]，同时可采用详细化学反应机理，更为精准地预测贫可燃极限与燃料重整效率，本书第 7 章将开展该方面的探索实践。

参 考 文 献

[1] Zhdanok S, Kennedy L A, Koester G. Superadiabatic combustion of methane air mixtures under filtration in a packed bed[J]. Combustion and Flame, 1995, 100(1-2): 221-231.

[2] Hoffmann J G, Echigom R, Yoshida H, et al. Experimental study on combustion in porous media with a reciprocating flow system[J]. Combustion and Flame, 1997, 111(1-2): 32-46.

[3] Gosiewski K, Pawlaczyk A, Jaschik M. Energy recovery from ventilation air methane via reverse-flow reactors[J]. Energy, 2015, 92: 13-23.

[4] 王恩宇，骆仲泱，倪明江，等. 气体燃料在渐变型多孔介质中的预混合燃烧机理的研究[D]. 杭州: 浙江大学, 2004.

[5] 赵平辉. 惰性多孔介质内预混燃烧的研究[D]. 合肥: 中国科学技术大学, 2007.

[6] 吴雪松. 工业级多孔介质低氮燃烧器开发研究[D]. 杭州: 浙江大学, 2018.

[7] Gao H B, Qu Z G, Feng X B, et al. Methane/air premixed combustion in a two-layor porous burner with different foam materials[J]. Fuel, 2014, 115: 154-161.

[8] 代华明. 多孔介质内煤矿低浓度瓦斯燃烧波多参数耦合时空演化机理[D]. 徐州: 中国矿业大学, 2016.

[9] 褚金华，程乐鸣，骆仲泱，等. 渐变型多孔介质燃烧器的研究与开发[D]. 杭州: 浙江大学, 2005.

[10] 段毅, 程乐鸣, 吴雪松, 等. 内嵌换热面双层多孔介质预混燃烧试验研究[J]. 浙江大学学报(工学版), 2017, 51(8): 1626-1632.

[11] Liu H, Dong S, Li B W, et al. Parametric investigations of premixed methane-air combustion in two-section porous media by numerical simulation[J]. Fuel, 2010, 89(7): 1736-1742.

[12] Liu H, Kang L S, Yi Z, et al. Investigation of flame characteristic in porous media burner with pores step distribution in radial direction[J]. Combustion Theory and Modelling, 2020, 24(4): 666.

[13] Kamiuto K, Ogawa T. Diffusion flames in cylindrical packed beds[J]. Journal of Thermophys and Heat Transfer, 2015, 11(4): 585-587.

[14] Kamiuto K, Miyamoto S. Diffusion flame in plane-parallel packed beds[J]. International Journal of Heat and Mass Transfer, 2004; 47(21): 4593-4599.

[15] Kokubun M A E, Fachini F F, Matalon M. Stabilization and extinction of diffusion flames in an inert porous medium[J]. Proceedings of the Combustion Institute, 2016, 36(1): 1485-1493.

[16] Mujeebu M A, Abdullah M Z, Bakar M Z A, et al. A review of investigations on liquid fuel combustion in porous inert media[J]. Progress in Energy and Combustion Science, 2009, 35(2): 216-230.

[17] Dobrego K V, Kozlov I M, Zhdanok S A, et al. Modeling of diffusion filtration combustion radiative burner[J]. International Journal of Heat and Mass Transfer, 2001, 44(17): 3265-3272.

[18] Shi J R, Li B W, Li N, et al. Experimental and numerical investigations on diffusion filtration combustion in a plane-parallel packed bed with different packed bed heights[J]. Applied Thermal Engineering, 2017, 127: 245-255.

[19] Shi J R, Li B W, Xia Y F, et al. Numerical study of diffusion filtration combustion characteristics in a plane-parallel packed bed[J]. Fuel, 2015, 158: 361-371.

[20] Fan A W, Zhang H, Wan J L. Numerical investigation on flame blow-off limit of a novel microscale Swiss-roll combustor with a bluff-body[J]. Energy, 2017, 123: 252-259.

[21] Kamal M M, Mohamad A A. Enhanced radiation output from foam burners operating with a nonpremixed flame[J]. Combustion and Flame, 2005, 140(3): 233-248.

[22] Zhang J C, Cheng L M, Zheng C H, et al. Development of non-premixed porous inserted regenerative thermal oxidizer[J]. Journal of Zhejiang University Science A, 2013, 14(9): 671-678.

[23] Ning D G, Liu Y, Xiang Y, et al. Experimental investigation on non-premixed methane/air combustion in Y-shaped meso-scale combustors with/without fibrous porous media[J]. Energy Conversion and Management, 2017, 138: 22-29.

[24] 杨阳. 多孔介质中气体扩散燃烧的火焰特性的研究[D]. 沈阳: 东北大学, 2014.

[25] Ju Y G, Maruta K R. Microscale combustion: Technology development and fundamental research[J]. Progress in Energy and Combustion Science, 2011, 37(6): 669-715.

[26] Liu Y, Fan A W, Yao H, et al. Numerical investigation of filtration gas combustion in a mesoscale combustor filled with inert fibrous porous medium[J]. International Journal of Heat and Mass Transfer, 2015, 91: 18-26.

[27] Liu Y, Ning D G, Fan A W, et al. Experimental and numerical investigations on flame stability of methane/air mixtures in mesoscale combustors filled with fibrous porous media[J]. Energy Conversion and Management, 2016, 123: 402-409.

[28] Liu Y, Fan A W, Yao H, et al. A numerical investigation on the effect of wall thermal conductivity on flame stability and combustion efficiency in a mesoscale channel filled with fibrous porous medium[J]. Applied Thermal Engineering, 2016, 101: 239-246.

[29] Ning D G, Liu Y, Xiang Y, et al. Experimental investigation on non-premixed methane/air combustion in Y-shaped meso-scale combustors with/without fibrous porous media[J]. Energy Conversion and Management, 2017, 138: 22-29.

[30] Li Q Q, Li J, Shi J R, et al. Effects of heat transfer on flame stability limits in a planar micro-combustor partially filled with porous medium[J]. Proceedings of the Combustion Institute, 2018, 37(4): 5645-5654.

[31] Meng L, Li J, Li Q Q, et al. Flame stabilization in a planar microcombustor partially filled with anisotropic porous medium[J]. Aiche Journal, 2017, 64(1): 153-160.

[32] Li Q Q, Shi J R, Guo Z L, et al. Numerical study on heat recirculation in a porous micro-combustor[J]. Combustion and Flame, 2016, 171: 152-161.

[33] Li J, Wang Y T, Chen J X, et al. Experimental study on standing wave regimes of premixed H_2-Air combustion in planar micro-combustors partially filled with porous medium[J]. Fuel, 2016, 167: 98-105.

[34] Li J, Li Q Q, Wang Y T, et al. Fundamental flame characteristics of premixed H_2-air combustion in a planar porous micro-combustor[J]. Chemical Engineering Journal, 2016, 283: 1187-1196.

[35] Li J, Wang Y T, Chen J X, et al. Effects of combustor size and filling condition on stability limits of premixed H_2-air flames in planar microcombustors[J]. Aiche Journal, 2015, 61(8): 2571-2580.

[36] Li J, Wang Y T, Shi J R, et al. Dynamic behaviors of premixed hydrogen-air flames in a planar micro-combustor filled with porous medium[J]. Fuel, 2015, 145: 70-78.

[37] Gan Y H, Chen X W, Tong Y, et al. Thermal performance of a meso-scale combustor with electrospray technique using liquid ethanol as fuel[J]. Applied Thermal Engineering, 2018, 128: 274-281.

[38] Jiang Z W, Gan Y H, Ju Y G, et al. Experimental study on the electrospray and combustion characteristics of biodiesel-ethanol blends in a meso-scale combustor[J]. Energy, 2019, 179: 843-849.

[39] Pan J F, Yu H, Ren H M, et al. Study on combustion characteristics of premixed methane/oxygen in meso-combustors with different cross-sections[J]. Chemical Engineering and Processing, 2020, 154: 108025.

[40] Babkin V S, Vierzba I, Karim G A. Energy-concentration phenomenon in combustion wave[J]. Combustion Explosion and Shove Waves, 2002, 38 (1) : 1-8.

[41] Minaev S S, Potytnyakov S I, Babkin V S, Combustion wave instability in the filtration combustion of gases[J]. Combustion Explosion and Shock Waves, 1994, 30 (3) : 306-310.

[42] Dobrego K V, Kozlov I M, Bubnovich V I, et al. Dynamics of filtration combustion front perturbation in the tubular porous media burner[J]. International Journal of Heat and Mass Transfer, 2003, 46 (17) : 3279-3289.

[43] Kim S G, Yokomori T, Kim N I, et al. Flame behavior in heated porous sand bed[J]. Proceedings of the Combustion Institute, 2007, 31 (2) : 2117-2124.

[44] Kakutkina N A. Some stability aspects of gas combustion in porous media[J]. Combustion Explosion and Shock Waves, 2005, 41 (4) : 395-404.

[45] Saveliev A V, Kennedy L A, Fridman A A. Structures of multiple combustion waves formed under filtration of lean hydrogen-air mixtures in a packed bed[J]. Symposium on Combustion, 1996, 26 (2) : 3369-3375.

[46] Yang H L, Minaev S, Geynce E H. et al. Filtration combustion of methane in high-porosity micro-fibrous media[J]. Combustion Science and Technology, 2009, 181 (4) : 654-669.

[47] 于春梅.预混气体在多孔介质中燃烧的火焰面不稳定特性研究[D]. 沈阳: 东北大学, 2012.

[48] 夏永放.低速过滤燃烧波不稳定性动力学特性研究[D]. 沈阳: 东北大学, 2013.

[49] 陈露. 多孔介质预混燃烧火焰面变形不稳定性的动力学研究[D]. 沈阳: 东北大学, 2015.

[50] 史俊瑞, 徐有宁, 解茂昭, 等. 过滤燃烧火焰锋面倾斜演变的二维数值研究[J]. 工程热物理学报, 2012, 33 (7) : 1267-1270.

[51] 史俊瑞, 李本文, 于春梅, 等. 预混气体在多孔介质中燃烧火焰面倾斜的演变[J]. 东北大学学报(自然科学版), 2013, 34 (02) : 252-256.

[52] 夏永放, 李本文, 于春梅, 等. 多孔介质内稀氢气/空气预混过滤燃烧不稳定性[J]. 江苏大学学报(自然科学版), 2013, 34 (3) : 272-275.

[53] Shi J R, Xie M Z, Xue Z J, et al. Experimental and numerical studies on inclined flame evolution in packing bed[J]. International Journal of Heat and Mass Transfer, 2012, 55 (23-24) : 7063-7071.

[54] Xia Y F, Shi J R, Li B W. Experimental investigation of filtration combustion instability with lean premixed hydrogen/air in a packed bed[J]. Energy Fuels, 2012, 26 (8) : 4749-4755.

[55] Shi J R, Yu C M, Li B W, et al. Experimental and numerical studies on the flame instabilities in porous media[J]. Fuel, 2013, 106 (4) : 674-681.

[56] Chen L, Xia Y F, Li B W, et al. Flame front inclination instability in the porous media combustion with inhomogeneous preheating temperature distribution[J]. Applied Thermal Engineering, 2018, 128: 1520-1530.

[57] Mao M M, Shi J R, Liu Y Q, et al. Experimental investigation on control of temperature asymmetry and nonuniformity in a pilot scale thermal flow reversal reactor[J]. Applied Thermal Engineering, 2020, 175: 115375.

[58] Xia Y F, Chen L , Shi J R, et al. Study on the flame front deformation instabilities of filtration combustion for initial thermal perturbation[J]. Chemical Engineering and Technology, 2020, 43(8).

[59] Kaviany M. Principles of Convective Heat Transfer[M]. Berlin: Springer, 1994.

[60] Stelzner B, Keramiotis C, Voss S, et al. Analysis of the flame structure for lean methane-air combustion in porous inert media by resolving the hydoroxyl radical[J]. Proceedings of the Combustion Institute, 2015, 35(3): 3381-3388.

[61] Kiefer J, Weikl M C, Seeger T, et al. Non-intrusive gas-phase temperature measurements inside a porous burner using dual-pump CARS[J]. Proceedings of the Combustion Institute, 2009, 32(2): 3123-3129.

[62] Dunnmon J, Sobhani S, Wu M, et al. An investigation of internal flame structure in porous media combustion via X-ray Computed Tomography[J]. Proceedings of the Combustion Institute, 2017, 36(3): 4399-4408.

[63] Freund H, Zeiser T, Huber F, et al. Numerical simulations of single phase reacting flows in randomly packed fixed-bed reactors and experimental validation[J]. Chemical Engineering Science, 2003, 58(3-6): 903-910.

[64] Liu Y, Xia J, Wan K, et al. Simulation of char-pellet combustion and sodium release inside porous char using lattice Boltzmann method[J]. Combustion and Flame, 2020, 211: 325-336.

[65] Yamamoto K, Takada N, Misawa M. Combustion simulation with lattice Boltzmann method in a three-dimensional porous structure[J]. Proceedings of the Combustion Institute, 2005, 30(1): 1509-1515.

[66] Xu Q H, Long W, Jiang H, et al. Pore-scale modelling of the coupled thermal and reactive flow at the combustion front during crude oil in-situ combustion[J]. Chemical Engineering Science, 2018, 350: 776-790 .

[67] 李维仲, 赵月帅, 宋永臣. 多孔介质孔隙尺度下不可压缩流体流动特性 SPH 模拟[J]. 大连理工大学学报, 2013, 53(2): 189-193.

[68] Du S, Li M J, Ren Q, et al. Pore-scale numerical simulation of fully coupled heat transfer process in porous volumetric solar receiver[J]. Energy, 2017, 140(1): 1267-1275.

[69] Yamamoto K, Takada N, Misawa M. Combustion simulation with Lattice Boltzmann method in a three-dimensional porous structure[J]. Proceedings of the Combustion Institute, 2005, 30(1): 1509-1515.

[70] Jiang L S, Liu H S, Wu D, et al. Pore-scale simulation of hydrogen-air premixed combustion process in randomly packed beds[J]. Energy and Fuels, 2017, 31(11): 12791-12803.

[71] Jiang L S, Liu H S, Suo S Y, et al. Pore-scale simulation of flow and turbulence characteristics in three-dimensional randomly packed beds[J]. Powder Technology, 2018, 338: 197-210.

[72] Yang J, Wang Q W, Zeng M, et al. Computational study of forced convective heat transfer in structured packed beds with spherical or ellipsoidal particles[J]. Chemical Engineering Science, 2010, 65(2): 726-738.

[73] Dixon A G, Nijemeisland M, Sitt E H. Systematic mesh development for 3D simulation of fixed beds: Contact point study[J]. Computers and Chemical Engineering, 2013, 48: 135-153.

[74] Sahraoui M, Kaviany M. Direct simulation vs volume-averaged treatment of adiabatic, premixed flame in a porous medium[J]. International Journal of Heat and Mass Transfer, 1994, 37(18): 2817-2834.

[75] Hackert C L, Ellzey J L, Ezekoye O A. Combustion and heat transfer in model two-dimensional porous media[J]. Combustion and Flame, 1999, 116(1-2): 177-191.

[76] 贾明. 均质压燃(HCCI)发动机着火与燃烧过程的理论与数值研究[D]. 大连: 大连理工大学, 2006.

[77] Yakovlev I, Zambalov S. Three-dimensional pore-scale numerical simulation of methane-air combustion in inert porous media under the conditions of upstream and downstream combustion wave propagation through the media[J]. Combustion and Flame, 2019, 209: 74-98.

[78] Shi J R, Lv J S, He F, et al. 3D numerical study on syngas production in a structured packed bed with connected pellets[J]. International Journal of Hydrogen Energy, 2020, 45: 32579-32588.

[79] Bowman C T, Hanson R K, Davidson D F, et al. Berkeley mechanical engineering[EB/OL]. [2020-09-01]. https://me.berkeley.edu/.

[80] 邓洋波. 多孔介质内往复流动下超绝热燃烧的实验和数值模拟研究[D]. 大连: 大连理工大学, 2004.

[81] 杜礼明, 解茂昭. 预混合燃烧系统中多孔介质作用数值研究[J]. 大连理工大学学报, 2004, 44(1): 70-75.

[82] 郑斌, 刘永启, 刘瑞祥, 等. 煤矿乏风的蓄热逆流氧化[J]. 煤炭学报, 2009, 34(11): 1475-1478.

[83] Sun P, Yang H, Zheng B, et al. Heat transfer trait simulation of H finned tube in ventilation methane oxidation steam generator for hydrogen production[J]. International Journal of Hydrogen Energy, 2019, 44(11): 5564-5572.

[84] 石月月. 煤矿乏风瓦斯预热催化氧化流动特性与氧化特性模拟研究[D]. 淄博: 山东理工大学, 2018.

[85] Gao Z L, Liu Y Q, Gao Z Q. Influence of packed honeycomb ceramic on heat extraction rate of packed bed embedded heat exchanger and heat transfer modes in heat transfer process[J]. International Communications in Heat and Mass Transfer, 2015, 65: 76-81.

[86] Gao Z L, Liu Y Q, Gao Z Q. Heat extraction characteristic of embedded heat exchanger in honeycomb ceramic packed bed[J]. International Communications in Heat and Mass Transfer, 2012, 39(10): 1526-1534.

[87] 邓浩鑫, 萧琦. 基于蓄热式换热模型的乏风瓦斯逆流热氧化装置设计方法[J]. 煤炭学报, 2014, 39(7): 1302-1308.

[88] 冯涛, 王鹏飞, 郝小礼, 等. 煤矿乏风低浓度甲烷热逆流氧化试验研究[J]. 中国安全科学学报, 2012, 22(10): 88-93.

[89] 高增丽, 刘永启, 苏庆泉, 等. 取热区蜂窝陶瓷几何特性对换热器取热率的影响[J]. 煤炭学报, 2012, 37(4): 683-688.

[90] 高增丽, 刘永启, 高振强, 等. 基于煤矿乏风热氧化的填充床内置换热器取热特性[J]. 煤炭学报, 2015, 40(6): 1402-1407.

[91] Zheng B, Liu Y Q, Sun P, et al. Oxidation of lean methane in a two-chamber preheat catalytic reactor[J]. International Journal of Hydrogen Energy, 2017, 42(29): 18643-18648.

[92] 刘永启, 毛明明, 彭丽娟, 等. 工况参数对乏风瓦斯热氧化阻力特性的影响[J]. 中国矿业大学学报, 2015, 44(4): 644-649.

[93] Yao Z X, Saveliev A V. High efficiency high temperature heat extraction from porous media reciprocal flow burner: Time-averaged model[J]. Applied Thermal Engineering, 2018, 143: 614-620.

第2章　稳态燃烧非平衡特性的二维数值研究

2.1　引　　言

两层多孔介质燃烧器，是指在燃烧器上游与下游布置结构或材料不一致多孔材料的一类燃烧器，通过交界面上的结构或材料物性的变化，使得火焰主体在一定的工况范围内驻留在交界面附近实现稳态燃烧。这与预混气体在材料单一均匀的多孔介质中燃烧有很大差异，前者是非稳态燃烧，火焰向上游或下游传播，或者在特定情况下火焰驻定于燃烧器某一位置的稳定燃烧，因此火焰最终传播到燃烧器入口或者吹出燃烧器外，不利于实现燃烧器的稳定燃烧。而后者是火焰驻定于交界面附近的稳态燃烧，可实现多孔介质燃烧技术的工业利用或者家用。两层多孔介质燃烧器以工作范围宽，燃料适应性好，污染物排放低而备受关注[1,2]。

Oliverira 和 Kaviany[3]综述了多孔介质内燃烧的化学组分与热非平衡特性。对于预混气体在多孔介质中燃烧，热非平衡不仅存在于同相之间，同时存在于异相之间。但是在实验中很难研究热非平衡特性，这主要是由多孔介质的特性引起的。一般而言，多孔介质是非透明的复合介质，孔隙结构随机且孔隙尺寸跨越多个尺度。使用非接触测试技术，如利用光学诊断仪器研究多孔介质内的燃烧和输运过程，需要有合适的光学通道，但是多孔介质的随机结构与非透明特征，成为应用光学仪器进行测试的障碍。而接触式技术将传感器插入到多孔介质中会破坏多孔介质结构。尽管如此，研究者仍然不断探索尝试研究热非平衡特性。Zheng 等[4]采用包覆小球等方法，实现了小球填充床内预混气体燃烧的气相、固相温度的同时测量。但是单个小球内部温度可能是不同的，特别是 Biot 数较大的场合，忽略小球内部温度差异可能会带来很大误差。

体积平均法是早期研究多孔介质中传热传质、燃烧常用方法[5-10]，其中文献[9,10]的研究对象是两层多孔介质燃烧器。由于气固相间强烈的对流换热，部分研究者假设气体与固体处于当地热平衡，而不考虑两相间的传热。也有研究者采用三维模型和详细化学反应机理，研究热非平衡特性[11]。

孔隙尺度模拟多孔介质内非平衡是研究者关注的焦点之一。最早的孔隙尺度模拟是由 Sahraoui 和 Kaviany 提出和发展起来的[12]，他们是多孔介质燃烧孔隙尺度模拟的开拓者。文献[12]模拟甲烷/空气在接近当量比情况下的火焰传播速度和火焰结构，将多孔介质简化为顺列或错列的方形柱体，通过搭桥方法考虑柱体之间的导热，但没有考虑小球表面之间的辐射。随后孔隙尺度模拟不断发展，从最初的二维[12-17]扩展为三维[18-20]，多孔介质结构从最初的结构化布置发展到随机填充床结构[19]，甚至研究者采用了骨架机理模拟气体燃烧，燃烧器内填充的小球数量达到 1000 个，但受限于计算资源，文献只报道了两个计算工况[19]。陈元元等[21-23]采用 Chebyshev 配置点谱方法对局部热平衡状态下多孔介质方腔内的自然对流进行了模拟，使用 Chebyshev-Gauss-Lobatto 配置点对无量纲化的控制方程进行了空间上的离散。结果表明，Chebyshev 配置点谱方法具有很高的计算精度。

本章从孔隙尺度研究两层多孔介质燃烧器内非平衡特性[24]，将随机小球填充床简化为二维结构化布置的填充床，小球表面之间的辐射换热采用离散坐标(discrete ordinates，DO)模型计算，小球之间的导热采用搭桥方法考虑[17]。基于变量的均方根定量研究填充床内的热非平衡特性。结构化填充床内压力损失的预测值与随机小球填充床内压力损失的实验值进行比较，用以揭示结构化填充床在压力损失方面的优异特性。

2.2 两层多孔介质燃烧器内热非平衡特性的孔隙尺度研究

2.2.1 物理模型

选取 Gao 等[6]实验研究的两层多孔介质燃烧器作为研究对象。燃烧器是圆柱形管，在上游填充 50mm 长，直径为 3mm 的氧化铝小球，下游分别填充了 50mm 长，直径为 3mm、6mm、8mm、10mm 或 13mm 小球。为了构建结构化填充床，选取下游分别填充直径为 6mm、9mm 的两种小球作为填充材料，构建上游直径 3mm 小球、下游直径 6mm 小球(3-6 球体填充床)，以及上游直径 3mm 小球、下游直径 9mm 小球(3-9 球体填充床)的两种填充床，下文分别称为 3-6 球体填充床与 3-9 球体填充床。实验中，燃烧器表面球面缠绕保温层以减少系统的热损失。受计算资源的限制，对整个燃烧器进行几何建模从理论上是可行的，但由此带来数量巨大的网格会产生难以接受的计算工作量。为简化计算，本章将随机小球填充床简化为二维结构化填充床，简化后的填充床是错列排列的小球。3-6 球体填充床的几何模型的具体建立过程简述如下，而 3-9 球体填充床的构建过程与 3-6 球体填充床的相同，因此其构建过程不再赘述。

如图 2-1 所示，构建结构化小球填充床的总体思路是：上游为互相连接的直径为 3mm 的小球，长度约为 50mm；下游分别是直径为 6mm 的相连小球，长度约为 50mm。首先假设所有小球的空间相对位置为等腰三角形排列，上游小球中心距计算过程如下。首先根据式(2-1)计算出填充床孔隙率 ε：

$$\varepsilon = 0.375 + 0.34d / D \tag{2-1}$$

式中，d、D 分别为小球与燃烧器的直径。确定孔隙率后，即可确定下游小球的横向距离，进一步确定小球的个数。因此在上游是 24 个 3mm 小球，在下游布置了 8 个 6mm 小球，考虑小球之间的导热，所有相邻小球通过搭桥法相连，用直径为 0.2d 的短圆柱连接相邻小球，d 是小球直径。然后在垂直方向上选取代表性的单元，包括一个完整的小球，或者两个二分之一的 3mm 小球，垂直方向的距离是 3.6730mm。在确定了上游小球之间的相对距离和代表性单元的垂直距离后，下游 6mm 小球的相对距离根据填充床的孔隙率计算得出。如图 2-1 所示，最终确定的上游、下游多孔介质区域的长度，与实验装置中的上、下游多孔介质区域长度为 50mm 是非常接近的。

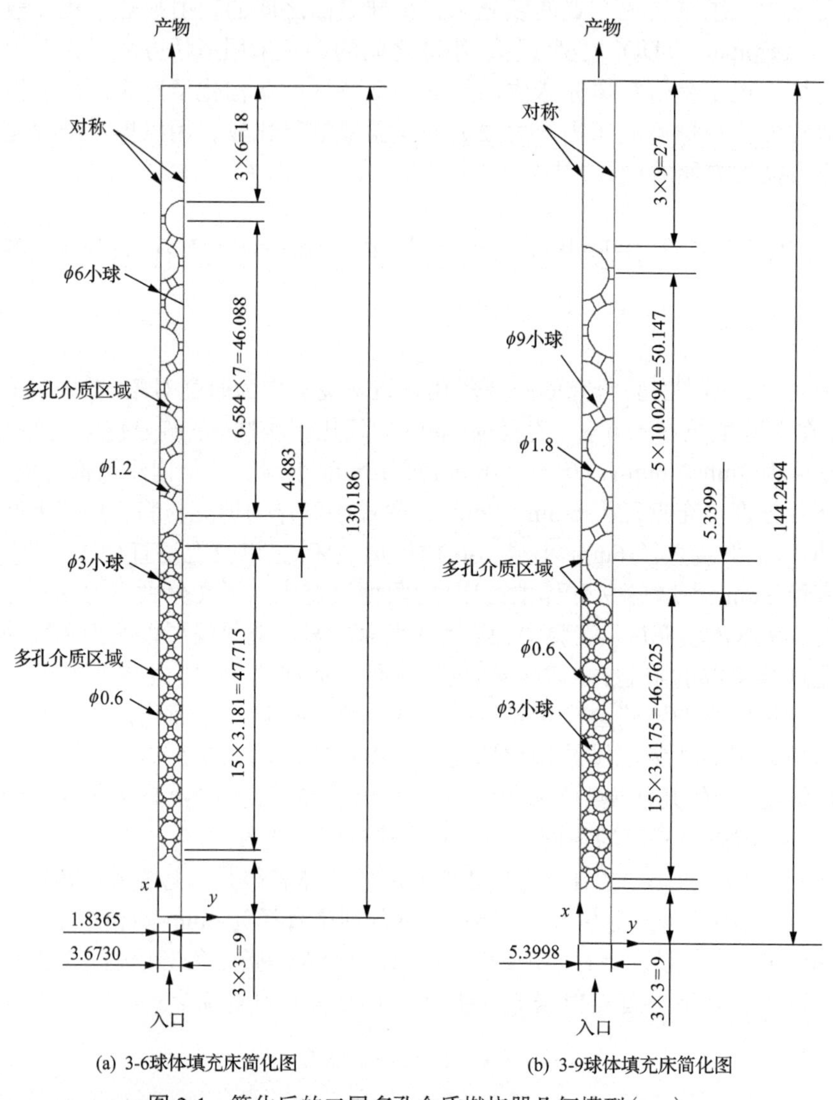

图 2-1　简化后的二层多孔介质燃烧器几何模型(mm)

2.2.2　控制方程与边界条件

在 Gao 等[6]的实验研究中，小球填充床是自然堆积的随机结构，小球是非透明介质的氧化铝小球。预混气体的入口流速（二维）(u_g)很小，范围是 0.2～0.45m/s。为减少热损失，燃烧器壁面采用保温材料进行保温。为了简化计算，引入如下假设。

(1) 小球是非透明介质，不考虑小球表面散射，球体面与面之间的辐射换热采用 DO 模型进行计算。

(2) 所有相邻小球采用搭桥法相连，搭桥短圆柱直径为 $0.2d$。

(3) 气体在多孔介质中的流动是层流。

(4) 化学反应简化为单步总包反应，采用 Fluent15.0 自带的化学反应机理计算化学反应速度。

(5) 系统热损失通过能量方程中添加源项来考虑。

在上述假设条件下，得到以下控制方程组。

连续性方程：

$$\nabla \cdot (\rho_g \boldsymbol{v}) = 0 \tag{2-2}$$

式中，ρ_g 为混合气体密度；$\boldsymbol{v}$ 为速度矢量。

水平方向动量方程：

$$\nabla(\rho_g \boldsymbol{v}v) = \nabla(\mu \nabla v) \tag{2-3}$$

垂直方向动量方程：

$$\nabla(\rho_g \boldsymbol{v}u) = \nabla(\mu \nabla u) \tag{2-4}$$

气体能量守恒方程：

$$\nabla \cdot (\rho_g c_g \boldsymbol{v} T_g) = \nabla \cdot (\lambda_g \nabla T_g) + \sum_i \omega_i h_i W_i + q_R \tag{2-5}$$

式中，λ_g 、c_g、T_g 分别为气体导热系数、比热容和温度；ω_i 、W_i 为组分 i 的化学反应速度和分子量。利用 DO 模型求解辐射传递方程。本节中假设气体是灰体且不参与散射，折射率为 1。辐射源项采用下式计算。

$$\nabla \cdot q_R = 4\alpha\sigma T_g^4 - \alpha G \tag{2-6}$$

式中，α 为吸收系数，$\alpha = CO_2/CH_4$（体积比）；G 为入射辐射。

固体能量守恒方程：

$$\nabla \cdot (\lambda_s \nabla T_s) - \beta(T_s - T_0) = 0 \tag{2-7}$$

式中，λ_s、T_s 分别为固体导热系数与温度；β 为热损失系数。小球温度在燃烧器内变化较大，指定小球导热系数为温度的函数[25]。

气体组分守恒方程：

$$\nabla \cdot (\rho_g \boldsymbol{v} Y_i) - \nabla \cdot (\rho_g D_i \nabla Y_i) - \omega_i W_i = 0 \tag{2-8}$$

式中，D_i、Y_i 分别为气体混合物中 i 组分的扩散系数与质量分数，组分导热系数、扩散系数等指定为组分浓度与温度的函数。

模型中指定下述边界条件。

(1)燃烧器入口：

$$\begin{aligned} &T_g = T_s = 300\,\mathrm{K}, u = u_0, v = 0 \\ &Y_{CH_4} = Y_{CH_4,in}, Y_{O_2} = Y_{O_2,in} \end{aligned} \tag{2-9}$$

(2)燃烧器出口：

$$\frac{\partial T_g}{\partial x} = \frac{\partial T_s}{\partial x} = \frac{\partial Y_i}{\partial x} = 0 \tag{2-10}$$

(3)燃烧器出口辐射热损失：

$$\lambda_s \frac{\partial T_s}{\partial x} = -\varepsilon_r \sigma (T_{s,in/out}^4 - T_0^4) \tag{2-11}$$

式中，ε_r 为小球表面辐射系数；T_0 为环境温度。

(4)在 y=0, 3.673mm，指定对称边界条件：

$$\frac{\partial T_g}{\partial y} = \frac{\partial T_s}{\partial y} = \frac{\partial Y_i}{\partial y} = \frac{\partial u}{\partial y} = v = 0 \tag{2-12}$$

在气体、固体交界面上，指定速度无滑移边界条件。固体物性参数见表 2-1。

表 2-1 氧化铝小球物性[25]

比热容/[J/(kg·K)]	导热系数/[W/(m·K)]					
1165	20℃	500℃	1000℃	1200℃	1400℃	1500℃
	33	11.4	7.22	6.67	6.34	6.23

2.2.3　网格、初始条件与求解

预混气体在多孔介质中燃烧，气固两相间存在着强烈的对流换热，在反应区存在着很大的组分浓度和温度梯度。考虑到这些因素，本节采用非均匀网格对计算区域进行划分。如图 2-2 所示，在气-固交界处的流体侧采用了三层边界层，流体和固体区域采用三角形网格，所有网格尺寸都小于 0.5mm，同时进行了网格无关化检验。控制方程组求解采用商业软件 Fluent 求解。压力与速度耦合采用 SIMPLE 算法。为了模拟点火过程，在两层多孔介质的交界面附近设置了长为 15mm、温度为 2000K 的高温区域。对于能量守恒方程与辐射传递方程收敛残差为 10^{-6}，而其他方程的残差设置为 10^{-3}。

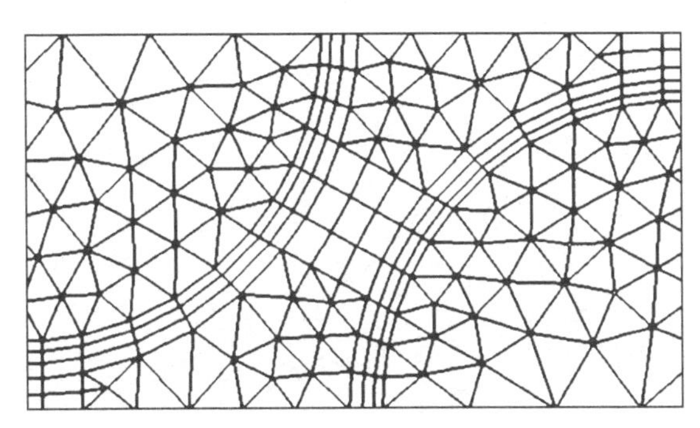

图 2-2　两层多孔介质交界面处网格(3-6 球体填充床)

2.2.4　网格敏感性分析

以 3-9 球体填充床为例，说明网格无关化检验过程。数值结果的可靠性与网格的疏密是密切相关的，网格尺寸和质量必须满足计算的需要。网格敏感性研究中分析了三种网格结构，如表 2-2 所示。计算域使用了非均匀网格。在流体侧、极窄区域内和靠近颗粒壁处采用了较细的网格，而小球内部布置了较粗的网格。图 2-3 显示了上游和下游交界面附近的三种网格结构。

表 2-2　3-9 球体填充床的燃烧器网格尺寸

	网格 1	网格 2	网格 3
入口与出口段(长方形网格)尺寸/mm	1	0.5	0.25
最小网格尺寸/mm	0.2	0.2	0.15
最大网格尺寸/mm	1.5	1	0.6
边界层	上游区域小球表面：0.05mm×1.2×3(第一层网格尺寸×增长率×膨胀层数)；下游区域小球表面：0.15mm×1.2×3		
网格总数	8156	11152	16899

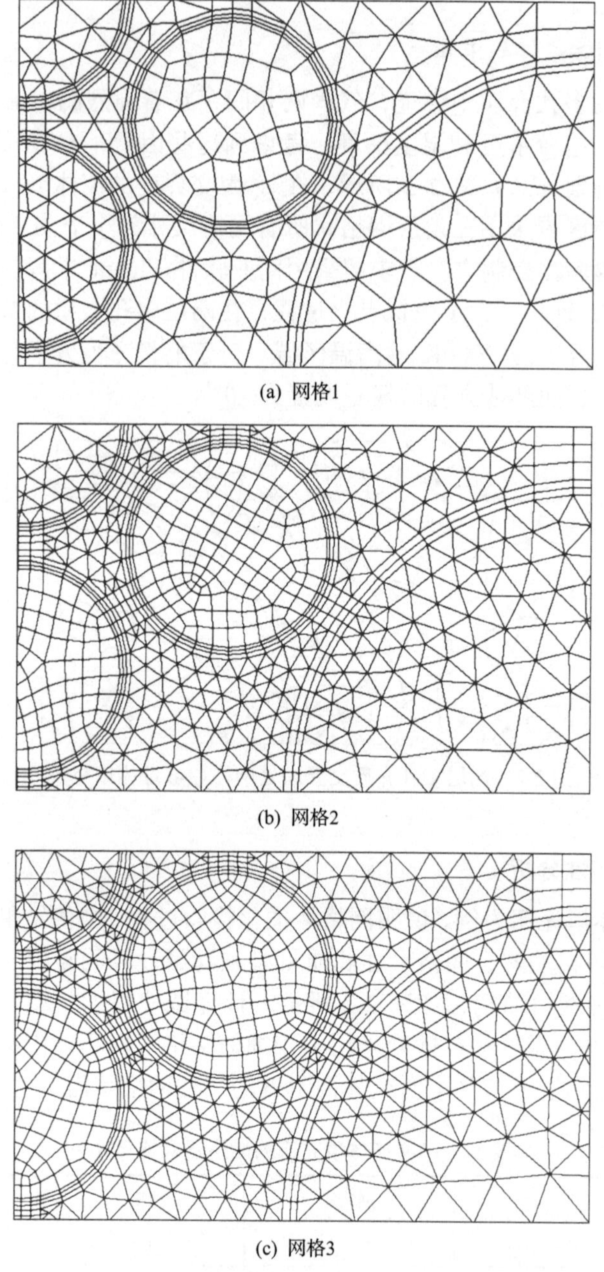

(a) 网格1

(b) 网格2

(c) 网格3

图 2-3　3-9 球体填充床在交界面附近的三种网格

为了研究网格对计算结果的影响，分析了燃烧器内的固体平均温度（$\bar{T}_s$）和平均轴向速度。固体平均温度和轴向速度定义为燃烧器横截面上的平均值。计算中设定当量比(φ)为 0.65，u_g 为 0.3m/s，分别使用三种网格进行了计算，所有参数和求解方法均与求解全部控制方程时保持一致。图 2-4 显示了固体平均温度和轴向平均速度。从图 2-4(a)可以看出，使用三种网格预测的预热区固体平均温度几乎相同，但是预测值在燃烧区和火焰后区存在差异，差别很小，其中使用网格 2 和网格 3 预测的轴向速度的最大偏差为 2.12%。在图 2-4(b)所示的整个区域中，使用网格 2 和网格 3 的预测结果吻合得较好。但是，网格 1 预测的平均轴向速度与网格 2 和网格 3 在燃烧区域附近的预测值有很大的偏差。因此，下面的全部计算采用网格 2 进行。

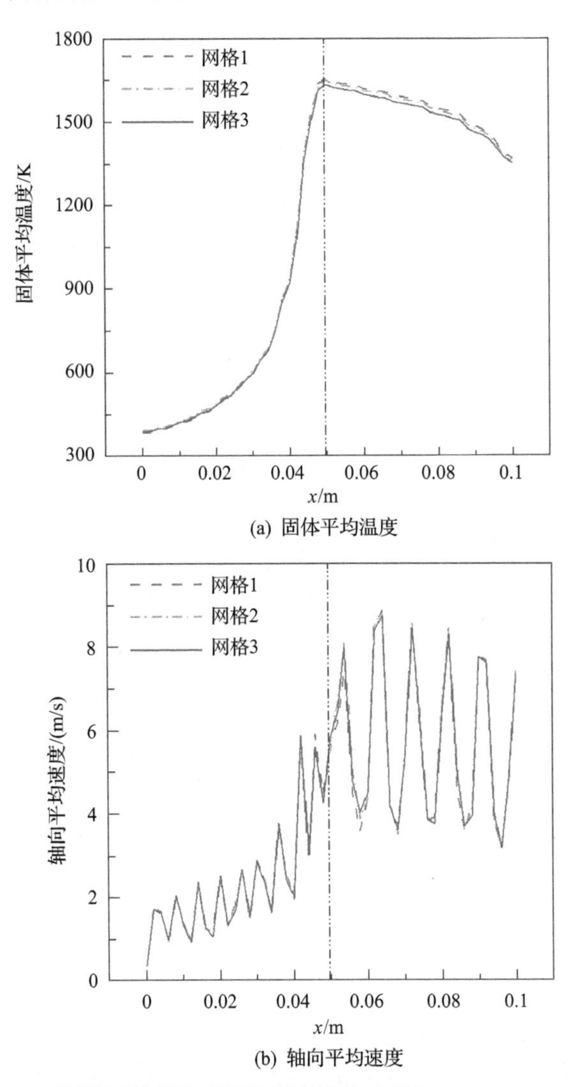

(a) 固体平均温度

(b) 轴向平均速度

图 2-4　预测的固体平均温度与轴向平均速度(φ=0.65，u_g=0.3m/s)

2.2.5 模型验证

图 2-5 为预测的气体与固体温度的平均值及实验值[6]，计算的工况是 φ=0.65，u_g=0.3m/s。为了进行比较，选取下游分别填充直径为 8mm 和 10mm 氧化铝小球的实验值。如图所示，模型预测的气体平均温度（$\bar{T}_g$）、固体平均温度与实验值吻合较好，简化后的二维模型能够准确地预测双层多孔燃烧器的燃烧特性。预测的平均温度略高于实验值，这可能是由于计算中采用了单步总包反应机理。本节将三维随机填充床简化为二维结构化填充床，这种简化可能是预测的温度高于实验值的另一个影响因素。此外，本研究中使用的下游小球直径与实验值不同[6]，为了将随机小球填充床简化为二维结构化填充床，模拟的下游的填充床的小球直径为 9mm，这与实验中燃烧器下游填充的直径为 8mm 或 10mm 的小球是不同的。最后，尽管实验中对燃烧器采用了保温措施，但通过燃烧器壁面的系统热损失是不可避免的，因此计算中热损失系数选取不准确也可能导致预测的温度值偏高。

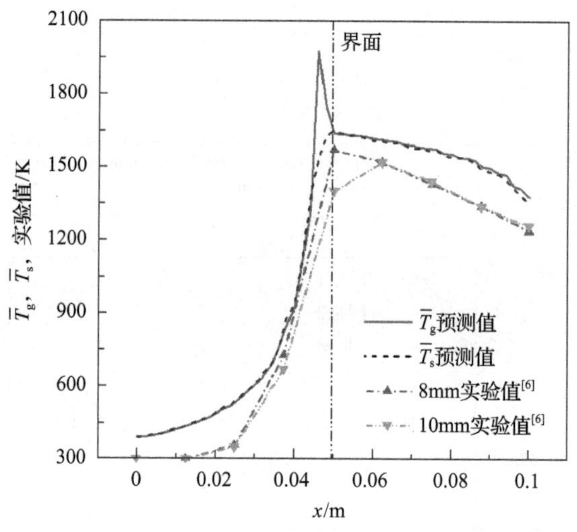

图 2-5 预测的气体与固体温度平均值及实验值（φ=0.65，u_g=0.3m/s，3-9 球体填充床）

2.3 结果与讨论

2.3.1 小球导热系数的敏感性分析

图 2-6 显示了在 φ=0.65 和 u_g=0.3m/s 时，小球导热系数对气相和固相温度分布的影响。从图中可以看出，随着固体导热系数（λ_s）的增大，预热区域的气体与

固体平均温度增大，而燃烧区域的温度反而减小，随后热松弛区域内的温度减小。这表明随着导热系数的增大，通过固体导热的热回流的效应增强，因此预热区域的气体与固体温度都升高。而在反应区域，随着导热系数的增大，热输运能力增强，因此不利于形成局部高温区，所以燃烧最高温度反而降低，相应的固体温度也降低。值得注意的是，随着导热系数的增大，气固平均温度的温差反而减小。

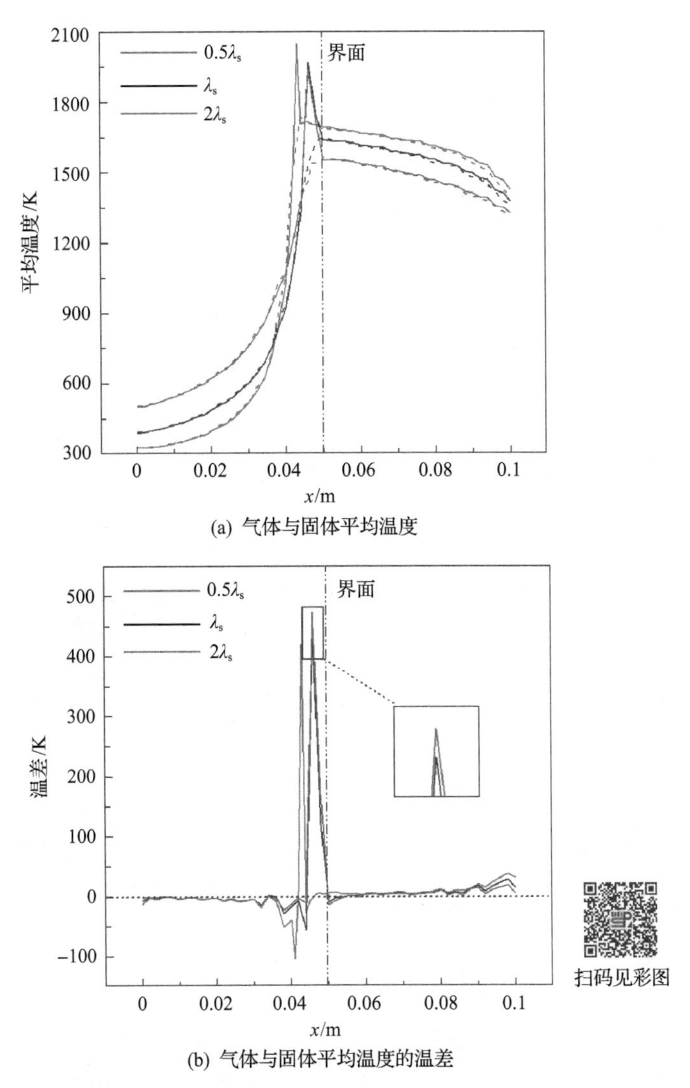

(a) 气体与固体平均温度

(b) 气体与固体平均温度的温差

图 2-6 固体导热系数对燃烧器内气体、固体平均温度以及二者温差的影响

(u_g=0.3m/s，φ=0.65，3-9 球体填充床)

图 2-7 显示了固体导热系数对固体温度的影响，为清晰起见，图中没有给出气体温度，计算的工况是 φ=0.65，u_g=0.3m/s。从计算的气体与固体温度分布可以看出(为节省篇幅，未给出气体温度)，导热系数取为 0.5λ_s时，气固最大温差为 340K，而导热系数取值为 2λ_s时，气固最大温差仅为 110K。这表明导热系数显著影响小球内部的热非平衡。小球内部只有导热传热方式，当导热系数增大时，小球内部扯平温度差异的能力在增强，因此小球内部的热非平衡度在降低，同一小球内部的温度趋于平衡。但需要指出的是，周围流体的流速与温度对小球内部的热非平衡也有影响。

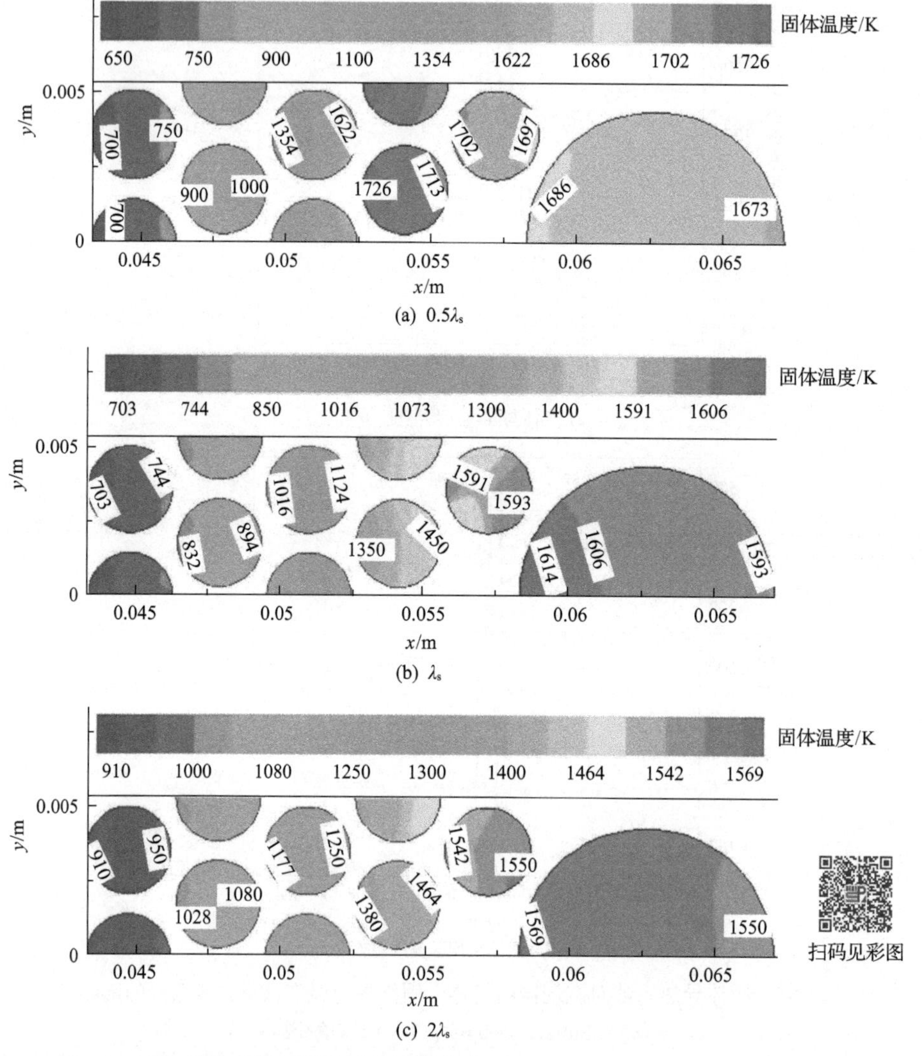

图 2-7　固体导热系数对固体温度的影响(u_g=0.3m/s，φ=0.65，3-9 球体填充床)

为了定量研究小球内部的热非平衡，图 2-8 给出了固体小球温度的均方根，计算的工况与图 2-7 相同。从图中可以看出，在预热区域，三种导热系数下的固体温度均方根的差异很小，而在燃烧区域固体温度均方根达到最大。随着导热系数的增大，均方根在燃烧区域的最大值降低，前文已经解释了原因。在热松弛区域，不同导热系数下的固体温度均方根的差异很小，但是在燃烧器的出口附近，其值不断增大，而 0.5λ_s 下的固体温度均方根值最大。在燃烧器的出口有很大的辐射热损失，因此靠近燃烧器出口的小球向外界有着强烈的辐射热损失，导致该小球内部存在着热非平衡，其导热系数越小，扯平小球内部温度不平衡的能力在下降，因此固体温度的均方根增大。

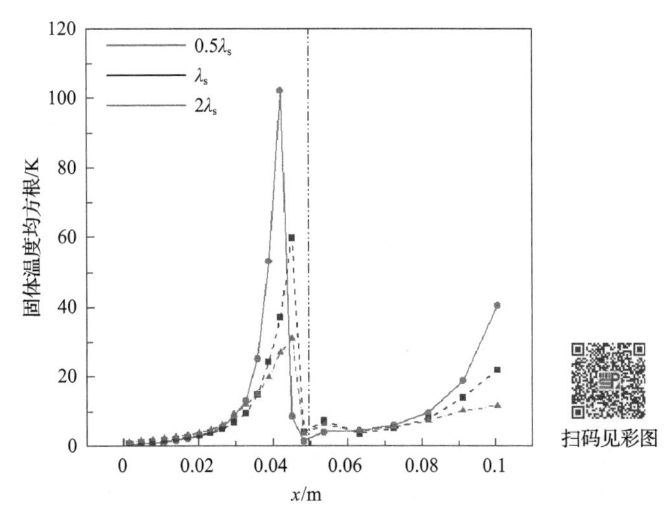

图 2-8　固体温度均方根(u_g=0.3m/s，φ=0.65，3-9 球体填充床)

2.3.2　组分、温度与速度分布

图 2-9 是数值预测的温度及甲烷、氧气、二氧化碳、水的质量分数和速度分布，计算的工况为 φ=0.65，u_g=0.3m/s。从图 2-9(a)可以看出，火焰位于两层多孔介质的交界面附近，这正是两层多孔介质燃烧器火焰的驻定位置。在反应区域，可以看到气体、固体温度之间有很大的差异。在交界面附近存在着气体高温区，最高温度达到 2000K，火焰结构是二维的且火焰结构与多孔介质结构有很大的关系。多孔介质固体内部的温度分布是不均匀的，其最大值为 1500K 左右，这意味着在反应区气体与固体之间存在着非常大的热非平衡，而在反应区的下游热非平衡的程度在降低。

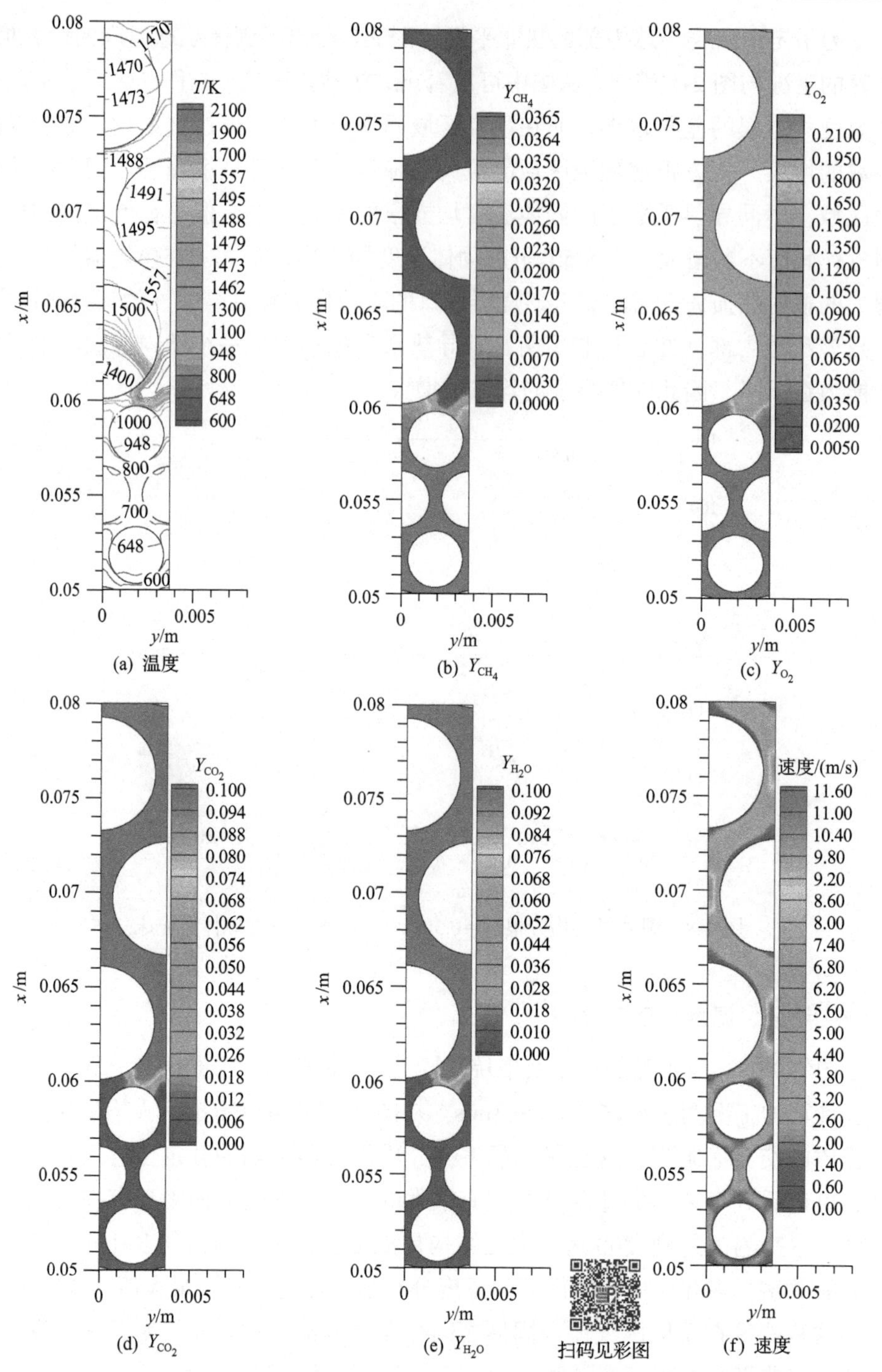

图 2-9　数值预测的温度及甲烷、氧气、二氧化碳、水的质量分数以及速度分布图（φ=0.65，u_g=0.3m/s，3-6 球体填充床）

如图 2-9(b)所示，在化学反应区存在着很大的甲烷质量分数梯度，甲烷在很窄的区域内全部消耗完毕。氧气质量分数的分布与甲烷质量分数的分布非常相似。而生成物二氧化碳与水在很窄的区域内生成，并且在反应区域之后，其质量分数不再变化，这是由于本节采用了单步总包反应机理计算化学反应，反应中不会出现中间产物。组分质量分数的剧烈变化意味着在流道内发生了剧烈的化学反应，反应放出了大量的热量。

甲烷在填充床孔隙中燃烧产生了大量热量，热量在整个燃烧器内通过多种传热方式进行再分配。反应生成的部分热量，在反应区域通过气固两相间的对流换热进行热量交换，导致反应区附近的固体温度升高，由此产生了固体内部的导热，同时相邻小球之间通过“桥”的导热进行热量的传递。反应区的固体高温表面与周围固体有着强烈的辐射换热，同相的固体、气体导热以及气固相之间的对流换热，在多种传热方式同时作用下产生了热量的回流，使得新鲜的预混气体得到了预热。如图所示，在离反应区域较远的 x=0.05m，气体温度达到 600K，这显然是热回流的效果。本节中的小球是错列布置，由于小球是非透明介质，辐射无法穿透小球进行传递，因此小球的辐射传热是逐层进行传递的。图 2-9(f)显示的是速度分布。从图中可以看出，在孔隙中速度变化很大。在小球表面气体速度为零，远离小球表面气体速度最大值为 11.60m/s。气体入口速度仅为 0.3m/s，这表明孔隙中的最大速度是入口速度的 38.7 倍，这是由于放热反应气体膨胀和气体流通面积变化。

图 2-10 显示的是 φ=0.65 时，数值预测沿流动方向上三种速度下的燃烧器内的平均温度分布，为了验证模型的有效性，图中同时显示了实验值[6]。预测的温度平均值是指垂直于气流方向的线段上的气相、固相温度的面积加权平均值。而沿着气流方向的温度是指沿着线段 y=0mm 的温度分布。对于燃烧器入口 u_g 为 0.2m/s 与 0.3m/s，预测的燃烧器上游温度值稍小于实验值，而预测的下游温度值与实验结果吻合较好，预测的火焰位置与实验结果相比，火焰位置稍微向下游移动。需要指出的是，预测的线段上的温度存在着一个温度峰值，其值远大于实验值。这可能是由于采用了孔隙尺度模拟，捕捉到了局部高温区，这与实验结果有着显著的差异。对于 u_g 为 0.4m/s 的工况，在反应区域之前数值预测的温度与实验结果吻合很好，而预测的火焰位置则稍微驻定于上游位置。在反应区之后，数值预测的结果则稍微大于实验值，同样，对于该工况，模型预测到了局部高温区域。

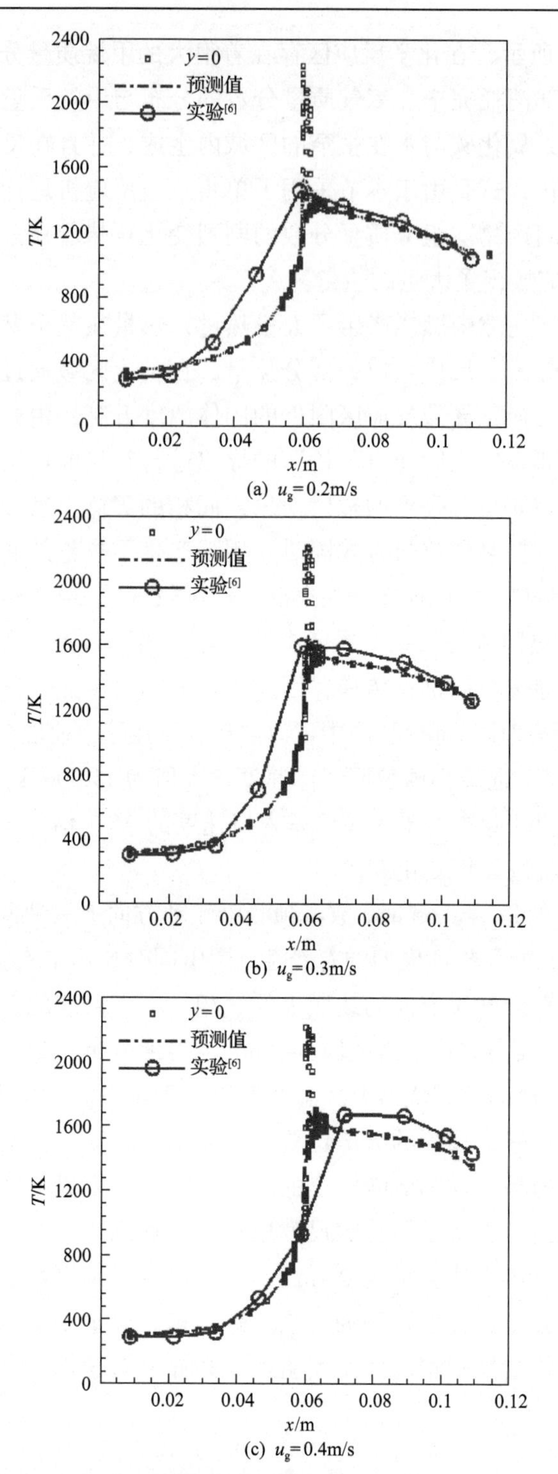

(a) u_g=0.2m/s

(b) u_g=0.3m/s

(c) u_g=0.4m/s

图 2-10　数值预测的燃烧器内温度分布（φ=0.65，3-6 球体填充床）

2.3.3　入口流速对热非平衡特性的影响

本节中以固体温度的均方根温度分布为例，说明变量均方根的定义，其他变量如气体温度、流速的均方根的定义与此相同，不再赘述。同时需要说明的是，均方根是为了研究随机填充床内变量的随机特性而引入的[19]，本书借鉴该方法研究结构化填充床内变量的随机特性，或者变量偏离平均值的程度。需要明确的是，本专著采用均方根定量研究的非平衡，是指变量在气流横截面上偏离平均值的程度，而不是气相与固相之间的非平衡。固体温度均方根 $T_{\mathrm{s,RMS}}$ 定义为

$$T_{\mathrm{s,RMS}} = \sqrt{\frac{1}{n-1}\sum_{i=1}^{n-1}(T_{\mathrm{s}} - \overline{T}_{\mathrm{s}})^2} \tag{2-13}$$

式中，$\overline{T}_{\mathrm{s}}$ 为固体温度在截面上的平均值；n 为截面上网格总数。本节研究的是垂直于气流方向上计算域截面变量的均方根。

图 2-11 显示的是燃烧器内的固体温度及均方根分布。如图 2-11(a)所示，在反应区以及热松弛区，平均温度随着入口流速的增大而增大。这是由于在当量比恒定时，入口流速的增大意味着燃烧器的功率增大。但是在反应区域之前，随着入口流速的增大，预测的平均温度反而降低。尽管反应区域的温度升高，但入口流速增大，导致反应区的上游区域内气固对流换热增强，也就是说，入口速度增大后，上游有更多的热量被带到下游。

如图 2-11(b)所示，三种不同的气体入口流速下，固体温度均方根的分布具有共同的特征，分布曲线类似于波形结构。在预热区，固体温度均方根缓慢增

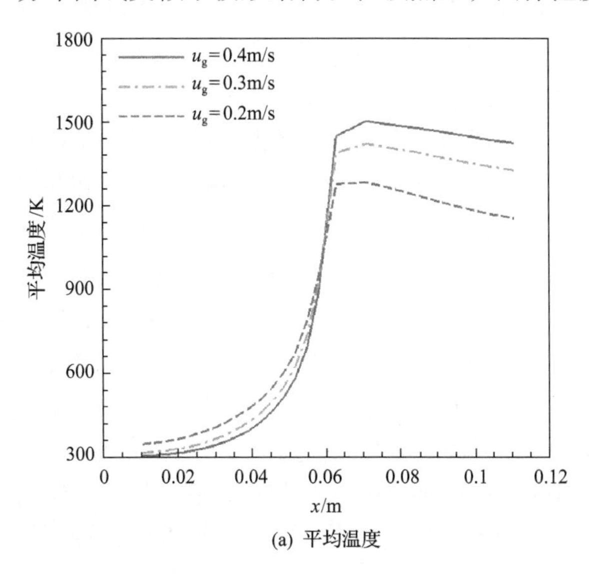

(a) 平均温度

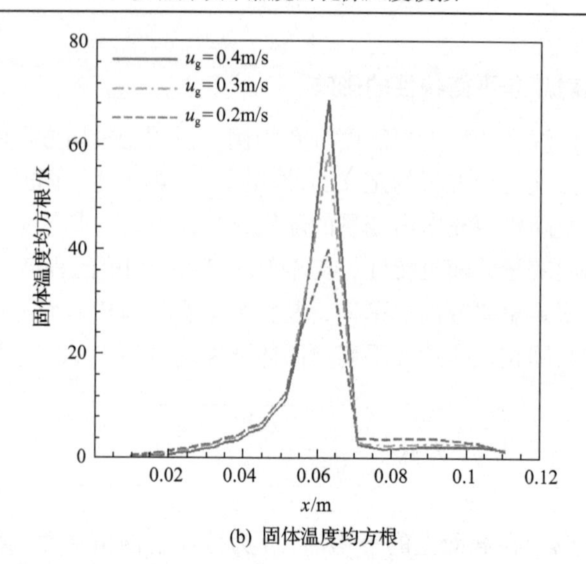

(b) 固体温度均方根

图 2-11　数值预测的三种流速下的固体平均温度与温度均方根（φ=0.6，3-6 球体填充床）

大，随后在燃烧区附近迅速升高到最大值，在反应区之后迅速降低，之后其值变化很小，此时入口流速对固体温度均方根的影响很小。图 2-11(b)表明，固体温度均方根在整个计算区域内不为零，且沿着气流方向不断变化，说明热非平衡存在于整个燃烧器内。

流速对固体温度均方根的影响，在不同的区域内是不同的。图 2-11(b)的计算结果表明，气体入口流速对反应区域的固体温度均方根有较大的影响，而在反应区域之外，入口流速对固体温度均方根的影响可以忽略。在反应区域，随着入口流速的增大，固体温度均方根增大。这意味着随着入口流速增大，小球内部热非平衡性增大。从图 2-11(b)可以看出，当入口流速从 0.2m/s 增大到 0.4m/s，固体温度均方根的最大值从 40K 增大到 70K。

为研究流速对燃烧器内温度以及气固温差的影响，计算了四种流速下的固体温度(u_g 在 0.2～0.5m/s)，固体导热系数保持不变，气相和固相之间的平均温度差 T_{gap} 定义为 $T_{gap}=\bar{T}_g-\bar{T}_s$。图 2-12 所示的是气体与固体的平均温度以及二者的温差。从图 2-12(a)中可以看出，流速的增加导致燃烧器功率增加，因此燃烧器内的气体与固体平均温度相应地增加，但火焰总体稳定在两层多孔介质燃烧器的交界面附近。随着流速的增加，反应区内的气固平均温度的温差在增大，而预热区与热松弛区域的温差非常小，流速对这两个区域内的温差影响很小。如图 2-12(b)所示，u_g=0.2m/s 时最大 T_{gap} 为 332K，当 u_g=0.5m/s 时最大 T_{gap} 为 566K。原因分析如下：一方面，u_g 的增加导致单位时间内放热量增加。由于气相的热容小于固相的热容，当热量再分配时，气相温度的增量高于固相，因此

燃烧区的 T_{gap} 增大。另一方面，u_g 的增加使燃烧温度升高，燃烧区气相流速增大，对流换热增强，使 T_{gap} 减小。这两个因素相互竞争，显然，前者在这里占主导地位。

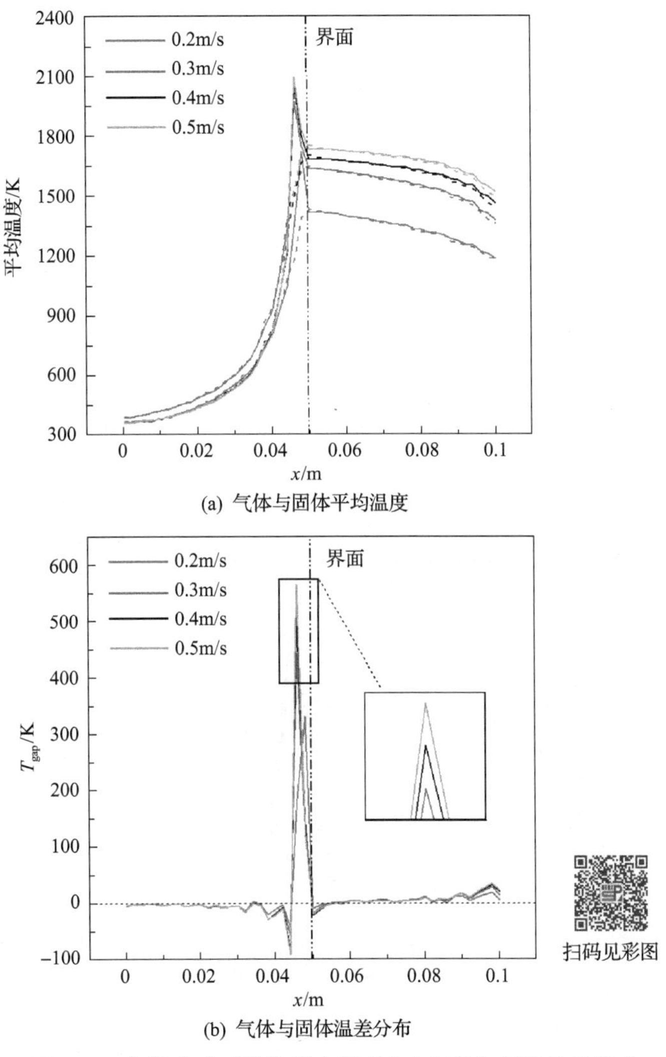

(a) 气体与固体平均温度

(b) 气体与固体温差分布

图 2-12　气体流速对燃烧器内温度分布以及气固温差的影响

2.3.4　当量比对热非平衡特性的影响

图 2-13 显示的是当量比对固体平均温度与固体温度均方根的影响。如图所示，在反应区与热松弛区，随着当量比的增大，平均温度与固体温度均方根降低。如图 2-13(b)所示，三种不同当量比下的固体温度均方根的分布曲线也是波

形结构，与图 2-12 固体温度均方根的分布曲线相似。从图中可以看出，在预热区与热松弛区，当量比对固体温度的均方根的影响非常小。而在反应区域，固体温度均方根的最大值随着当量比的增大而稍有降低。

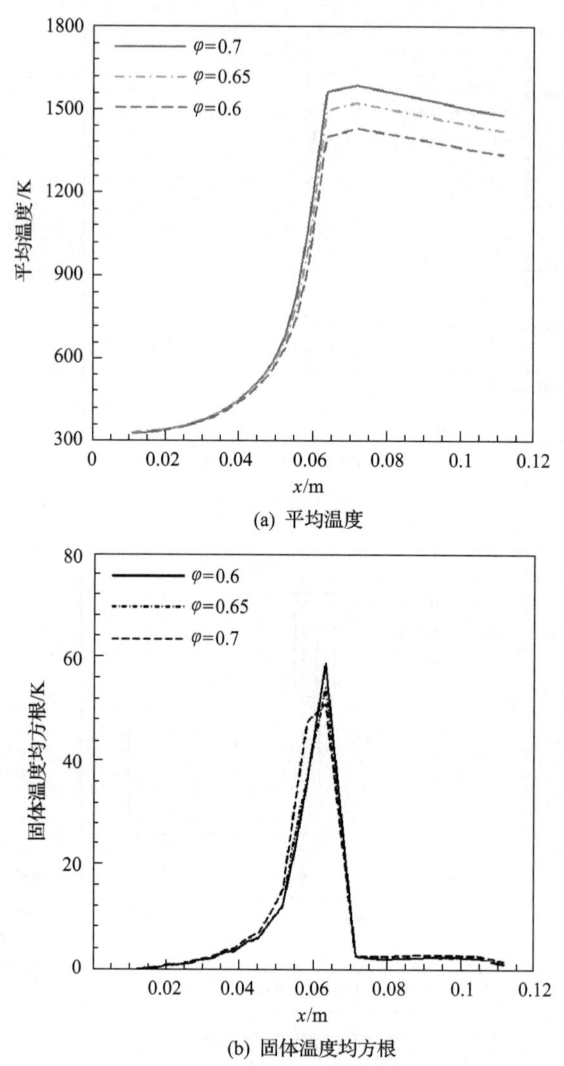

(a) 平均温度

(b) 固体温度均方根

图 2-13　当量比对固体平均温度和温度均方根的影响(u_g=0.3m/s，3-6 球体填充床)

2.3.5　燃烧器内压力损失

压力损失是衡量燃烧器性能的重要指标之一。对于冷态多孔介质燃烧器，以小球填充床为例，当填充小球直径和填充长度相同时，若入口流速相同，结构化填充床内的压力降小于随机小球填充床内的压力降。图 2-14 显示的是预测的冷态与热态下压力降随入口流速的变化，图中同时显示了实验值[6]与 Ergun 方程计算的压力降。

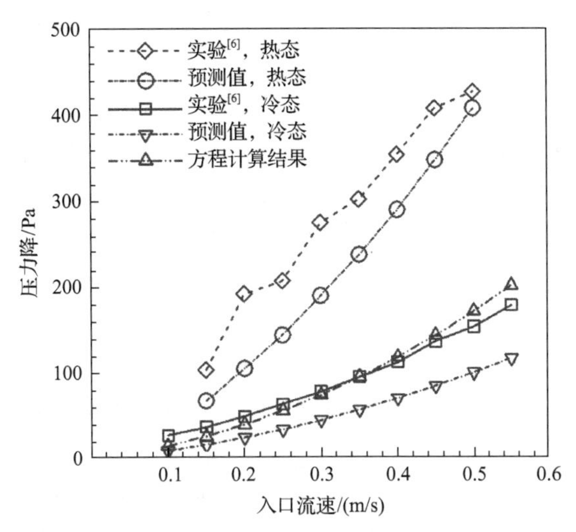

图 2-14　数值预测的压力降随入口流速的变化（φ=0.65，3-6 球体填充床）

如图所示，实验值与 Ergun 方程预测的冷态时压力降大于本研究中的压力降，同时预测值与实验值的偏差随着流速的增大而增大。这是由于模型中使用的几何模型为二维对称结构，而实验测量是在随机小球填充床内完成的，Ergun 方程适用于随机小球填充床。这意味着使用结构化填充床可显著降低压力损失，说明结构化填充床在压力损失方面的表现优于随机小球填充床。

2.4　本 章 小 结

本章将随机小球填充床简化为交错排列的填充床，开展了二维孔隙尺度双层多孔燃烧器内燃烧的数值研究。采用 DO 模型考虑了小球表面间的辐射换热，化学反应采用单步总包反应。采用均方根定量研究填充床内的热非平衡，研究了入口流速、当量比以及固体导热系数对颗粒内部热不平衡的影响。主要发现如下。

(1) 预测的孔隙中的组分质量分数、速度和温度是高度二维的。

(2) 整个燃烧器内存在当地热非平衡，固体热非平衡程度沿着流动方向变化。不同入口速度、当量比下，固体温度均方根分布曲线类似于波浪状。

(3) 从燃烧器入口开始，局部热非平衡沿流动方向略有增加，在反应区出现峰值，而与气体流速和当量比无关。与预热区和反应区相比，热松弛区的局部热非平衡最弱。

(4)对于反应流，在整个研究的入口速度范围内，结构化燃烧器的压力损失小于随机填充床的压力损失。

参 考 文 献

[1] Herrera B, Karen C, Olmos-Villalba L. Combustion stability and thermal efficiency in a porous media burner for LPG cooking in the food industry using Al_2O_3 particles coming from grinding wastes[J]. Applied Thermal Engineering, 2015, 91: 1127-1133.

[2] Ellzey J L, Belmont E L, Smith C H. Heat recirculating reactors: Fundamental research and applications[J]. Progress in Energy and Combustion Science, 2019, 72: 32-58.

[3] Oliverira M, Kaviany M. Nonequilibrium in the transport of heat and mass reactants in combustion in porous media[J]. Progress in Energy and Combustion Science, 2001, 27(5): 523-545.

[4] Zheng C H, Cheng L M, Saveliev A. Gas and solid phase temperature measurements of porous media combustion[J]. Proceedings of the Combustion Institute, 2011, 33(2): 3301-3308.

[5] Gao H B, Qu Z G, Feng X B, et al. Methane/air premixed combustion in a two-layor porous media burner with different foam materials[J]. Fuel, 2014, 115: 154-161.

[6] Gao H B, Qu Z G, He Y L, et al. Experimental study of combustion in a double-layor packed bed alumina particles of different diameters[J]. Applied Energy, 2012, 100: 295-302.

[7] Liu H, Dong S, Li B W, et al. Parametric investigations of premixed methane–air combustion in two-section porous media by numerical simulation[J]. Fuel, 2010, 89(7): 1736-1742.

[8] Wang Y Q, Zeng H Y, Shi Y X, et al. Methane partial oxidation in a two-layer porous media burner with Al_2O_3 particles of different diameters[J]. Fuel, 2018, 217: 45-50.

[9] Zeng H Y, Wang Y Q, Shi Y X, et al. Syngas production from CO_2/CH_4 rich combustion in a porous media burner: Experimental characterization and elementary reaction model[J]. Fuel, 2017, 199: 413-419.

[10] Bubnovich V, Toledo M. Analytical modelling of filtration combustion in inert porous media[J]. Applied Thermal Engineering, 2007, 27(7): 1144-1149.

[11] Hodaa S N, Nassaba S A G, Ebrahim J J. Three-dimensional numerical simulation of combustion and heat transfer in porous radiant burners[J]. International Journal Thermal Sciences, 2019, 145: 106024.

[12] Sahraoui M, Kaviany M. Direct simulation vs volume-averaged treatment of adiabatic, premixed flame in a porous medium[J]. International Journal of Heat and Mass Transfer, 1994, 37(18): 2817-2834.

[13] Mishra S C, Steven M, Nemoda S. Heat transfer analysis of a two-dimensional rectangular porous radiant burner[J]. International Communications in Heat and Mass Transfer, 2005, 33(4): 467-474.

[14] Shi J R, Xiao H X, Li J, et al. Two-dimensional pore-level simulation of low-velocity filtration combustion in a packed bed with staggered arrangements of discrete[J]. Combustion Science Technology, 2017, 189(7): 1260-1276.

[15] Sahu P K, Schulze S, Nikrityuk P. 2-D approximation of a structured packed bed column[J]. The Canadian Journal of Chemical Engineering, 2016, 94(8): 1599-1611.

[16] Salvat W I, Mariani N J, Barreto G F, et al. An algorithm to simulate packing structure in cylindrical containers[J]. Catalysis Today, 2005, 107: 513-519.

[17] Sirotkin F, Fursenko R, Kumar S, et al. Flame anchoring regime of filtrational gas combustion: Theory and experiment[J]. Proceedings of Combustion Institute, 2017, 36(3): 4383-4389.

[18] Dixion A G, Nijemeisland M, Sitt E H. Systematic mesh development for 3D CFD simulation of fixed bed: Contact point study[J]. Computers and Chemical Engineering, 2013, 48: 135-153.

[19] Bedoya C, Dinkov I, Habisreuther P, et al. Experimental study, 1D volume-averaged calculations and 3D direct pore level simulations of the flame stabilization in porous inert media at elevated pressure[J]. Combustion and Flame, 2015, 162(10): 3740-3754.

[20] Yakovlev I, Zambalov S. Three-dimensional pore-scale numerical simulation of methane-air combustion in inert porous media under the conditions of upstream and downstream combustion wave propagation through the media[J]. Combustion and Flame, 2019, 209: 74-98.

[21] Chen Y Y, Li B W, Zhang J K, et al. Influences of radiative characteristics on free convection in a saturated porous cavity under thermal non-equilibrium condition[J]. International Communications in Heat and Mass Transfer, 2018, 95: 80-91.

[22] Chen Y Y, Li B W, Zhang J K. Visualization analysis of natural convection in a porous enclosure using the Chebyshev spectral collocation method with temperature-dependent thermal diffusivity[J]. Journal of Porous Media, 2018, 21(9): 827-843.

[23] 陈元元, 李本文, 张敬奎. 基于 Chebyshev 谱方法的多孔介质二维方腔内自然流动模拟[J]. 东北大学学报（自然科学版）, 2017, 38(4): 522-526.

[24] Shi J R, Chen Z S, Li H P, et al. Pore-scale study of thermal nonequilibrium in a two-layer burner formed by staggered arrangement of particles[J]. Applied Thermal Engineering, 2020, 176: 115376.

[25] Munro M. Evaluated material properties for a sintered alpha alumina[J]. Journal of the American Ceramic Society, 2010, 80(8): 1919-1928.

第3章　富燃料多孔介质中制取合成气的孔隙尺度模拟

3.1　引　　言

目前，传统化石燃料已经无法满足日益增长的能源需求，同时造成了严重的环境污染，发展和挖掘可再生能源是全球能源利用的重要发展方向，氢气与合成气在生产生活中具有广泛的应用前景，包括内燃机、燃气轮机、高温燃料电池等，在未来能源中占有举足轻重的地位。但氢气与合成气制取还面临着诸多的挑战与困难。氢主要依存于碳氢燃料中，氢气与合成气的制取可通过对碳氢燃料进行催化或非催化过程获取，主要工艺包括碳氢燃料的热化学过程、水蒸气重整、自热重整、热部分氧化、电解水、生物质的热化学分解和生物过程以及氨气或者硫化氢等的裂解。

生物质合成气中的主要成分是一氧化碳、氢气、甲烷和二氧化碳等。其中甲烷与二氧化碳是重要的温室气体，如果能将二者协同利用，则可同时实现能源利用与温室气体的减排。目前对甲烷与二氧化碳的协同利用开展了大量的研究。由于甲烷与二氧化碳的碳含量较高，若采用甲烷与二氧化碳催化重整，催化剂表面反应通道的积炭问题非常严重，造成催化剂利用效率大幅下降。为了克服积炭问题，研究者提出了提高氧化剂中氧量的方法，用以提高燃烧温度焚烧催化剂表面积炭，但这也同时带来了催化剂的烧结问题。

为了解决催化重整过程中的焦化、烧结、催化剂失灵等问题，另外一种方案是发展无催化燃烧过程。富燃料在惰性多孔介质反应器中进行燃料重整，具有不需要外来热源、成本低及不存在催化剂失活、烧结和中毒的问题，是制取和利用合成气的优选方案之一，下面简要论述富燃料惰性多孔介质中制取合成气的研究进展，并引出本章的研究内容。

多孔介质反应器已经广泛应用于富燃料制取合成气或者氢气领域。Mujeebu[1]详述了利用超绝热燃烧技术在多孔介质反应器中制取氢气的研究进展，他指出利用富燃料制取氢气的数值模拟是一个开放的课题，需要探明多孔介质结构等对合成气制取的影响。

利用多孔介质超绝热燃烧制氢是 Weinberg 等[2]于 1998 年首先提出来的。他们在实验中证实，利用喷动床可实现富燃料制氢。一般而言，用于制取氢气或合成气的多孔介质燃烧器分为两类。第一类是固体材料为单一均匀的多孔介质燃烧器，在富燃料部分氧化时，会出现向上游或下游稳定传播的燃烧波，只有在特定的当量比(φ)下，火焰驻定于反应器内[3-6]，因此燃烧是非稳态燃烧，最终会出现回火或者吹熄现象，反应器无法长时间稳定运行，这对工业生产是非常不利的。研究表明，碳氢燃料与硫化氢等在多孔介质中燃烧时燃烧波传播速度随着当量比的变化曲线类似于 U 形曲线。为了将燃烧波稳定在反应器内，Kennedy 等提出了往复流多孔介质反应器，通过气流方向的交替切换，将燃烧波稳定在反应器内，同时成功地将甲烷/空气的富可燃极限扩展到了 φ=8[7]。

另一类多孔介质反应器是两层或多层多孔介质反应器，是在反应器的上游和下游分别填充不同材料或规格的多孔介质，利用多孔介质结构或物性的变化，使得燃烧区域的主体位于两层多孔介质的交界面附近，从而实现火焰驻定于反应器内[8-11]。Zeng 等[10]发展了一种两层多孔介质反应器，在上游和下游分别填充不同直径的小球，使得燃烧在一定的流速范围内稳定在两层多孔介质的交界面附近，成功实现了富燃料稳定燃烧制取合成气。

目前，体积平均法与孔隙尺度模拟是研究气体在多孔介质中富燃料部分氧化制取合成气的两种主要方法。体积平均法是研究者早先广泛使用的方法。体积平均法以计算成本低、计算资源要求低而被广泛使用。但体积平均法过滤掉了孔隙尺度以及更小尺度的信息。由于多孔介质的非透明性，实验中温度、组分等的测量是非常困难的。孔隙尺度模拟多孔介质中燃烧起始于模拟贫燃料多孔介质中燃烧，在研究燃烧稳定性、污染物排放等方面发挥了重要作用[12-15]，后延拓到富燃料的燃烧模拟，但早期燃烧模拟集中于尺寸较小的反应器上。近几年来，孔隙尺度的模拟发展迅速。Pereira 等[16]实验与数值研究了富燃料在锥形多孔介质反应器内的富燃料部分氧化，他们分别使用一维模型和 12 步的化学反应机理。Dobrego 等[17-19]发展了甲烷富燃料燃烧的多步总包反应机理，但该机理只适用于特定的反应器。Dixon[20]重构了三维随机小球填充床，填充床内布置了 1000 多个相互连接的小球，为了减少计算工作量，他采用了多步总包反应机理预测合成气的生成。

如前所述，富燃料多孔介质中部分燃烧制取合成气的研究大多采用体积平均法，化学反应机理采用了总包反应机理、简化机理与详细化学反应机理，数值模型多是一维的，对火焰传播速度、燃烧波结构、合成气组分预测以及反应器的放大和优化，发挥了重要的作用。但体积平均法过滤了孔隙尺度以及更小尺度的信息。而实验测试手段和技术均受到多孔介质固体的阻碍而难以充分发挥特长，来获得详细的孔隙内的速度、温度和组分等信息。

本章首先对制取合成气的化学反应机理敏感性进行分析，用于探索化学反应机理对预测合成气产物的影响，为数值模拟化学反应机理的选择提供借鉴；针对模拟三维随机填充床内富燃料制取氢气所需的计算工作量大、计算资源要求高、目前计算条件无法满足计算的现状，将三维随机小球填充床简化为二维、三维结构化填充床，使用详细化学反应机理，预测富燃料部分氧化制取合成气过程中孔隙尺度的组分、温度和速度分布，从孔隙尺度揭示富燃料部分氧化机理和燃烧特性[21-23]。

3.2 富燃料多孔介质中制取合成气的化学反应机理敏感性分析

模拟多孔介质中富燃料部分氧化制取合成气，为预测中间产物和详细的组分分布，必须使用简化或详细化学机理来预测合成气。化学反应动力学模型可以按复杂程度划分为几个不同的种类，但目前尚无明确的定义，本书根据目前流行的看法，将化学反应机理分为详细模型、简化模型、骨架模型和总包反应模型。实际上燃料化学反应动力学相当复杂，包含成百上千种组分和上千个基元反应。目前，大部分燃料的详细化学反应机理尚未探明，只有氢气、甲烷等少数燃料建立了复杂程度不同的详细化学反应机理。长期以来，以美国劳伦斯利弗莫尔国家实验室、德国海德堡大学和英国利兹大学为代表的几个研究小组，在烃类燃料的氧化反应的详细化学反应机理研究方面开展了深入细致的工作，并取得了一系列的应用成果[24,25]。

GRI-Mech 燃烧机理被广泛应用，包括系列的详细机理，并不断改进与完善，这些机理包括 GRI-Mech 1.2、GRI-Mech 2.11 和 GRI-Mech 3.0 [26]。为了节省计算成本，研究人员使用简化化学反应机理，如 Peters、DRM 或总包化学反应机理[26,27]。特别需要指出的是，这些化学反应机理并非适用于所有的工况，在使用某一机理时要甄别机理的使用范围。一般而言，机理越详细，计算的精度越高，但计算工作量呈指数增加，常规的计算资源很难满足采用详细化学反应机理的多维计算。

本节研究化学反应机理对预测合成气成分的敏感性。选定两种详细化学反应机理 GRI-Mech 1.2（32 个组分、177 个基元反应）、GRI-Mech 3.0（53 个组分、325 个基元反应）以及基于 GRI-Mech 机理简化得到的简化机理 DRM 19（20 个组分、58 个基元反应），为数值研究合成气生产过程中化学反应机理的选择提供指导。

3.2.1　物理模型

选取 Zeng 等[10]的实验装置为原型，他们设计了一种两层多孔介质反应器，在上游布置了直径为 2～3mm 的氧化铝小球，填充床高度为 20mm；而下游布置了直径为 7.5mm 的小球，填充床高度为 60mm。为方便计算，假设上游填充小球直径为 2.5mm。燃料是二氧化碳/甲烷+空气的混合物。实验中当量比(φ)为固定值 1.5，通过注入二氧化碳比例的变化，研究甲烷/空气中注入二氧化碳后甲烷转化效率的变化。实验中 CO_2/CH_4(体积比)(α)的变化范围是 0～1。图 3-1 是反应器示意图。表 3-1 是本节计算算例。

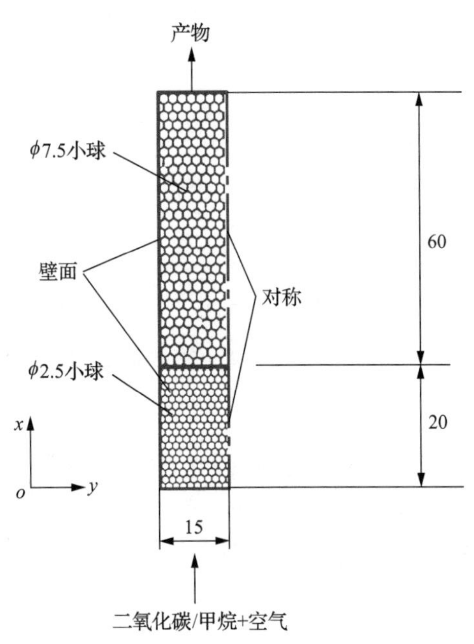

图 3-1　两层多孔介质反应器示意图(mm)

表 3-1　计算算例

φ	1.5
α	0～1
α 、混合气体入口速度/(m/s)	0、0.1365，0.25、0.1412，0.5、0.1458，1、0.1551

3.2.2　数学模型

1. 控制方程

为简化计算，引入如下假设：

(1)多孔介质固体是惰性的光学厚介质，固体辐射通过有效导热系数考虑。

(2)气体在多孔介质中的流动是层流，忽略气体的辐射。

(3)不考虑孔隙率在边壁的变化，假设填充床孔隙率不变。

在上述假设下，得到如下控制方程组：

连续性方程：

$$\nabla\cdot(\rho_{\rm g}\boldsymbol{v})=0 \tag{3-1}$$

垂直方向动量方程：

$$\nabla(\rho_{\rm g}\boldsymbol{v}u)=\nabla(\mu\nabla u)-\frac{\Delta p}{\Delta x} \tag{3-2}$$

水平方向动量方程：

$$\nabla(\rho_{\rm g}\boldsymbol{v}v)=\nabla(\mu\nabla v) \tag{3-3}$$

气体在填充床中的压力损失通过下式计算[28]：

$$\frac{\Delta p}{\Delta x}=150\frac{(1-\varepsilon)^2}{\varepsilon^3}\frac{\mu u'}{d^2}+1.75\frac{1-\varepsilon}{\varepsilon^3}\frac{\rho_{\rm g}u'^2}{d} \tag{3-4}$$

式中，ε为孔隙率；d为小球直径；u'为气体表观速度。

气体能量守恒方程：

$$\nabla\cdot(\rho_{\rm g}c_{\rm g}\boldsymbol{v}T_{\rm g})=\nabla\cdot(\lambda_{\rm g}\nabla T_{\rm g})+h_{\rm v}(T_{\rm s}-T_{\rm g})+\sum_i\omega_i h_i W_i \tag{3-5}$$

气固之间对流换热系数$h_{\rm v}$通过下式计算[29]：

$$h_{\rm v}=6\varepsilon Nu_{\rm v}\lambda_{\rm g}/d^2, Nu_{\rm v}=2+1.1Pr^{1/3}Re^{0.6} \tag{3-6}$$

式中，$Nu_{\rm v}$、Pr与Re分别为努塞特数、普朗特数与雷诺数。

固体能量守恒方程：

$$\nabla\cdot(\lambda_{\rm eff}\nabla T_{\rm s})+h_{\rm v}(T_{\rm g}-T_{\rm s})=0 \tag{3-7}$$

式中，$\lambda_{\rm eff}$为填充床有效导热系数，其表达式为$\lambda_{\rm eff}=\lambda_{\rm s}+\lambda_{\rm rad}$，$\lambda_{\rm s}$、$\lambda_{\rm rad}$分别是多孔介质导热系数与辐射折合导热系数。本节假设上游与下游多孔介质固体的导热系数相同。$\lambda_{\rm rad}$通过下式计算：

$$\lambda_{\rm rad}=(32\varepsilon\sigma d/9(1-\varepsilon))T_{\rm s}^3 \tag{3-8}$$

式中，σ为斯特藩-玻尔兹曼常数。

组分守恒方程：

$$\nabla\cdot(\rho_g \boldsymbol{v} Y_i)-\nabla\cdot(\rho_g \nabla Y_i)-\omega_i W_i=0 \tag{3-9}$$

2. 边界条件

模型中指定如下边界条件：

（1）反应器入口：

$$\begin{aligned}&T_g=T_s=300\,\text{K}, u=u_0, v=0\\&Y_{CH_4}=Y_{CH_4,in}, Y_{O_2}=Y_{O_2,in}, Y_{CO_2}=Y_{CO_2,in}, Y_{N_2}=Y_{N_2,in}\end{aligned} \tag{3-10}$$

（2）反应器出口：

$$\frac{\partial T_g}{\partial x}=\frac{\partial T_s}{\partial x}=\frac{\partial Y_i}{\partial x}=0 \tag{3-11}$$

（3）通过下式计算反应器入口与出口的辐射热损失：

$$\lambda_{eff}\frac{\partial T_s}{\partial x}=-\varepsilon_r\sigma(T_{s,in/out}^4-T_0{}^4) \tag{3-12}$$

式中，ε_r 为多孔介质固体表面辐射系数；T_0 为环境温度。

（4）y=15mm，给定对称边界条件：

$$\frac{\partial T_g}{\partial y}=\frac{\partial T_s}{\partial y}=\frac{\partial Y_i}{\partial y}=\frac{\partial u}{\partial y}=v=0 \tag{3-13}$$

（5）壁面：

y=0mm 壁面处，通过壁面的热损失通过给定热流密度 $\dot{q}$ 计算：

$$\dot{q}=\lambda(T_{wall}-T_0)/\delta \tag{3-14}$$

式中，λ 、δ 分别为绝热层的导热系数和厚度。

3. 网格、初始条件与求解

如图 3-1 所示，计算区域是规则的长方形，因此本节采用结构化正方形网格对计算区域进行划分，同时考虑到采用详细化学反应机理或简化机理模拟燃料燃烧，因此选用尺寸为 0.5mm 的正方形网格对计算区域进行划分。计算区域在上游部分被离散成 600 个单元，在下游部分被离散成 3600 个单元。本研究验证了计算结果的网格无关性。当解收敛时，反应区的网格被加密。采用 CFD 软件 Fluent 15.0 对上述控制方程进行求解。为了使气相和固相具有不同的温度，采用 Fluent 15.0 提供的自定义函数和标量方程求解固相能量方程。采用 SIMPLE 算法处理压力和速度的耦合。为模拟点火过程，在交界面附近将厚度为 40mm 的固体温度设置为 1800K。气体、固体能量守恒方程收敛标准是残差为 10^{-6}，其他方程的残差为 10^{-3}。

本节指定氧化铝小球导热系数为 7.22W/(m·K)，该值对应于 1000K 时小球导热系数[30]。本节采用体积平均法模拟两层多孔介质反应器内的燃烧、传热传质与流动，因此需要采用有效导热系数计算填充床的导热系数。对于有效导热系数的选取，目前文献中的选取方法因人而异。Kennedy 研究组通过折算小球导热系数的方法获得有效导热系数，但该课题组的不同人员采用了不同的折合系数[4]，这可能与使用的氧化铝小球中的成分不同有关，本节选取有效导热系数 $\lambda_s = 0.004\lambda$，λ 是小球导热系数，即填充床有效导热系数的基准为 0.2888W/(m·K)。与实验保持一致，在下面所有的计算中燃料的 φ 固定为 1.5，而 α 的变化范围为 0～1。

甲烷转化效率 $\eta_{\text{e-s}}$ 采用下式计算：

$$\eta_{\text{e-s}} = \frac{Y_{CO}LHV_{CO} + Y_{H_2}LHV_{H_2}}{Y_{CH_4}LHV_{CH_4}} \tag{3-15}$$

式中，Y_{CO}、Y_{H_2}、Y_{CH_4} 分别为 CO、H_2 和 CH_4 的质量分数；LHV_{CO}、LHV_{H_2}、LHV_{CH_4} 分别为 CO、H_2 与 CH_4 的低热值。

3.2.3　结果与讨论

1. 温度分布

图 3-2 给出了使用三种不同机理预测的反应器中心线(y=0mm)上的固体与气体温度。为了验证模型，图中给出了实验值[10]。图 3-2(a)和(b)所示为使用 GRI-Mech 3.0 在 λ_s=2.888W/(m·K)下预测的气体与固体温度。计算结果表明，当 α 从 0 增加到 1 时，火焰从反应器上游传播到两层多孔介质的交界处。可以预见，由于向反应器中注入了大量的二氧化碳，最高燃烧温度会随着 α 的增大而降低，但图 3-2(a)和(b)显示了相反的趋势。出现这种现象的原因之一是火焰稳定在反应器的不同位置，而上游与下游处的对流换热系数不同(小球直径不同)。对流换热系数随着小球直径的减小而增大，如式(3-6)所示。在反应区，反应热通过两相间的对流换热进行再分配。当火焰稳定在交界面附近时，对流换热减弱，气固两相之间的温差增大，导致小的颗粒直径(2.5mm)的反应区气体燃烧温度反而增大。

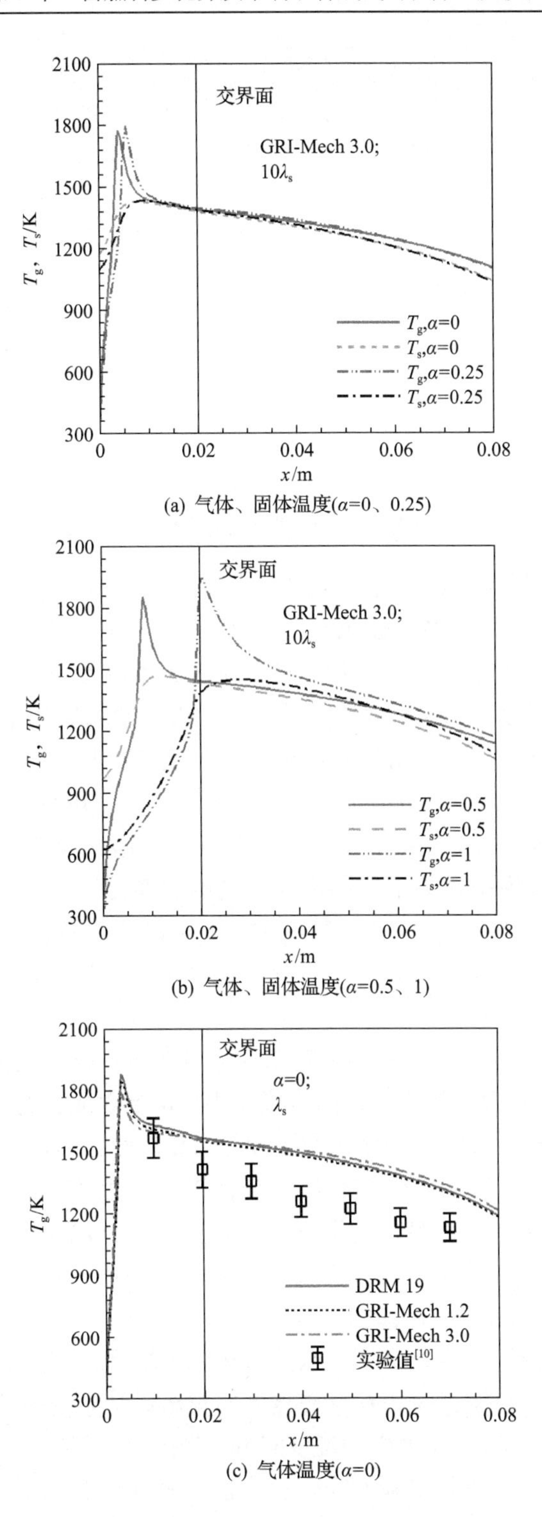

(a) 气体、固体温度(α=0、0.25)

(b) 气体、固体温度(α=0.5、1)

(c) 气体温度(α=0)

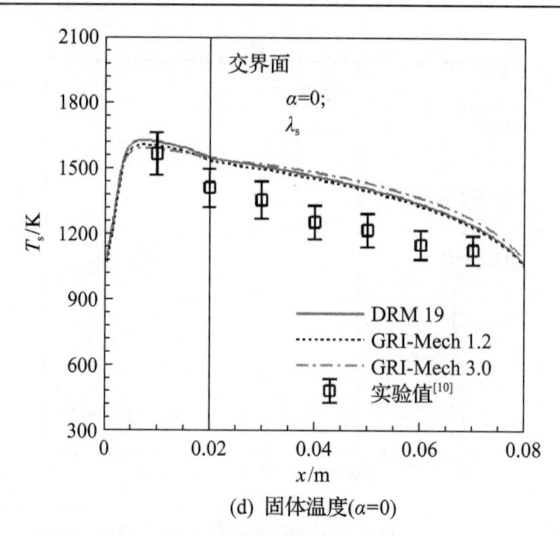

(d) 固体温度(α=0)

图 3-2　使用三种化学反应机理预测的反应器中心线上温度分布

图 3-2(c)和(d)所示为使用三种化学反应机理预测的气体与固体温度，计算的参数是 α=0，λ_s=0.2888W/(m·K)，图中同时标出了实验值。如图所示，三种机理预测的温度分布非常相似，除了在反应区域可以看出温度有差异外，其他区域的温度非常接近。在反应区域上游，三种机理预测的气体温度差异非常小，而在反应区域的下游，可以看出预测的气体温度有差异。在反应区域内，反应机理越详细，计算的反应区域的最高温度越小，使用 DRM 19 机理预测的最大燃烧温度为 1879K，而 GRI-Mech 3.0 机理预测的最大燃烧温度为 1786K。考虑到计算成本，如果模拟是为了预测反应器内的温度分布，简化机理无疑是理想的选择，这样既可以节省大量的计算成本，还可以获得满意的精度。使用 DRM 19 机理预测的燃烧区域的温度最大，这可能会影响产物中合成气的预测，这将在后面讨论。

在 Zeng 等[10]的实验研究中，填充床的导热系数并未给定，因此该值的选取会影响计算结果的精度。实际上，随着氧化铝小球所含成分的变化，其导热系数可能有很大的差异。为此，本节中研究了导热系数对两层多孔介质反应器的影响。本节中给定 λ_s 的基准值为 0.2888W/(m·K)，其他参数设定为不变，通过 λ_s 的变化来讨论其对反应器的影响，化学反应机理选定为 GRI-Mech 3.0。从图 3-3 可以看出，λ_s 对反应器内温度分布有很大的影响。对应于 α=0，如图 3-3(a)和(b)所示，火焰稳定于反应器的入口，随着 λ_s 的增大，反应器内气体与固体温度均降低。这是由于随着 λ_s 增大，填充床热输运能力增强，因此填充床内固相温度梯度变得平缓。当 λ_s 增大时，在反应器入口与出口，系统向外界输出更多的辐射热流量，这也会导致反应器内的温度降低。如图 3-3 所示，当填充床导热系数增大为 10 倍时，预测值与实验值吻合较好且预测值高于实验值。

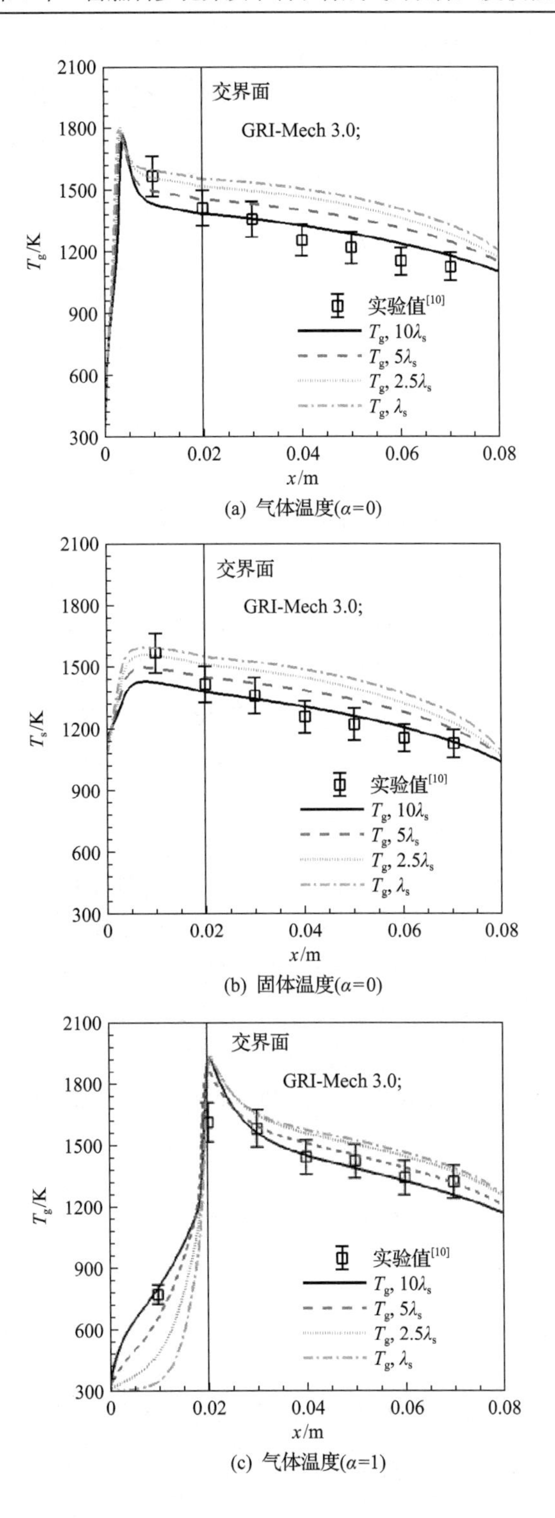

(a) 气体温度(α=0)

(b) 固体温度(α=0)

(c) 气体温度(α=1)

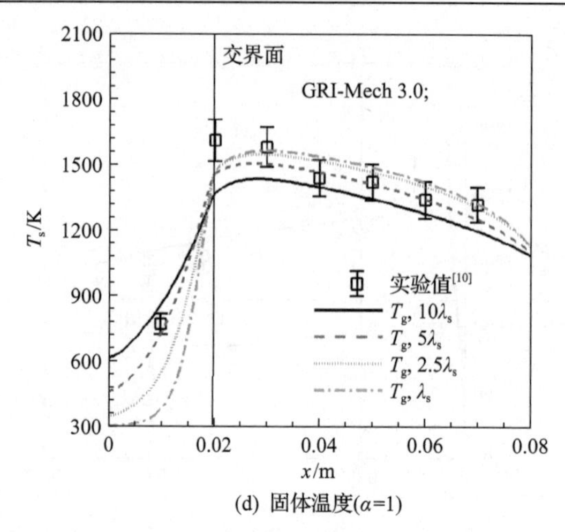

(d) 固体温度(α=1)

图 3-3　使用详细化学反应机理预测的导热系数对填充床内温度分布的影响

对应于 α=1，如图 3-3(c)与(d)所示，火焰稳定在反应器交界面的下游处。在反应区域下游，固体温度分布变化趋势与预热区固体温度变化趋势相反：固体温度随着 λ_s 的增大而增大。随着 λ_s 增大，热回流效应增强，这导致反应器上游多孔介质固体温度升高，这样气体混合物得到了有效的预热，因此固体温度升高。

2. 化学结构

富燃料多孔介质中部分氧化烟气中主要产物是 H_2、H_2O、CO、CO_2 和 CH_4。与实验报道保持一致，本节图中显示的组分的摩尔分数是以湿基为基准。图 3-4 给出的是这些组分沿着反应器中心线上的分布，使用的化学反应机理是 GRI-Mech 1.2，α 为 0 或 1，填充床导热系数放大为 10 倍。为了清晰起见，对放热区域进行放大。Futko[31]的研究表明，富燃料多孔介质中燃烧时的燃烧区域可以分为预热区、放热区和热松弛区。放热区的特征是富燃料的强烈氧化反应，主要反应为

$$CH_4+\frac{1}{2}O_2 = CO+2H_2 \tag{3-16}$$

放热区域之后是热松弛区域，该区域的主要特征是一个重整过程，并采用下列两个反应来描述：

$$CO+H_2O = CO_2+H_2 \tag{3-17}$$

$$CH_4+H_2O = CO+3H_2 \tag{3-18}$$

对应于 α=0，如图 3-4(a)和(b)所示，在反应器的入口附近，可以观察到厚度为 3mm 左右的剧烈化学反应区域，甲烷在反应器入口附近即开始分解，反应物甲烷与氧气在放热区域内迅速消耗，主要生成物 H_2、H_2O、CO 与 CO_2 的摩尔分数在放热区内迅速达到最大值，随后可以观察到这些组分的摩尔分数变化很小，这是由于在放热区域之后虽然组分经历重整反应，但重整反应(3-17)、反应(3-18)对合成气主要产物 CO、H_2 的影响不大。

对应于 α=1，如图 3-4(c)和(d)所示，剧烈的化学反应发生在两层多孔介质的交界面附近，主要产物的摩尔分数分布曲线与 α=0 的相似。α=1 对应于燃料中注入了 CO_2，在放热区内 CO_2 作为反应物参与了化学反应，部分 CO_2 被消耗掉，因此在放热区内首先观测到 CO_2 摩尔分数迅速降低，随后 CO_2 摩尔分数在很窄的区域内迅速增加，说明反应又生成了新的 CO_2。同时在热松弛区域，可以看出

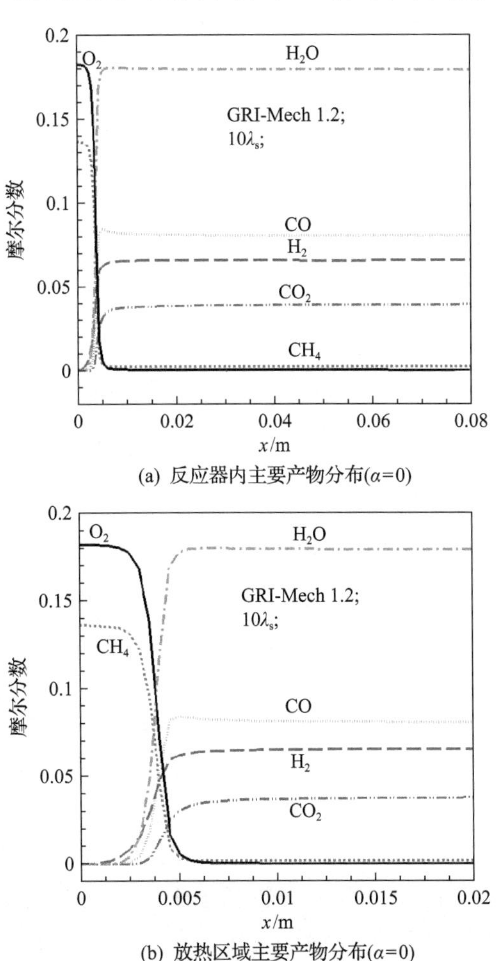

(a) 反应器内主要产物分布(α=0)

(b) 放热区域主要产物分布(α=0)

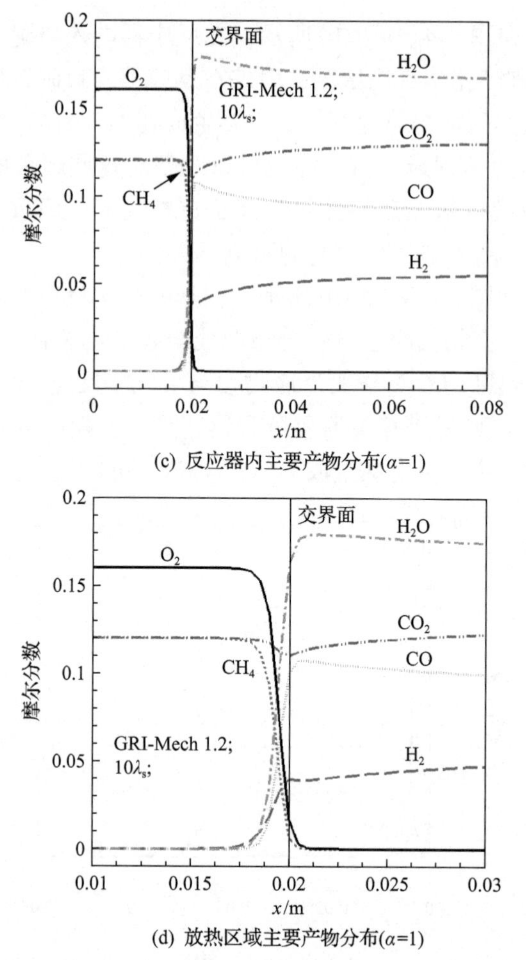

(c) 反应器内主要产物分布(α=1)

(d) 放热区域主要产物分布(α=1)

图 3-4　使用 GRI-Mech1.2 机理预测的反应器内、放热区域主要产物分布

H_2 与 CO_2 摩尔分数缓慢增大，而 H_2O 与 CO 摩尔分数不断减小。这说明燃料中注入 CO_2 后对重整反应(3-17)、反应(3-18)有着显著的影响。

3. *产物中主要组分与转化效率*

图 3-5 显示的是使用三种化学反应机理预测的 α 对主要生成物的影响，填充床导热系数指定为基准值。图中同时给出了实验值与数值模拟值[10]，模拟值是 Zeng 等基于二维体积平均法，使用 Peters 机理得到的模拟值。

如图 3-5(a)所示，随着 α 增大，三种机理预测的产物中氢气的摩尔分数不断降低，三种机理预测的氢气摩尔分数都小于实验值，而 Zeng 等[10]的预测值则高于实验值。本节中使用了三种详细化学反应机理，其中 GRI-Mech 3.0 与

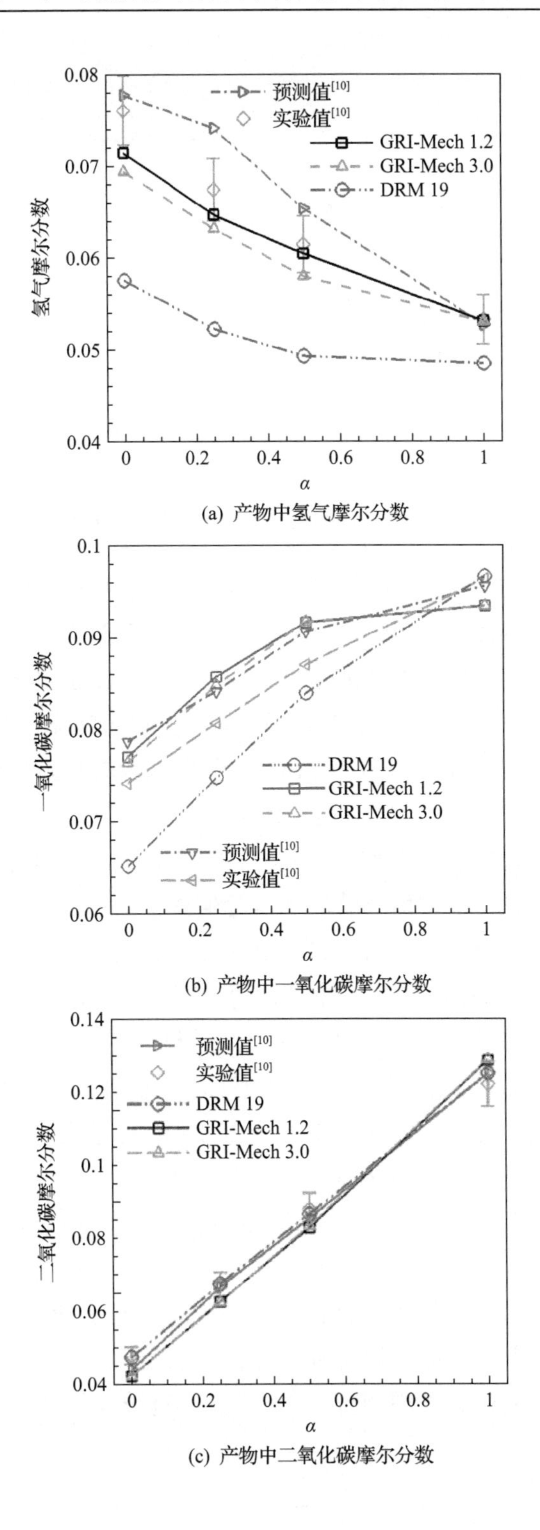

(a) 产物中氢气摩尔分数

(b) 产物中一氧化碳摩尔分数

(c) 产物中二氧化碳摩尔分数

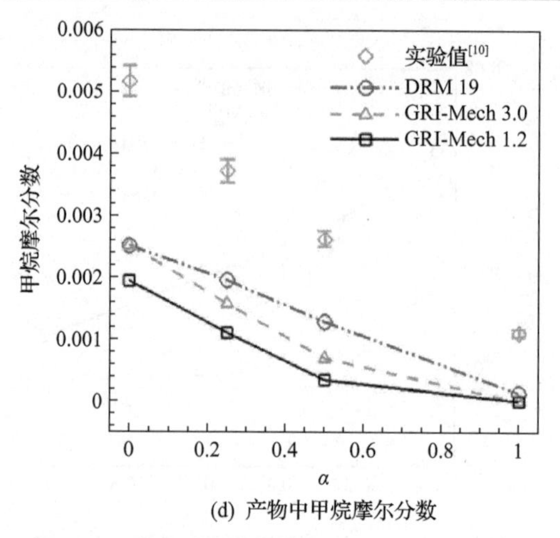

(d) 产物中甲烷摩尔分数

图 3-5　使用三种化学反应机理预测的烟气中主要产物摩尔分数[λ_s=0.2888W/(m·K)]

GRI-Mech 1.2 预测的结果与实验值吻合较好，考虑到实验误差，使用这两种机理预测值的误差在可接受的范围内。DRM 19 机理也预测到了 α 对氢气的影响，但预测值显著小于实验值，误差非常大。对于 α=1，GRI-Mech 3.0 与 GRI-Mech 1.2 两种机理预测的氢气值与实验值几乎重合，这也可能是由于烟气中二氧化碳的含量增大，氢气被稀释。如图 3-5(b)所示，三种机理预测的烟气中一氧化碳的摩尔分数随着 α 的增大而增大，但 GRI-Mech 3.0 与 GRI-Mech 1.2 两种机理预测的烟气中一氧化碳摩尔分数大于实验值，只有 α=1 时，预测结果与实验值吻合非常好，而 DRM 19 预测值显著高于实验值。

结合图 3-5(a)与(b)，可以看出当燃料中注入二氧化碳后，产物中一氧化碳摩尔分数增加，这对提高合成气热值和可燃气含量是有利的，但是导致可燃气体氢气的摩尔分数降低，这是不利的。因此燃料中注入二氧化碳后，其对制取合成气的影响，要通过综合指标(转化效率)进行考虑。同时还要指出的是，烟气中注入二氧化碳，导致烟气中二氧化碳浓度增加，而该气体为不可燃气体，因此若后期从烟气中分离出可燃气体，反而带来了不利的影响。因此当注入二氧化碳后，如果合成气热值提高不明显，从经济角度考虑这是不合适的。

如图 3-5(c)所示，随着燃料中注入二氧化碳比例的增加，烟气中二氧化碳摩尔分数几乎线性增加，使用三种机理预测的结果与实验值吻合得都非常好，这可能是由于烟气中二氧化碳的含量本身就比较大。如图 3-4(c)所示，尽管在放热区内有部分二氧化碳被消耗掉，但消耗量毕竟有限，因此随着二氧化碳注入量的增加，烟气中的二氧化碳的摩尔分数线性增加。图 3-5(d)显示的是烟气中甲烷摩尔分数。可以看出，随着注入二氧化碳比例的增加，烟气中甲烷摩尔分数线性降低。如图所示，三种模型的预测值均显著小于实验值，没有燃烧模型能够准确地预测烟气中甲烷的逃逸。这可能是由于烟气中甲烷含量极低，预测的难度增大。

4. 填充床导热系数对合成气生成的影响

为了验证填充床导热系数对合成气生成的影响，填充床导热系数从基准值分别增大 2.5 倍、5 倍和 10 倍，研究合成气中氢气、一氧化碳以及燃料转化效率的变化，计算中使用的化学反应机理是 GRI-Mech 3.0。如图 3-6(a)所示，降低填充床导热系数可提高合成气中氢气的含量。降低填充床导热系数，意味着降低了填充床内的热运输能力，抑制了反应区域附近的热回流和热量的二次分配，因此有利于在填充床内形成高温区，这有助于促进甲烷的热分解，从而获得较高的转化效率，但是当 α=1 时，填充床导热系数对氢气生成的影响很小。如图 3-6(b)所示，当 $\alpha \leqslant 0.25$ 时，增大填充床导热系数导致一氧化碳摩尔分数增加，但是当 $\alpha > 0.55$，出现了相反的趋势，增大填充床导热系数，一氧化碳摩尔分数反而降低。如图 3-6(c)所示，降低填充床导热系数可提高甲烷转化效率，但是涨幅很小。例如对于 α=0.5，当填充床导热系数降低为 1/10 时，转化效率从 41.66%增大到 42.95%，转化效率的提高可以忽略不计，燃料转化效率对填充床导热系数不敏感。

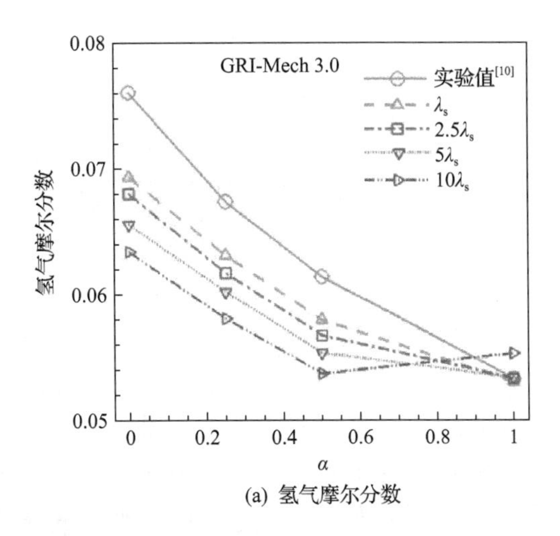

(a) 氢气摩尔分数

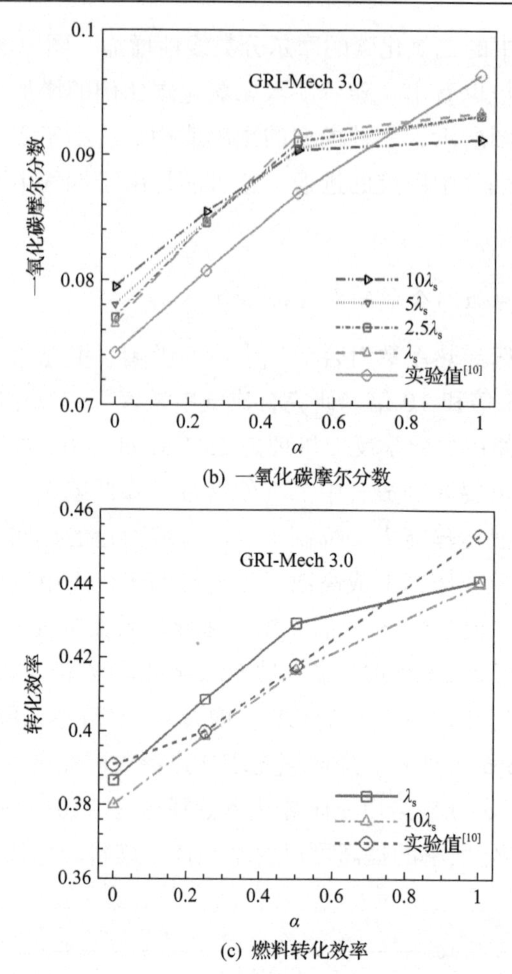

(b) 一氧化碳摩尔分数

(c) 燃料转化效率

图 3-6　填充床导热系数对产物中氢气、一氧化碳与燃料转化效率的影响

3.3　富燃料多孔介质中制取合成气的二维孔隙尺度模拟

3.3.1　物理模型

本节选取 Zeng 等[10]发展的两层多孔介质反应器作为研究对象。如前节所述，实验中使用的两层多孔介质反应器上游布置 20mm 长、直径为 2～3mm 的氧化铝小球，下游布置了 60mm 长、直径为 7.5mm 氧化铝小球。小球填充床是重力作用下的自然堆积，是随机小球填充床。如果选取整个填充床作为研究对象，预测富燃料制取合成气体需要使用详细化学反应机理，其计算工作量目前是计算资源无法胜任的。为此，将三维随机小球填充床简化为二维对称结构，这样

既可以获得孔隙尺度信息，又可节约大量的计算成本，为开展孔隙尺度三维数值研究提供理论指导。二维结构化几何体构建过程如下。首先，计算填充床上游、下游多孔介质的宏观孔隙率：

$$\varepsilon = 0.375 + 0.34d / D \tag{3-19}$$

式中，d、D 分别为小球与反应器直径。燃烧器上游布置的是 2～3mm 的氧化铝小球，为方便计算，假设上游布置的是直径为 2.5mm 的小球。然后，假设所有的小球为错列布置，小球之间的相对位置为等腰三角形排列。首先根据计算的孔隙率确定小球之间的相对位置。如图 3-7 所示，在垂直方向上布置 8 排共 16 个 2.5mm 小球，空间尺寸为 21.1795mm，下游垂直方向布置 7 个 7.5mm 的小球，

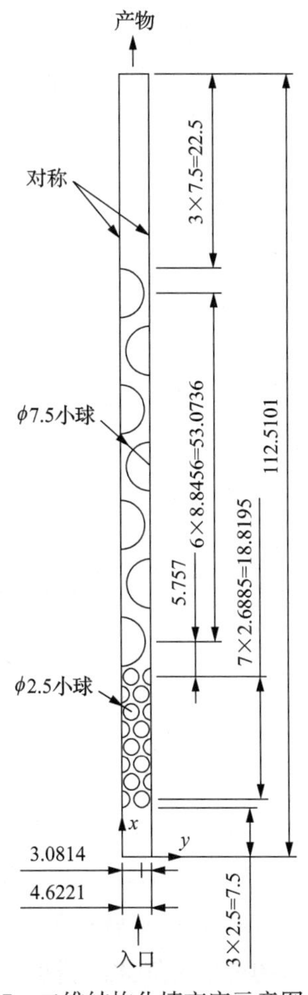

图 3-7　二维结构化填充床示意图(mm)

空间尺寸为 60.5736mm，这与实验上、下游分别布置 20mm、60mm 的多孔介质长度是相近的。为了消除进出口边界的影响，分别沿着上游、下游方向延长 7.5mm 与 22.5mm，分别是上游、下游布置的小球直径的 3 倍距离。

3.3.2 数学模型

1. 控制方程

为简化问题，引入如下假设。

(1) 小球是非透明的、惰性的。

(2) 忽略小球表面散射，小球表面辐射换热采用 DO 模型计算。假设气体是灰体且参与辐射，但是气体不参与散射，气体的折射率为 1。

(3) 气体在多孔介质中的流动是层流。

(4) 反应器内的热损失通过能量方程中添加源项处理，假设热损量与热损失系数、当地固体温度与环境温度之间的温差成正比。

在上述假设下，得到如下控制方程：

连续性方程：

$$\nabla \cdot (\rho_{\mathrm{g}} \boldsymbol{v}) = 0 \tag{3-20}$$

式中，ρ_{g} 为气体密度；$\boldsymbol{v}$ 为速度矢量。

动量方程：

$$\nabla \cdot (\rho_{\mathrm{g}} \boldsymbol{v} v_j) = \nabla \cdot (\mu \nabla v_j) - \frac{\partial P}{\partial x_i} \tag{3-21}$$

式中，v_j 为水平或垂直方向速度，j=1 是水平方向速度，j=2 是垂直方向速度；μ 为动力黏度；P 为压力。

气体能量守恒方程：

$$\nabla \cdot (\rho_{\mathrm{g}} c_{\mathrm{g}} \boldsymbol{v} T_{\mathrm{g}}) = \nabla \cdot (\lambda_{\mathrm{g}} \nabla T_{\mathrm{g}}) + \sum_i \omega_i h_i W_i - \nabla \cdot q_{\mathrm{r}} - \beta (T_{\mathrm{g}} - T_0) \tag{3-22}$$

式中，T_{g}、λ_{g}、c_{g} 分别为气相温度、导热系数和比热容；ω_i、W_i 分别为气体混合物中第 i 个组分的化学反应速度与分子量；β 为热损失系数；q_{r} 为气相辐射热流量，通过 DO 模型计算。利用 DO 模型求解辐射传递方程。在计算气体辐射时，假设气体是灰体且不考虑气体的散射，气体的折射率为 1，因此气体的辐射传递方程可以简化为

$$\nabla \cdot (I(\boldsymbol{r},\boldsymbol{s})\boldsymbol{s}) + \alpha I(\boldsymbol{r},\boldsymbol{s}) = \alpha \sigma T^4 / \pi \tag{3-23}$$

式中，$I(\boldsymbol{r},\boldsymbol{s})$为辐射强度，$\boldsymbol{r}$表示位置向量；$\boldsymbol{s}$表示方向向量；$\sigma$为斯特藩-玻尔兹曼常数；气体辐射热流量可通过下式进行计算：

$$\nabla \cdot q_{\mathrm{r}} = 4\alpha \sigma T^4 - \alpha G \tag{3-24}$$

式中，G为入射辐射。

固体能量守恒方程：

$$\nabla \cdot (\lambda_{\mathrm{s}} \nabla T_{\mathrm{s}}) - \beta (T_{\mathrm{s}} - T_0) = 0 \tag{3-25}$$

式中，T_{s}、λ_{s}分别为固相温度与导热系数。

组分守恒方程：

$$\nabla \cdot (\rho_{\mathrm{g}} \boldsymbol{v} Y_i) - \nabla \cdot (\rho_{\mathrm{g}} D_i \nabla Y_i) - \omega_i W_i = 0 \tag{3-26}$$

式中，D_i、Y_i分别为气体混合物中第i种组分的扩散系数与质量分数。

2. 边界条件

引入如下边界条件：

(1) 反应器入口：

$$\begin{gathered} T_{\mathrm{g}} = T_{\mathrm{s}} = 300\,\mathrm{K}, u = u_0, v = 0 \\ Y_{\mathrm{CH_4}} = Y_{\mathrm{CH_4,in}}, Y_{\mathrm{O_2}} = Y_{\mathrm{O_2,in}}, Y_{\mathrm{CO_2}} = Y_{\mathrm{CO_2,in}} \end{gathered} \tag{3-27}$$

(2) 反应器出口：

$$\frac{\partial T_{\mathrm{g}}}{\partial x} = \frac{\partial T_{\mathrm{s}}}{\partial x} = \frac{\partial Y_i}{\partial x} = \frac{\partial u}{\partial x} = 0 \tag{3-28}$$

(3) 通过下式考虑反应器入口、出口辐射热损失：

$$\lambda_{\mathrm{s}} \frac{\partial T_{\mathrm{s}}}{\partial x} = -\varepsilon_{\mathrm{r}} \sigma (T_{\mathrm{s,in/out}}^4 - T_0^4) \tag{3-29}$$

式中，ε_{r}为固体表面辐射系数；σ为斯特藩-玻尔兹曼常数。

(4) 在y=0, 3.0814mm，指定为速度边界条件：

$$\frac{\partial T_{\mathrm{g}}}{\partial y} = \frac{\partial T_{\mathrm{s}}}{\partial y} = \frac{\partial Y_i}{\partial y} = \frac{\partial u}{\partial y} = v = 0 \tag{3-30}$$

在气固交界面上，指定为速度无滑移边界条件。

3. 初始条件与求解

控制方程通过商业软件 Fluent 15.0 求解。甲烷/空气/二氧化碳燃烧采用详细化学反应机理 GRI-Mech 1.2 计算，该机理包括 32 种组分与 177 个基元反应。气体物性以 Chemikin 格式导入系统，小球导热系数指定为温度的函数[30]，小球表面发射率指定为 0.4。压力与速度耦合采用 SIMPLE 算法求解。为了模拟点火过程，在两层多孔介质交界面附近，设定多孔介质固体温度为 2200K。收敛的标准是：能量守恒方程、辐射传递方程残差为 10^{-6}，其他方程残差为 10^{-3}。燃料转化效率 $\eta_{e\text{-}s}$ 的定义见 3.2.2 节。

4. 网格生成与无关化检验

计算域包括入口段、出口段、固体区域与流体区域，而气体流通面积不断变化。化学反应发生在球体表面围成的孔隙内，而气固相之间则存在着强烈的对流换热，因此流体区域需要布置成细密的网格。固体内部只存在着单一的导热传热方式，但固体表面之间存在着辐射换热以及气固之间存在着强烈的对流换热，因此计算区域采用了非一致的网格。为进行网格无关化检验，本节对计算域生成了三套网格，分别为网格 1、网格 2 与网格 3。表 3-2 给出了详细的网格尺寸。网格 2 如图 3-8 所示，在流固交界面的流体侧布置了四层边界层，流体区域采用了三角形网格，而固体区域则采用了四边形网格。

表 3-2　网格尺寸

	网格 1	网格 2	网格 3
入口段(四边形网格)/mm	1	0.5	0.5
固体区域(四边形网格)/mm	1	0.5	0.25
流体区域(三角形网格)/mm	1	0.5	0.25
出口段/mm	1	0.5	0.5
边界层	2.5mm 小球：0.05mm×1.2×3(第一排网格尺寸×增长率×膨胀层数)； 7.5mm 小球：0.11mm×1.2×4		

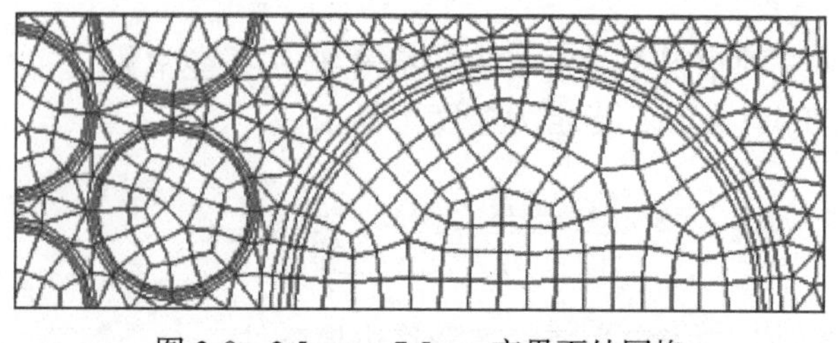

图 3-8　2.5mm、7.5mm 交界面处网格

为了研究网格对计算结果的影响，研究了三种网格对燃烧器内平均温度与归一化速度的影响，归一化速度定义为预测的当地速度除以 u_0/ε，其中 u_0、ε 分别为气体入口表观速度与孔隙率。平均温度定义为燃烧器横截面上的平均温度。计算设定为：计算域固体温度与气体温度的初始值设定为 300K，气体在燃烧器的入口温度设定为 1600K，高温空气从燃烧器入口流入，计算中只考虑传热与流动，包括固体表面的辐射换热，但没有考虑化学反应，其他的设定与完整模型保持一致。

图 3-9 是使用三种网格预测的平均温度与归一化速度。如图所示，使用网格

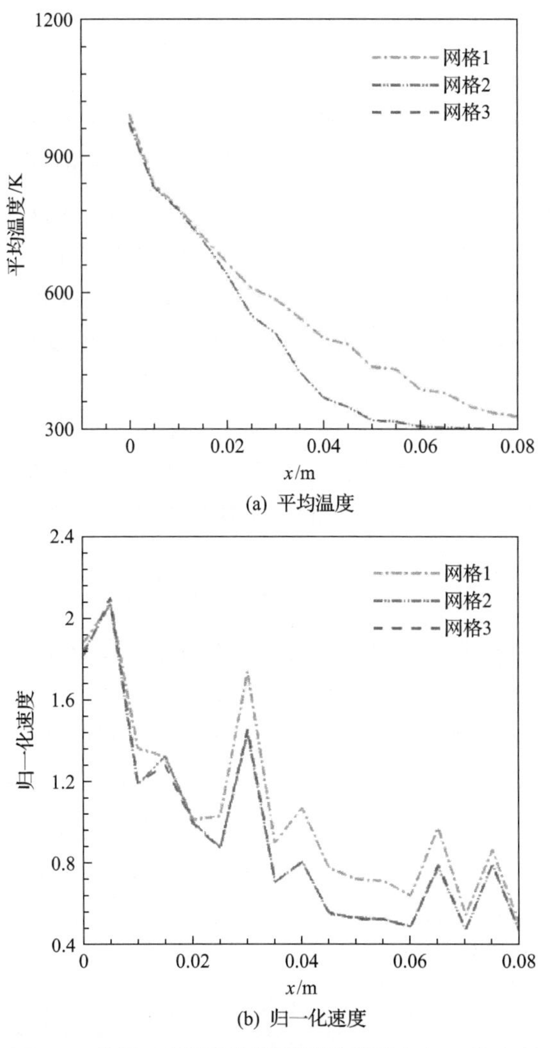

(a) 平均温度

(b) 归一化速度

图 3-9　使用三种网格预测的平均温度与归一化速度

1 预测的计算结果与使用网格 2、网格 3 计算结果有很大的偏差，而网格 2 与网格 3 预测的结果吻合非常好，使用网格 2 与网格 3 预测的归一化速度最大偏差为 3.5%，因此使用网格 2 可以满足计算要求，故下面选取网格 2 作为最终使用的网格。

3.3.3 结果与讨论

1. 组分、温度与速度在孔隙内的分布

本节模拟的对象是 Zeng 等[10]的两层多孔介质反应器，与上节的模拟对象是相同的。实验中的燃料是甲烷与二氧化碳的混合物，氧化剂是空气，二者预混好后通入小球填充床中，设置 φ 为 1.5 不变，总的混合物质量流量不变，为 5L/min，通过变化 CO_2 的比例，研究 CO_2 的含量对合成气的影响。下文烟气成分含量均指烟气产物的湿基含量。图 3-10 是预测的火焰区域的 CH_4、O_2、CO、H_2、H_2O、CO_2 的摩尔分数、温度和归一化速度，计算的工况是 $\alpha=0$ ，$\varphi=1.5$。如图所示，数值计算的变量是高度二维的。为了叙述上的方便，沿着气体流动方向对上游的小球进行编号，即从燃烧器入口的第一个小球开始计数并以此类推。在第二个与第三个小球之间，如图 3-10(a)和(b)所示，甲烷与氧气的摩尔分数开始缓慢减小，这意味着燃料和氧化剂在未进入主反应区域之前就开始了缓慢的反应，甲烷开始分解，同时有少量的氧气被消耗掉。在第二排小球位置处，可以观测到甲烷与氧气摩尔分数出现了显著的减小，这表明在孔隙内发生了剧烈的化学反应。放热反应区域的厚度的量级接近于当地小球直径(2.5mm)，但其值要小于当地小球直径。Zeng 等采用了体积平均法预测的火焰厚度小于 3mm，这与预测结果是一致的。如图 3-10(c)和(d)所示，合成气的主要产物 CO、H_2 在第二个与第三个小球的孔隙中大量生成。在放热区域之后，可以观察到 CO 摩尔分数缓慢减小，而 H_2 摩尔分数在缓慢升高。如图 3-10(e)和(f)所示，H_2O 的摩尔分数在放热区域达到最大，随后缓慢降低，而 CO_2 摩尔分数则是呈现缓慢增加的趋势。孔隙尺度模型预测到了放热区之后组分 CO、CO_2、H_2 和 H_2O 的摩尔分数在孔隙内细微的变化过程。对于富燃料在多孔介质中燃烧，重整反应是一个重要的转化过程，$CO+H_2O \longrightarrow H_2+CO_2$，从这个反应可以看出，在放热区域之后，CO、$H_2O$ 被消耗掉，生成 CO_2 与 H_2，因此 CO、H_2O 的摩尔分数降低，而 CO_2 与 H_2 的摩尔分数增大。

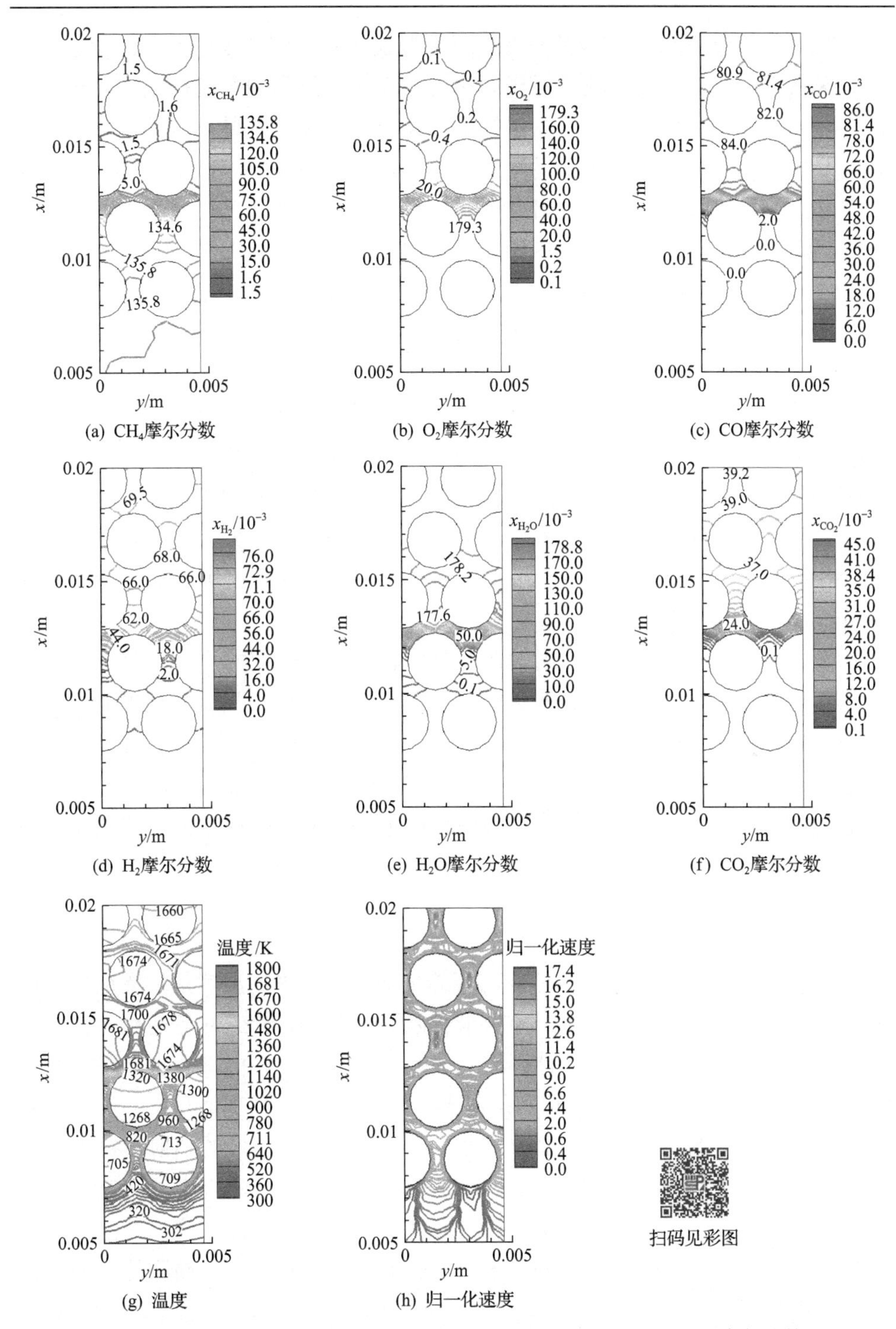

图 3-10　预测的在放热区域附近的 CH_4、O_2、CO、H_2、H_2O、CO_2 摩尔分数、温度与归一化速度（$\varphi=1.5$，$\alpha=0$）

如图 3-10(g)所示，在反应区域之后是高温区域，固体小球内部的温差非常小。这主要是由于反应区域之后气固相之间存在着强烈的对流换热，相比于气相，固体的导热系数很大，有利于扯平固体内部的温度差异。但是在反应区域的上游，预热区域内固体温度显示出明显的热非平衡现象。这主要是由于在孔隙中发生了强烈的化学反应放出大量的热量，填充床内部存在着温差，所以反应热需要在整个反应器内进行热量的再分配，热量的分配以多种并存的传热方式同时作用。如图 3-10(g)所示，放热区位于第二个与第三个小球的孔隙中，在此附近的小球与气体之间存在着强烈的对流换热，因此部分反应热蓄积在多孔介质中。高温固相表面与周围固体之间存在着辐射换热，因此蓄积在多孔介质中的热量通过辐射换热向着上游和下游进行热量的传递。在上游与高温固体相邻的小球通过辐射换热和相邻小球之间的导热，进行着热量的回流使得上游的固体温度升高，而从入口进入到填充床的新鲜气体通过气固之间的对流换热吸收热量，因此气体得到预热而温度升高。如图 3-10(g)所示，气体从入口开始，温度不断升高，表明预热效果显著，气体在进入反应区域之前得到了充分的预热。

归一化速度定义为预测的当地速度与冷态下孔隙速度的比值，表征孔隙中的当地速度相对于冷态下孔隙速度的变化量。如图 3-10(h)所示，预测的当地最大归一化速度为 17.4，意味着当地最大速度是孔隙速度的 17.4 倍，说明孔隙中的速度变化非常大。同时可以看出，预测的归一化速度在气流方向上呈现出以相邻小球轴向中心距为周期的分布特性，这是由于本节中将随机小球填充床简化为结构化填充床。

2. 燃烧器内温度分布

图 3-11 是预测的燃烧器内气体与固体平均温度，平均温度是指燃烧器横截面上的平均值。为了验证模型，图中同时显示出实验值与 Zeng 等使用体积平均法预测的气体与固体温度[10]，计算的工况是 $\varphi=1.5$ ， $\alpha=0$ 、1。本节预测的气体与固体温度稍高于实验值，特别是对于 $\alpha=0$ 的情况，预测值与实验值的误差可能主要是模型所致。本节模型中考虑了反应器入口、出口的辐射热损失，系统的热损失通过经验公式进行考虑。同时，本节中将三维随机小球填充床简化为二维对称结构，并且只选取其中有代表性的区域作为计算区域，因此也可能带来误差。对于 $\alpha=1$ 时，数值预测值与实验值吻合很好，只是预测的火焰向着下游有轻微的移动。

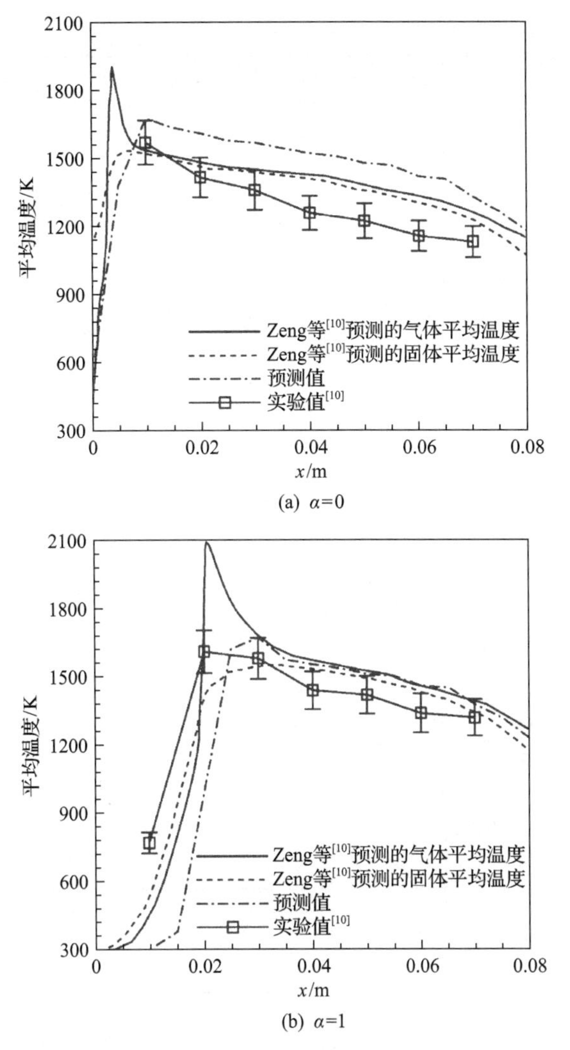

图 3-11　数值预测的反应器内平均温度分布（$\varphi=1.5$，$\alpha=0$、1）

3. 燃烧产物与转化效率

图 3-12 是预测的燃烧产物摩尔分数，图中同时标出了实验值与 Zeng 等使用体积平均法的预测值[10]，计算的$\varphi=1.5$，而α的变化范围为 0～1。结果表明，当α从 0 增大到 1 时，产物中 CO 和 CO_2 的摩尔分数增加，而 H_2 与 CH_4 的摩尔分数却在下降。从图中可以看出，模型比较精准地预测了产物中 H_2 与 CO 的摩尔分数。预测的 H_2 摩尔分数稍高于实验值，如果考虑到实验误差，则预测的误差在实验误差范围之内。需要指出的是，燃烧产物中 CH_4 的摩尔分数非常小，但模型过低地预测了产物中 CH_4 的摩尔分数。从图中可以看出，本研究预测的

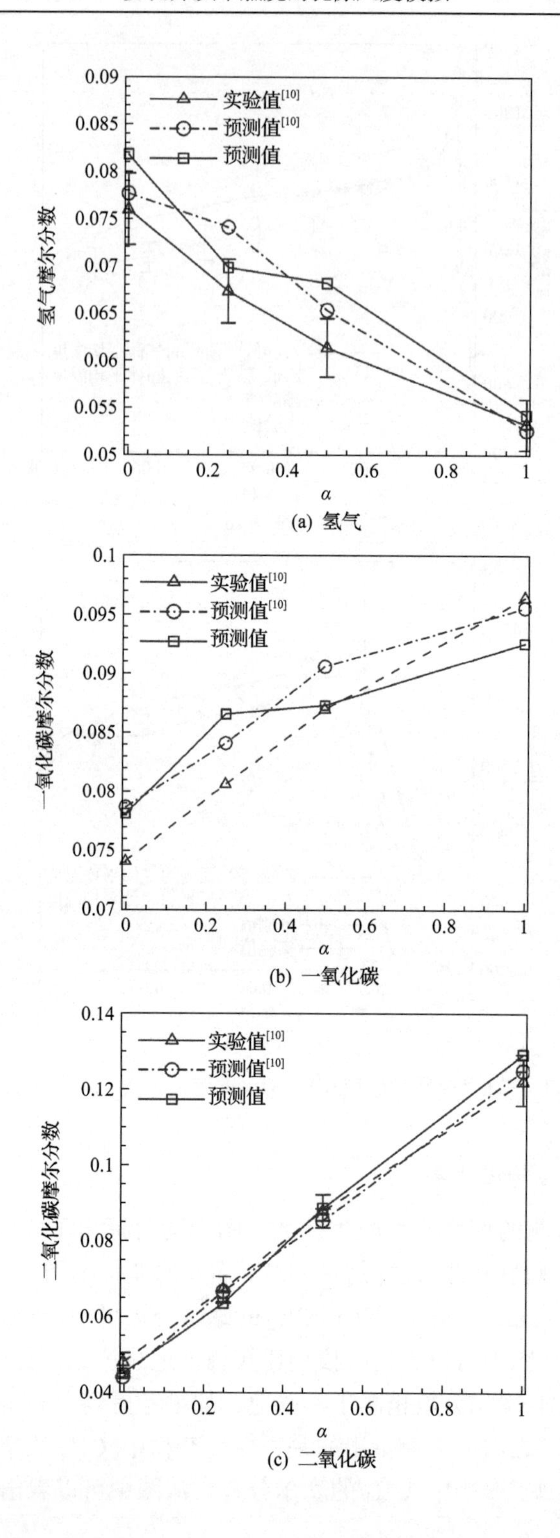

(a) 氢气

(b) 一氧化碳

(c) 二氧化碳

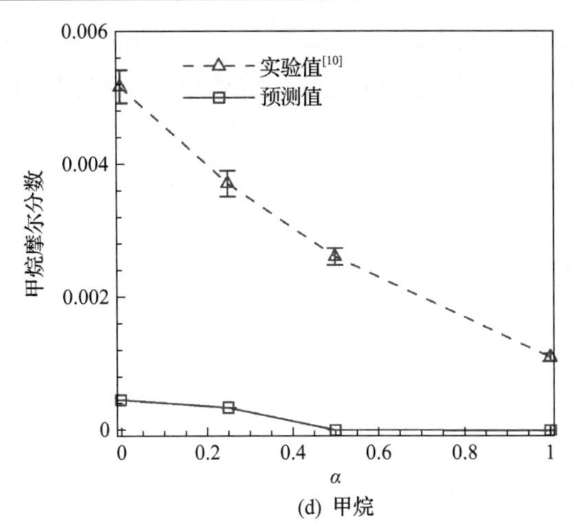

(d) 甲烷

图 3-12　预测的烟气中氢气、一氧化碳、二氧化碳和甲烷的摩尔分数($\varphi=1.5$)

主要产物 CO 与 H_2，与体积平均法预测的结果差异不大。显然，即使采用二维孔隙尺度模拟，所需的计算成本非常大，而预测的温度分布以及燃烧产物中的主要合成气产物成分，与体积平均法预测的差异并不大，预测的精度并未得到显著提高。实际上，孔隙尺度模拟的优势在于预测真实多孔介质内的输运与传递过程，可以得到孔隙内的详细信息，而体积平均法则过滤掉了孔隙尺度的信息。本节中对多孔介质结构做了很大的简化，但捕捉到了两层多孔介质反应器的特征，如孔隙中速度分布、气相与固相温度、孔隙中组分分布等，这些当地信息对于深入理解多孔介质中制取合成气体机理有着重要的作用。当然，孔隙尺度多孔介质燃烧模拟尚处于起步阶段，对于提高预测精度还需要进一步深入系统的研究。

图 3-13 是预测的转化效率，计算工况是$\varphi=1.5$，α的变化范围为 0～1。结

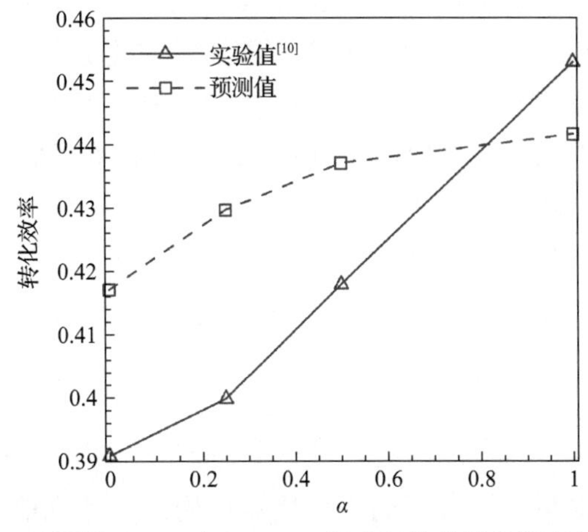

图 3-13　预测的 CH_4、空气、CO_2 混合气体的转化效率($\varphi=1.5$)

果表明，随着α的增大，甲烷/空气的转化效率提高，这表明随着甲烷中注入CO_2量的增大，合成气体中的CO的摩尔分数增大，可以实现CO_2再利用。如图3-13所示，数值预测的转化效率稍大于实验值，这是由于本节预测的燃烧温度大于实验值，而高温环境有利于CH_4的分解，生成更多的CO与H_2。

3.4 富燃料多孔介质中制取氢气的三维孔隙尺度模拟

3.4.1 物理模型、数学模型和求解

上一节中将随机填充床简化为二维对称结构，研究了富燃料制取合成气的燃烧特性。二维结构化模型无法预测纵向的掺混与流动，从上一节的预测结果可以看出，多孔介质结构对流动、传热和燃烧的影响还不能完全凸显。近年来，部分研究者开展了三维数值模拟研究合成气的制取。如前所述，多维计算耦合化学反应动力学的数值研究中巨大的计算成本问题一直难以克服。Yakovlev 和 Zambalov[32]对床层高度为92.5mm(包括1000个直径为5mm的颗粒)的瞬态预混燃烧进行了三维孔隙模拟研究，化学反应采用简化机理与详细化学反应机理，他们发现固体基质结构对填充床的燃烧和传热过程有显著影响。Dixon[20]开展了甲烷重整的三维孔隙尺度研究，其几何模型考虑了807个直径为25.4mm的球体，采用蒙特卡罗算法[33]生成三维随机填充床，并通过搭桥方法处理局部接触点。

正如先前的数值研究[20, 32]所示，三维孔隙尺度模拟可以深入理解孔隙内的当地燃烧特性。然而，由于计算工作量的限制，在全尺寸随机填充床中使用详细化学动力学进行合成气生产的三维孔隙尺度模拟仍然是不可行的。在对称边界条件简化计算域的基础上，利用详细化学机理进行孔隙尺度模拟是一种很有前途的方法。由于多孔介质结构的随机性和非透明性，实验中很难获得详细的输运和燃烧特性，而三维孔隙尺度模拟可详细研究孔隙结构对流动、传热和燃烧的影响，为探明富燃料制取合成气的燃烧特性提供了可行的方案，为火焰形状及其行为的描述提供重要的数据，对实际应用具有重要的科学意义。

本节的目的是将随机填充床简化为三维结构化填充床，研究甲烷/空气混合物中加入二氧化碳对燃料重整效率的影响，研究当地气体速度、组分与化学反应等；在孔隙尺度上分析热反馈机理、火焰区附近速度和气体温度的空间变化，加深对非平衡特性的理解。

1. 物理模型

本节的模拟对象与上一节相同，燃烧器结构与尺寸见前文。考虑到计算成

本，模拟全尺寸燃烧器并耦合详细化学反应动力学是非常耗时的，本节只选取代表性的单元作为计算区域。为了重构三维结构化填充床，假设填充床内上游的小球直径为 2.5mm，而下游的小球直径为 7.5mm[10]。假设反应器中小球的相对位置是三维交错排列的，并且所有相邻的小球都是点接触。然后将所有小球直径减小至其名义直径的 0.99，以避免小球之间的接触点。直径为 $0.2d$(d 为小球直径)的短圆柱体插入任何接触的小球之间，其轴线沿着小球之间的中心线定位。为了节省计算资源，将整个几何模型切割成四个平面，形成一个简化的计算域。如图 3-14 所示，选择填充床的代表性部分作为模拟对象，燃烧器上游包括 36 个直径为 2.475mm 的小球，下游包含 9 个直径为 7.425mm 的小球，填充床上游和下游长度分别为 19.795mm 和 59.385mm，与实验装置上、下游小球填充长度分别为 20mm 和 60mm 的布置基本一致。如图 3-14 所示，计算域除了上下游两部分多孔区域外，还包括两个扩展区域，即分别向上、下游扩展当地 3 倍小球直径的距离，作为净流体区域，以消除进出口对计算的影响。最后，计算区域 z 方向长 116.68mm，进出口区域横截面为 3.75mm × 3.75mm。

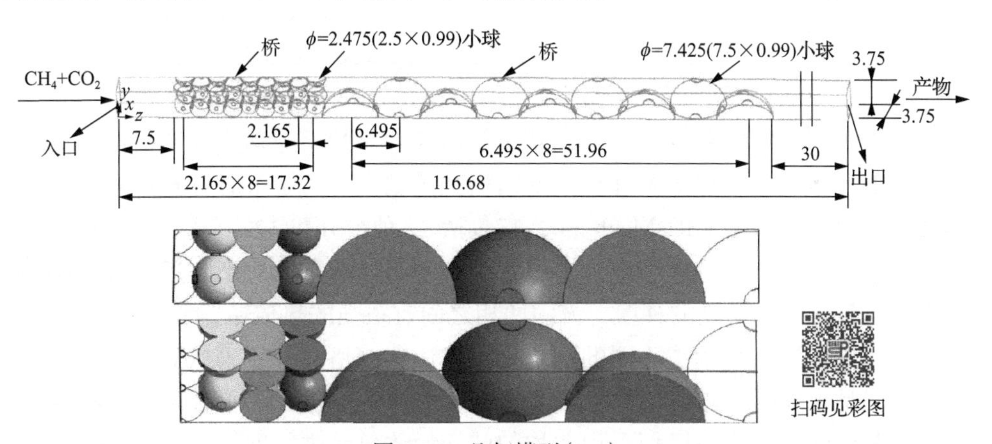

图 3-14　几何模型(mm)

如表 3-3 所示，建立的几何模型的上、下游填充床相应的孔隙率分别为 0.42 和 0.421。对于随机填充床，孔隙率计算公式为 $\varepsilon = 0.375 + 0.34d / D$，其中 d、D 分别表示小球和反应器的直径。简化为结构化填充床后，与随机小球填充床的孔隙率相比，孔隙率的相对误差分别为 4.17%和 8.53%。

表 3-3　结构化与随机小球填充床的孔隙率

	结构化填充床	随机填充床	相对误差
ϕ 2.5mm 小球填充床	0.42	0.403	4.17%
ϕ 7.5mm 小球填充床	0.421	0.46	8.53%

2. 数学模型与求解

数学模型与上节基本相同，只是将二维扩展为三维，因此本节不再具体给出数学模型。边界条件也与上节基本相同，只是在建立几何模型时产生的四个面定义为对称边界条件，这与二维模型是不同的。采用 DO 模型考虑了固体表面之间的辐射换热。模拟固体表面之间的能量交换，假设小球表面都是镜面反射和灰体且小球是不透明介质。小球表面参与热辐射的反射、吸收和发射。在上述假设下，小球表面的能量平衡可以表示为

$$q_{\text{net}}=q_{\text{out}}-q_{\text{in}}=(q_{\text{发射}}+q_{\text{反射}})-q_{\text{吸收}} \tag{3-31}$$

式中，q_{net} 为小球表面净辐射热流量；q_{in}、q_{out} 分别表示小球表面接受与离开的辐射热流量；$q_{\text{发射}}$、$q_{\text{反射}}$、$q_{\text{吸收}}$分别表示发射、反射、吸收的辐射热流量。

在小球壁面的气固交界面上，假设无滑移边界条件，气固耦合传热采用下式计算：

$$T_{\text{g}}=T_{\text{s}},-\lambda_{\text{g}}\frac{\partial T_{\text{g}}}{\partial n}=-\lambda_{\text{s}}\frac{\partial T_{\text{s}}}{\partial n}+q_{\text{net}} \tag{3-32}$$

为了预测详细的合成气组分，需要使用详细化学反应动力学来提高主要燃烧产物的预测精度，但本节计算域的网格数量很大，为了节省计算成本，选择 GRI-Mech 1.2 而不是 GRI-Mech 3.0，它包括 32 种组分和 177 个基元反应。

根据前人的研究结果看出，填充床中富燃料燃烧在反应区附近呈现出陡峭的组分质量分数和温度的梯度，流固两相之间有很强的热传递。考虑到这一点，在气体和固体区域采用了不同的网格划分方法和网格尺寸。入口侧和出口侧的扩展区域是规则的长方体，因此采用单元尺寸为 0.5mm 的六面体网格进行网格划分，其他流体和固体区域采用非均匀的四面体单元进行网格划分。小球表面附近发生固体与固体之间的辐射换热和强烈的气固对流换热，小球表面之间形成的孔隙内发生反应。考虑到这些因素，采用网格划分软件 Gambit 提供的尺寸函数控制气、固两相区域的网格尺寸，在流体区域采用细密的网格，在小球内部采用较粗的网格。流体侧的网格尺寸以 1.2 的比例，从小球表面周围网格尺寸(0.2mm)开始膨胀增大，最大网格尺寸小于 0.5mm。

小球内部发生导热，在固相中只存在着单一的传热方式，故小球内部采用较粗的网格。固相中的网格尺寸也受尺寸函数的控制，网格尺寸从小球中心向小球表面逐渐减小，直径为 2.475mm 和 7.425mm 小球的最大网格尺寸分别为 1mm 和 1.2mm。对于直径为 0.5mm 和 1.5mm 的短圆柱，使用最细的网格，最

小网格尺寸为 0.018mm。本节验证了计算结果的网格无关性，最后采用了 213174 个网格单元。采用 CFD 软件 Fluent 15.0 求解控制方程组。在多孔介质的第一层和第二层的界面处，长度为 20mm 的区域内指定温度为 2200K，用以激活化学反应。能量守恒方程与其他守恒方程的收敛残差分别设为 1×10^{-6} 和 1×10^{-3}。表 3-4 是本节计算的算例。φ 保持在 1.5 不变，α 在 0 和 1 之间变化。

表 3-4　计算算例

φ	α	u_0 /(m/s)
1.5	0	0.1365
1.5	0.25	0.1412
1.5	0.5	0.1458
1.5	1	0.1551

3.4.2　结果与讨论

1. 当地速度、温度分布、热反馈与组分分布

对速度、组分、温度的空间非平衡性进行分析，图 3-15 中显示了 φ=1.5 和 α=0 的三维流线、温度和组分分布等。本节中所有的 φ 设定为 1.5，因此下面不再给出当量比的值。如图 3-15(a)所示，孔隙内的气体加速流动。由于填充床的结构布置，可以看到流速分布具有相邻颗粒间距间隔的周期性轮廓。图 3-15(b)和(c)显示了反应器中的气体温度和反应热分布。在两层多孔介质之间的界面处观察到当地气体高温区域，最高温度达到 2127K，这表明该区域发生了剧烈的放热反应，化学热在反应区释放。从图 3-15(c)可以看出，在放热区反应热的分布是不均匀的，这与体积平均法的预测结果不同。反应热在反应器内重新分配，有明显的热反馈现象。热量通过固体热传导和辐射从高温区向上游传递。如图 3-15(d)所示，固体温度从上游侧的第一层小球开始略微升高。新鲜混合物在进入反应区之前通过相间传热进行预热，气相温度升高。

Barra 等[34]使用体积平均法，采用 P-3 辐射模型对填充床内的热反馈进行了研究，结果表明热辐射在填充床内的传热过程中起着重要的作用。采用 DO 模型，对多孔介质几何体进行重构，从而可以分析孔尺度下的辐射传热。图 3-15(e)显示了燃烧器内小球表面的辐射热流量。结果表明，小球表面的辐射热流量分布是不均匀的，同一小球表面的辐射热流量差异很大。如图 3-15(e)所示，由于不透明小球的阻碍，辐射热流量在填料床中逐层传递。辐射热流量的传递方向在两层多孔介质的分界面处向着各自相反的方向传递，在交界面之后，辐射热流方向是沿着气体流动方向的，而在交界面之前，辐射热流方向与流动方向相反，因此，从高温区到新鲜混合物的热反馈是通过辐射传热来实现的。

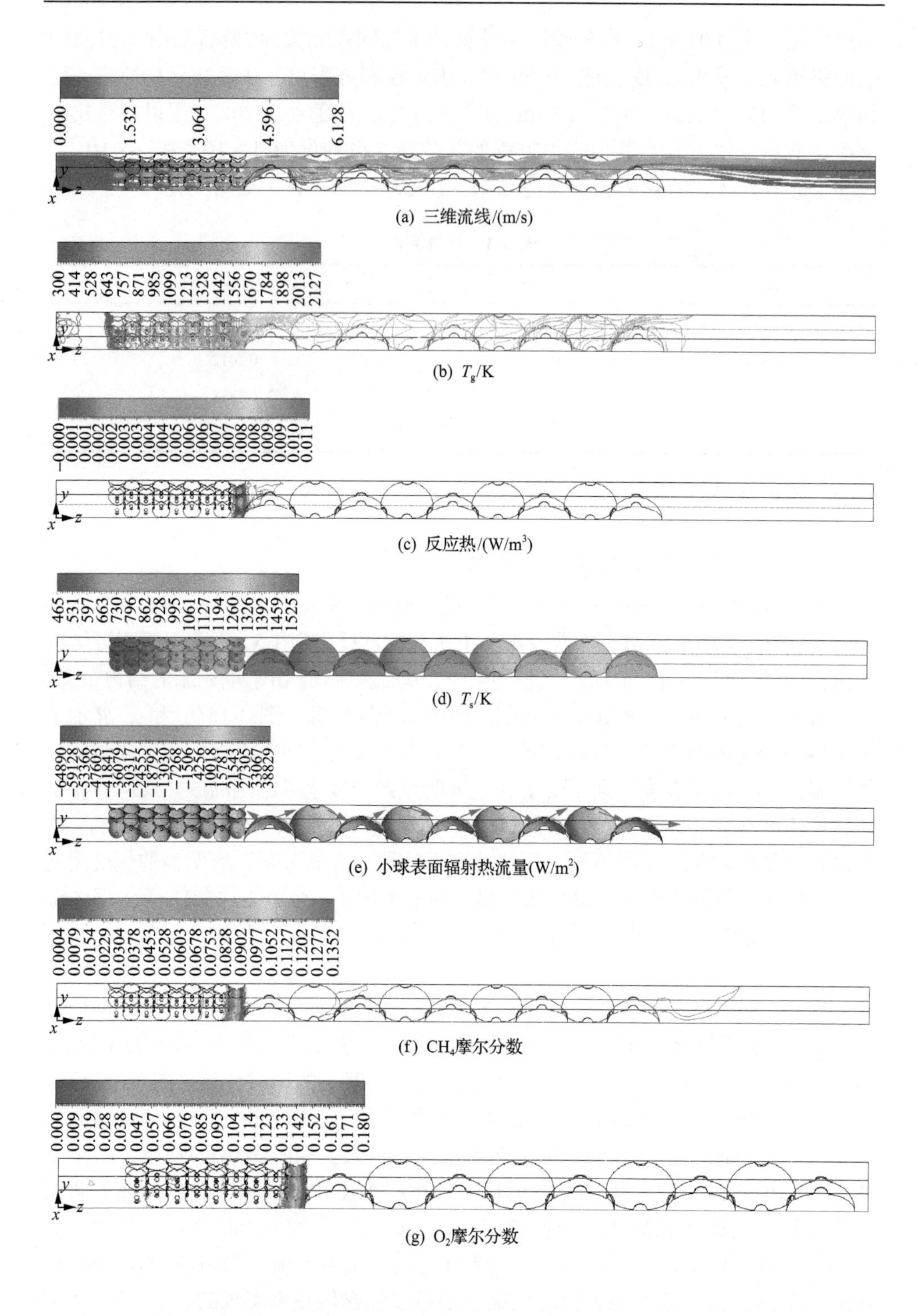

0.000
1.532
3.064
4.596
6.128
y
x
z
(a) 三维流线/(m/s)
300
414
528
643
757
871
985
1099
1213
1328
1442
1556
1670
1784
1898
2013
2127
y
x
z
(b) T_g/K
−0.000
0.001
0.001
0.002
0.002
0.003
0.003
0.004
0.004
0.005
0.006
0.006
0.007
0.007
0.008
0.008
0.009
0.009
0.010
0.011
y
x
z
(c) 反应热/(W/m³)
465
531
597
663
730
796
862
928
995
1061
1127
1194
1260
1326
1392
1459
1525
y
x
z
(d) T_s/K
−64890
−59128
−53366
−47603
−41841
−36079
−30317
−24555
−18792
−13030
−7268
−1506
4256
10018
15781
21543
27305
33067
38829
y
x
z
(e) 小球表面辐射热流量(W/m²)
0.0004
0.0079
0.0154
0.0229
0.0304
0.0378
0.0453
0.0528
0.0603
0.0678
0.0753
0.0828
0.0902
0.0977
0.1052
0.1127
0.1202
0.1277
0.1352
y
x
z
(f) CH₄摩尔分数
0.000
0.009
0.019
0.028
0.038
0.047
0.057
0.066
0.076
0.085
0.095
0.104
0.114
0.123
0.133
0.142
0.152
0.161
0.171
0.180
y
x
z
(g) O₂摩尔分数

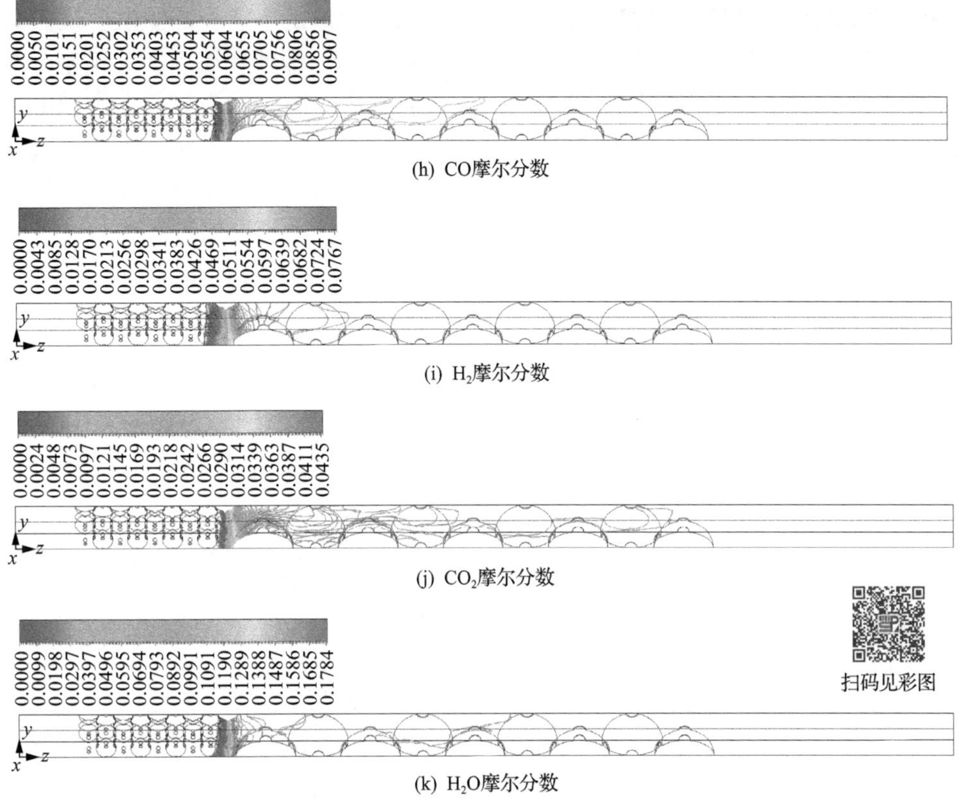

(h) CO摩尔分数

(i) H_2摩尔分数

(j) CO_2摩尔分数

(k) H_2O摩尔分数

图 3-15　预测的三维流线、气体与固体温度、反应热、反应物与主要产物的摩尔分数（$\alpha=0$）

如图 3-15(f)～(k)所示，在沿流动方向的两层多孔介质界面处，反应物 CH_4 和 O_2 的摩尔分数在一个狭窄的区域内略有下降，然后急剧下降，而产物 CO、H_2、CO_2 与 H_2O 的摩尔分数在狭窄区域急剧增加。在放热区后的较长区域内，CO 和 H_2O 的摩尔分数略有下降，而 H_2 和 CO_2 的摩尔分数略有增加。这表明燃料重整反应发生在吸热区。基于骨架图和灵敏度分析，Futko[31]报道了反应区由预热区、CH_4 部分氧化放热区、重整过程吸热区等三个区域组成，反应区内的组分转化过程可用以下两个化学反应方程式表示：$H_2O+CO == H_2+CO_2$，$H_2O+CH_4 == 3H_2+CO$。从以上反应过程可以看出主要产物摩尔分数在吸热区的变化趋势。

2. 燃烧器内温度分布

图 3-16 显示了本模型预测的在 α=0，1 时沿反应器流动方向的温度分布，并给出了实验结果和一维预测值[10]以验证该模型。值得注意的是，图 3-16 中的实

验值[10]是沿反应器中心线的温度，图中显示的预测值是气体和固体温度横截面的面积加权平均温度。对于 α=0，如图 3-16(a)所示，即使考虑到实验误差，本模型的预测值也大于实验值，预测的火焰移向反应器两段的交界面。模型中忽略了热损失可能是导致预测的温度过高的部分原因。同时，本研究中随机填充床简化为交错布置的结构化填充床。随机填充床内的流动、燃烧和传热过程与结构化填充床内的这些过程不同。过度简化的填充床结构可能是导致预测温度过高的另外一个原因。如图 3-16(a)所示，一维模型预测的火焰移向反应器入口，该模型[10]高估了火焰区的燃烧温度。

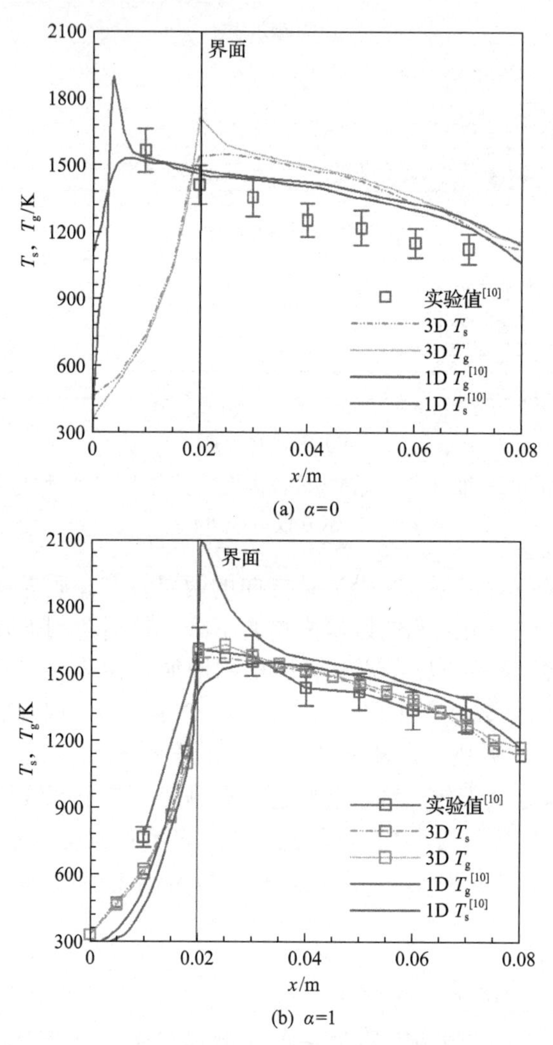

图 3-16　预测的燃烧器中心线上的气体与固体温度

当 α=1 时，图 3-16(b)中显示的预测温度与实验值吻合得很好，当混合物从燃烧器入口流向燃烧区域时，新鲜预混气体得到了很好的预热。三维模型预测到了反应器内合理的温度梯度。一维模型再次高估了火焰区的燃烧温度。图 3-16 结果表明，在 α=0 和 α=1 时，一维模型对火焰区的燃烧温度都有过高的预测，而三维模型对燃烧温度的预测与实验结果相比是合理的。

3. 产物中主要组分与重整效率

图 3-17 显示了 α 对合成气组分产量的影响，φ 为常数 1.5，图中显示了实验结果以供比较。在燃料中添加二氧化碳会促进化学反应 $H_2O+CO \longrightarrow CO_2+H_2$ 的逆反应。正如预期的那样，当 α 从 0 增加到 1 时，CO 的摩尔分数增加，而 H_2 的摩尔分数减少。对于 $0 \leqslant \alpha \leqslant 1$，模型过高地预测了 CO 的摩尔分数，这可能是

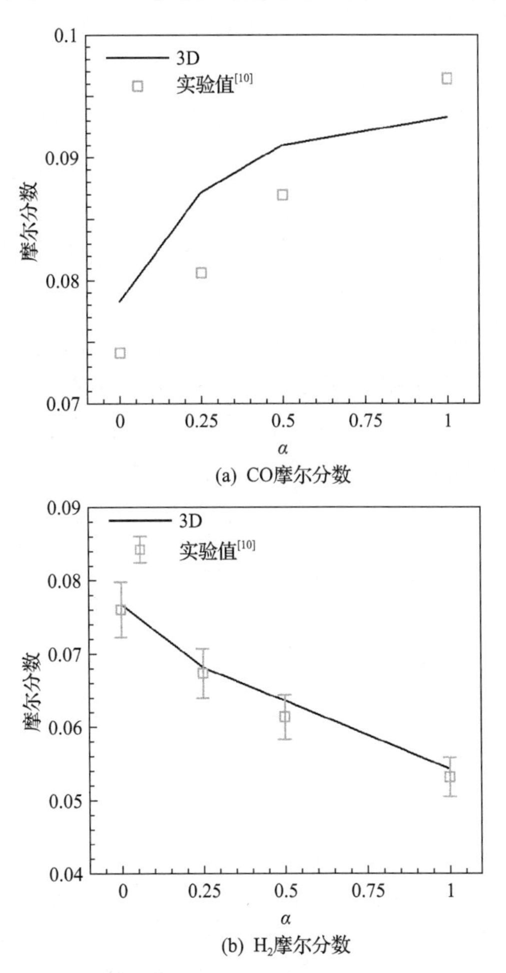

(a) CO摩尔分数

(b) H_2摩尔分数

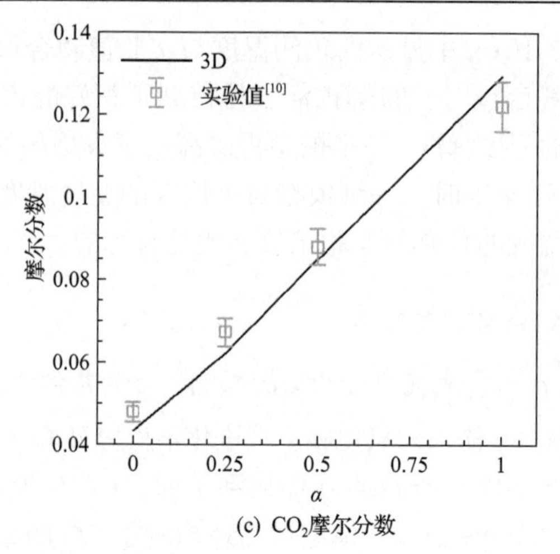

(c) CO_2摩尔分数

图 3-17　预测的烟气中 CO、H_2与CO_2摩尔分数

由于模型中忽略了系统对周围环境的热损失。如图 3-16(a)所示，对于$\alpha=0$模型过高地预测了燃烧温度。较高的温度有利于甲烷的分解。对于H_2的预测，与实验值相比，模型给出了合理的结果。数值模型和实验结果均表明，随着α的增加，CO_2的摩尔分数线性增加，数值计算值与实验值基本吻合。可以说，三维计算预测的主要合成气CO_2、H_2的变化趋势与实验结果是相同的。

如图 3-18 所示，燃料转化效率在α的整个研究范围内趋于增加。转化效率的预测结果与实验结果基本一致，但除$\alpha=1$外，预测值一般大于实验值。同样，这是由于模型预测的反应器内燃烧温度过高。实验表明[10]，当α从 0 增加到 1，转化效率由 39.1%提高到了 45.3%。本节预测的转化效率，$\alpha=0$时为 40.5%，$\alpha=1$时为 44.5%。转化效率的实验值与预测值的最大相对误差为 5.7%。

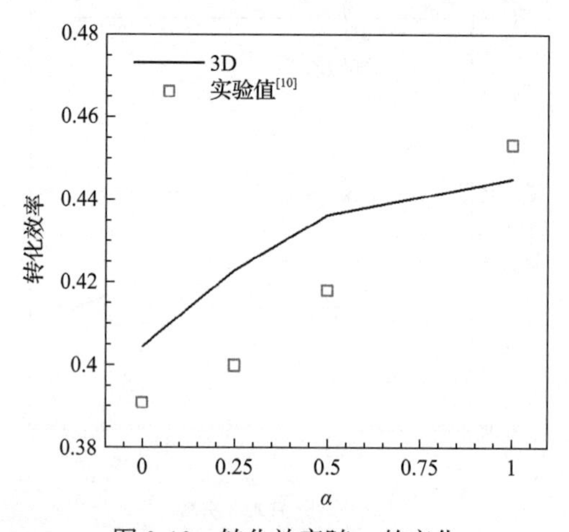

图 3-18　转化效率随α的变化

4. 气体速度与气体温度在空间上的变化

图 3-15(a)显示了反应器中的流线，可以看到反应器中气体速度在空间上的变化。气体速度在空间上的变化导致当地传热和反应速度的变化，因此可以看出当地孔隙结构对燃烧的影响。当地气体温度和速度偏离平均值的程度可通过燃烧器横截面上变量的均方根(RMS)进行定量评价[32]，下面两个公式定义气体温度和速度的均方根：

$$T_{\mathrm{g,RMS}}=\sqrt{\frac{1}{n-1}\sum_{i=1}^{n-1}(T_{\mathrm{g,local}}-\overline{T}_{\mathrm{g}})^2} \tag{3-33}$$

$$w_{\mathrm{g,RMS}}=\sqrt{\frac{1}{n-1}\sum_{i=1}^{n-1}(w_{\mathrm{g,local}}-\overline{w}_{\mathrm{g}})^2} \tag{3-34}$$

式中，$T_{\mathrm{g,local}}$、$\overline{T}_{\mathrm{g}}$ 分别为当地气体温度和气体温度平均值；$w_{\mathrm{g,local}}$、$\overline{w}_{\mathrm{g}}$ 分别为当地气体速度与气体速度平均值。为了估算当地速度和气体温度沿 z 轴的变化，将多孔区域中的流体区域按 2mm 距离切割成一组横截面。图 3-19(a)显示 α=1 时的平均速度、速度均方根和速度相对值。可以看出，随着温度的升高，气体速度沿流动方向增加，由于流体区域的交错分布，在两层多孔介质的界面后观察到气体速度的周期性分布。气体速度均方根分布与气体速度分布相似。气体速度沿着空间的变化较大，$w_{\mathrm{g,RMS}}$ 的最大值为 2.58m/s。速度相对值($w_{\mathrm{g,local}}/\overline{w}_{\mathrm{g}}$)的分布与平均气体速度具有相同的结构，平均值为 0.78，如图 3-19(a)所示。

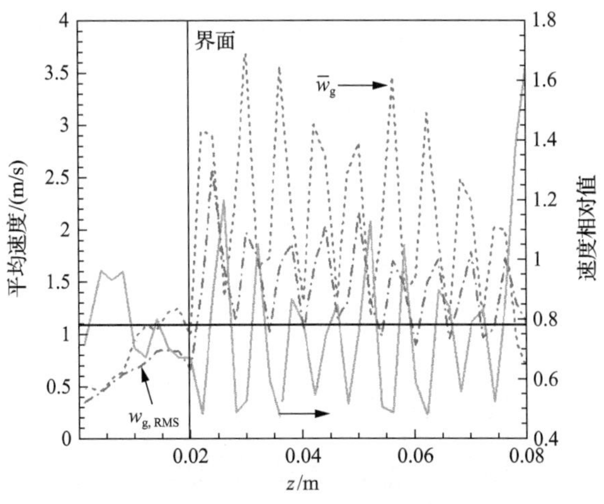

(a) 平均速度、速度均方根与速度相对值

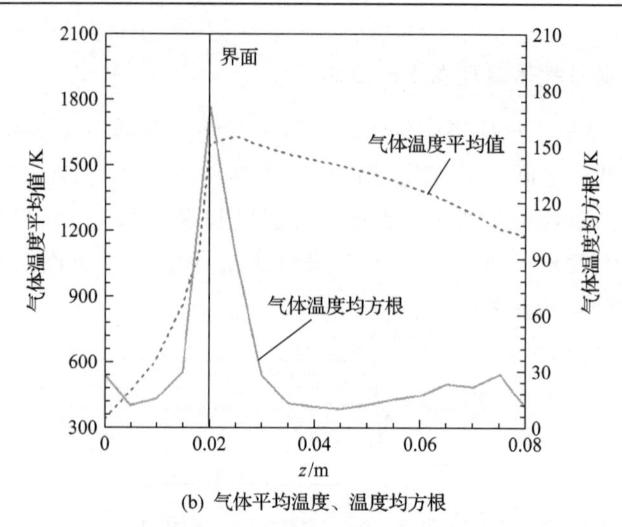

(b) 气体平均温度、温度均方根

图 3-19　平均速度、速度均方根、速度相对值及气体平均温度、温度均方根（φ=1.5，$\alpha=1$）

图 3-19(b)显示的是气体平均温度及其均方根值。气体温度的均方根分布基本上是一个波形曲线，$T_{g,\mathrm{RMS}}$峰值靠近气体最高温度区。这意味着整个反应器都存在热非平衡，并且热非平衡的程度沿流动方向不断变化。$T_{g,\mathrm{RMS}}$在反应区前增大，在反应区附近迅速达到最大值，而在反应区后显著降低，随后在热松弛区，其沿流动方向的变化较小。

本研究提出了一种不同于目前广泛使用的随机填料床的三维结构化小球填料床。文献[32]深入地研究了随机床层中的当地速度分布。然而，三维结构床反应流的速度分布尚未报道。为了充分了解结构化填充床的当地速度变化，选取了沿 z 轴的三条代表线。图 3-20 显示了 $\alpha=1$ 时三条线段上的归一化速度分布图。

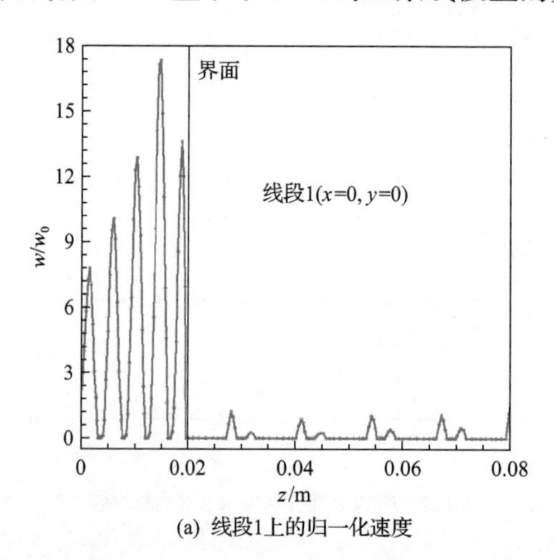

(a) 线段1上的归一化速度

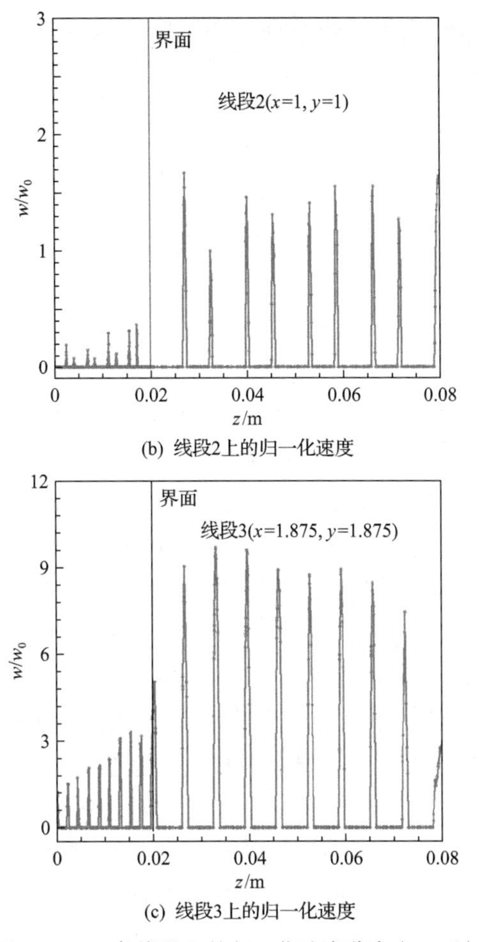

(b) 线段2上的归一化速度

(c) 线段3上的归一化速度

图 3-20 三条线段上的归一化速度分布（$\alpha=1$）

归一化速度定义为沿 z 轴预测的当地速度（w）与反应器入口气体速度（w_0）之间的比率。可以看出，图 3-20 中的三个归一化速度分布是周期性的，而与线段的位置无关，这可能是结构化填充床的结构所致。在小球占据的区域，归一化速度为零。相邻两个小球之间的归一化速度变化较大，归一化速度呈现波浪状。其值在颗粒表面为零，并在孔隙内增加到最大值。归一化速度分布不同于随机床内的归一化速度分布[32]。线段 1 上的最大归一化速度为 17.32，这意味着该线上的最大当地速度是反应器入口气体速度的 17.32 倍。

3.5 本章小结

本章以两层多孔介质燃烧器为研究对象，分别采用二维以及三维孔隙尺度模型，研究了富燃料多孔介质中部分氧化制取合成气的燃烧特性，着重讨论了化学反应机理对制取合成气的敏感性、燃料中注入二氧化碳后对合成气生成的影响，主要结论如下。

(1) GRI-Mech 1.2 与 GRI-Mech 3.0 两种详细机理较好地预测了产物中氢气、一氧化碳、二氧化碳含量；DRM 19 简化机理预测的氢气与一氧化碳偏离实验值严重，因此使用简化机理 DRM 19 预测合成气可能会带来较大的误差。鉴于 GRI-Mech 1.2 与 GRI-Mech 3.0 预测的合成气的误差不大，因此从计算资源消耗的角度考虑，可优先使用 GRI-Mech 1.2，以节省计算工作量。

(2) GRI-Mech 1.2、GRI-Mech 3.0 与 DRM 19 预测的燃烧器内的温度分布，除了在放热区域有较小差异外，在其他区域内非常接近；机理越详细，预测的放热区域的最大燃烧温度越小。因此，若模拟的主要目的是预测燃烧器内的温度分布，从计算成本考虑 DRM 19 是理想的选择。

(3) 降低填充床导热系数可提高燃料的转化效率，但是提高的幅度非常有限。

(4) 孔隙尺度二维模拟捕捉到了两层多孔介质燃烧器的燃烧特性，得到了详细的孔隙内的组分、温度和流速分布。与体积平均法预测的结果相比，二维孔隙尺度模拟的燃烧温度及合成气主要产物 CO、H_2 体积分数的精度并未得到提高。孔隙尺度模拟尚处于起步阶段，需要开展大量深入细致的基础研究。

(5) 探索了将三维随机小球填充床简化为三维结构化小球填充床，对交错排列的双层反应器中富燃料部分燃烧制合成气过程进行了三维孔隙尺度模拟。该模型考虑了固体表面之间的辐射换热，并用详细化学动力学 GRI-Mech 1.2 计算富燃料燃烧。对当地火焰、反应区气体速度变化、烟气中合成气成分、反应器内温度分布进行了数值研究。应用均方根定量研究了气体温度和速度的空间变化。气体速度的空间变化达到平均速度的 78%。整个反应器都存在热非平衡，气体热非平衡程度沿流动方向不断变化。气体温度的均方根曲线分布类似于波浪状。孔隙尺度的小球表面辐射热分析表明，该模型直接详细地反映了从高温区到新鲜混合物的热反馈过程。

参 考 文 献

[1] Mujeebu M A. Hydrogen and syngas production by superadiabatic combustion—A review[J]. Applied Energy, 2016, 173: 210-224.

[2] Weinberg F J, Bartleet T G, Carleton F B, et al. Partial oxidation of fuel-rich mixtures in a spouted bed combustor[J]. Combustion and Flame, 1988, 72(3): 235-239.

[3] Kennedy L A, Saveliev A V, Fridman A A. Superadiabatic partial oxidation of methane in reciprocal and counterflow porous burners[J]. Proceedings of the Mediterranean Combustion Symposium, 1999: 105-139.

[4] Kennedy L A, Bingue J P, Saveliev A V, et al. Chemical structures of methane-air filtration combustion waves for fuel-lean and fuel-rich conditions[J]. Proceedings of the Combustion Institute, 2000, 28(1): 1431-1438.

[5] Toledo M, Bubnovich V, Saveliev A, et al. Hydrogen production in ultrarich combustion of hydrocarbon fuels in porous media[J]. International Journal of Hydrogen Energy, 2009, 34(4): 1818-1827.

[6] Toledo M, Gracia F, Caro S, et al. Hydrocarbons conversion to syngas in inert porous media combustion[J]. International Journal of Hydrogen Energy, 2016, 41(14): 5857-5864.

[7] Drayton M K, Saveliev A V, Kennedy L A, et al. Syngas production using superadiabatic combustion of ultra-rich methane-air mixtures[J]. Symposium (International) on Combustion, 1998, 27(1): 1361-1367.

[8] Gao H B, Qu Z G, Feng X B, et al. Methane/air premixed combustion in a two-layor porous burner with different foam materials[J]. Fuel, 2014, 115: 154-161.

[9] Gao H B, Qu Z G, He Y L, et al. Experimental study of combustion in a double-layer burner packed with alumina pellets of different diameters[J]. Applied Energy, 2012, 100: 295-302.

[10] Zeng H Y, Wang Y Q, Shi Y X, et al. Syngas production from CO_2/CH_4 rich combustion in a porous media burner: Experimental characterization and elementary reaction model[J]. Fuel, 2017, 199: 413-419.

[11] Wang Y Q, Zeng H Y, Shi Y X, et al. Methane partial oxidation in a two-layer porous media burner with Al_2O_3 pellets of different diameters[J]. Fuel, 2018, 217: 45-50.

[12] Sahraoui M, Kaviany M. Direct simulation vs volume-averaged treatment of adiabatic, premixed flame in a porous medium[J]. International Journal of Heat and Mass Transfer, 1994, 37(18): 2817-2834.

[13] Hackert C L, Ellzey J L, Ezekoye O A. Combustion and heat transfer in model two-dimensional porous media[J]. Combustion and Flame, 1999, 116(1-2): 177-191.

[14] Jiang L S, Liu H S, Wu D. Pore-scale simulation of vortex characteristics in randomly packed beds using LES/RANS models[J]. Chemical Engineering Science, 2018, 177: 431-444.

[15] Jiang L S, Liu H S, Suo S Y, et al. Pore-scale simulation of flow and turbulence characteristics in three-dimensional randomly packed beds[J]. Powder Technology, 2018, 338: 197-210.

[16] Pereira J M C, Mendes M A A, Trimis D, et al. Quasi-1D and 3D TPOX porous media diffuser reformer model[J]. Fuel, 2010, 89(8): 1928-1935.

[17] Dobrego K V, Gnezdilov N N, Lee S H, et al. Overall chemical kinetics model for partial oxidation of methane in nert porous media[J]. Chemical Engineering Journal, 2008, 144(1):79-87.

[18] Dobregoa K V, Gnezdilov N N, Lee H K, et al. Partial oxidation of methane in a reverse flow porous media reactor. Water admixing optimization[J]. International Journal of Hydrogen Energy, 2008, 33(20): 5534-5544.

[19] Dobrego K V, Gnezdilov N N, Lee S H, et al. Methane partial xidation reverse flow reactor scale up and optimization[J]. International Journal of Hydrogen Energy, 2008, 33(20): 5501-5509.

[20] Dixon A G. Local transport and reaction rates in a fixed bed reactor tube: Endothermic steam methane reforming[J]. Chemical Engineering Science, 2017, 168: 156-177.

[21] Shi J R, Mao M M, Li H P, et al. Influence of chemical kinetics on predictions of performance of syngas production from fuel-rich combustion of CO_2/CH_4 mixture in a two-layer burner[J]. Frontiers in Chemistry, 2020, 7:20-26.

[22] Shi J R, Mao M M, Li H P, et al. Pore-level study of syngas production from fuel-rich partial oxidation in a simplified two-layer burner[J]. Frontiers in Chemistry, 2019, 7: 793.

[23] Shi J R, Mao M M, Li H P, et al. A pore level study of syngas production in two layer burner formed by staggered arrangement of particles[J]. International Journal of Hydrogen Energy, 2020, 45: 2331-2340.

[24] 常压超. 基于解耦法的柴油与生物柴油表征燃料骨架反应机理研究[D]. 大连: 大连理工大学, 2016.

[25] 解茂昭, 贾明. 内燃机计算燃烧学[M]. 北京: 科学出版社, 2016.

[26] GRI-Mech. GRI-Mech Home Page.[2020-09-01]. http://combustion.berkeley.edu/gri-mech/.

[27] Mauss F, Peters N. Reduced kinetic mechanisms for premixed methane-air flames//Peters N, Rogg B. Reduced Kinetic Mechanisms for Application in Combustion Systems[C]. Berlin: Springer, 1993: 58-75.

[28] Ergun S. Fluid flow through packed columns[J]. Journal of Materials Science and Chemical Engineering, 1952, 48(2): 89-94.

[29] Kaviany M. Principles of Convective Heat Transfer[M]. New York: Springer, 2001.

[30] Munro M. Evaluated material properties for a sintered alpha-alumina[J]. Journal of the American Ceramic Society, 1997, 80(8):1919-1928.

[31] Futko S I. Kinetic analysis of the chemical structure of waves of filtration combustion of gases in fuel-rich compositions[J]. Combustion Explosion and Shock Waves, 2003,39(4): 437-447.

[32] Yakovlev I, Zambalov S. Three-dimensional pore-scale numerical simulation of methane-air combustion in inert porous media under the conditions of upstream and downstream combustion wave propagation through the media[J]. Combustion and Flame, 2019, 209: 74-98.

[33] Salvat W I, Mariani N J, Barreto G F, et al. An algorithm to simulate packing structure in cylindrical containers[J]. Catalysis Today, 2005, 107-108: 513-519.

[34] Barra A J, Ellzey J L. Heat recirculation and heat transfer in porous burners[J]. Combustion and Flame, 2004, 137(1): 230-241.

第 4 章　多孔介质内非稳态燃烧孔隙尺度二维数值模拟

4.1　引　　言

为叙述上方便，本章首先简要回顾多孔介质材料结构和性质，然后介绍多孔介质内燃烧的孔隙尺度数值模拟。多孔介质是由连接在一起的固体基质(或颗粒)和相互连通的孔隙构成的多相体系，一般可以用孔隙平均直径和孔隙率等参数描述其结构。在自然界和工业生产中存在着很多类型的多孔介质，过滤燃烧领域最常用的两类多孔介质是耐高温性能好、渗透率较大的泡沫陶瓷和小球填充床。泡沫陶瓷是一种具有耐高温性能的多孔材料，其孔径从纳米到微米量级不等，空间结构具有随机性和非均匀性，空间尺度变化跨越多个数量级，孔隙率在 20%～95%。而小球材料多为耐高温的氧化铝或碳化硅，直径较小的 2～3mm 氧化铝小球，多用于蓄热或防止回火，而直径大于 3mm 的小球多用于燃烧层，宏观孔隙率为 0.4 左右。通过自然堆积(重力作用)的小球填充床多为随机结构的填充床，其宏观孔隙率可以用公式计算：

$$\varepsilon = 0.375 + 0.34d / D \tag{4-1}$$

式中，d、D 分别为小球直径和燃烧器直径。小球填充床中球-球之间、球-壁面之间存在点接触的情况，孔隙率沿着燃烧器径向方向呈震荡衰减，随后趋于稳定的趋势。

孔隙尺度模拟首先需要重构多孔介质的详细结构或者简化其结构。研究者常采用以下方法重构多孔结构：物理方法(核磁共振成像等)、数值方法、规则的颗粒堆积、分形理论和基于网格微结构单元体的算法。得到重构的多孔介质结构后，需要对流体和固体区域进行网格划分，然后建立描述孔隙内输运和燃烧的控制方程组，以及固相能量守恒方程等，给定合适的边界条件和初始条件，采用有限元等方法求解控制方程组，得到孔隙内输运和燃烧过程的详细信息。当然近年来发展起来的基于 SPH 的求解法，无须网格划分，该计算方法不在本书研究范围，不再赘述。

建立准确的多孔介质几何模型是孔隙尺度数值模拟的基础，其中网格划分是难点和关键，网格数量的选择是在计算的准确性和计算资源之间的折中。预混气体在多孔介质中燃烧，实际上是气体在固体基质外表面构成的孔隙内的流动、传热传质和燃烧过程，即使多孔介质是惰性基质，气体与固体基质也有着能量和动量交换。如前所述，多孔介质结构复杂，结构尺寸跨越多个数量级，孔隙尺度变化很大，对网格划分的要求很高。对于小球填充床，在固体与固体之间的接触点、固体与壁面之间的接触点，以及小球面与面之间狭窄的区域，经常会产生扭曲度很大的网格，产生数值失真。为生成高质量的网格，需要网格数量很大，对全尺寸的燃烧器内开展孔隙尺度的研究，计算资源消耗非常大，这是孔隙尺度模拟面对的一个挑战。目前，通过边界层和尺寸函数等，从理论上生成高质量的网格是现实可行的，但计算量通常难以接受。

对于小球填充床，为生成质量高、数量上可以接受的网格，国内外研究者开展了大量的研究工作，在该领域活跃的研究者包括 Dixon、Guardo 等。总体而言，处理球-球之间接触点的方法分为四类：孔隙方案、重叠方案、搭桥方案和帽子方案。前两个属于整体方案，对整个小球直径缩小或者增大，后两者是局部方案[1,2]。

孔隙方案(gap approach)是最简单可行的方案，该方案将重构的填充床内的所有小球直径按比例缩小为原来的 0.990～0.995，因此在所有的球-球之间，以及球-壁面之间不再存在点接触的情况[1]。如图 4-1(a)所示，图中黑线表示为原小球，灰色是缩小直径后的小球。该方案导致填充床的孔隙率增大，引起预测的压力损失减小。研究表明，当孔隙率的误差在 1%时，预测的压力降的误差大约是 3%。需要指出的是，孔隙方案无法考虑小球之间的导热。

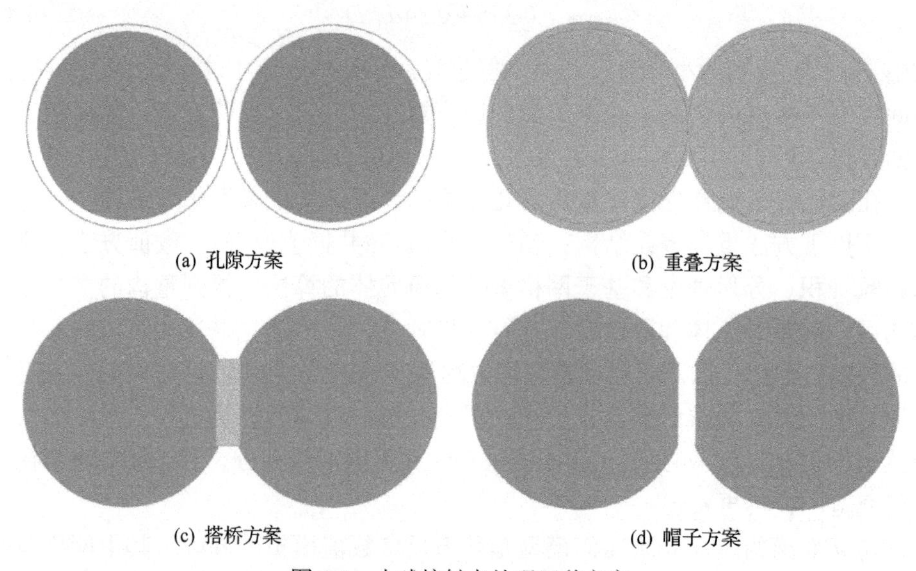

图 4-1　小球接触点处理四种方案

Guardo 等[3]一直致力于重叠方案(overlap approach)的研究，与孔隙方案相反，他们将小球直径增大，使得小球之间的接触点成为重叠部分，一般情况重叠大约1%，如图4-1(b)所示，该方案避免了点接触的问题。但该方案的最大问题是，在点接触消除的同时，初始有孔隙的小球之间可能会产生新的点接触，甚至出现重叠的情况。

为了避免整体方案导致孔隙率的误差，研究者先后提出了局部方案，该方案只是对接触点附近进行处理。搭桥方案(bridge approach)在小球接触点插入短圆柱替代原来的接触点，短圆柱的中心线与相切小球中心线重合。Dixon 等[1]经过系统的研究，推荐了搭桥短圆柱的直径和物性，详细参数可见该方案。该方案的优势是考虑了球-球、球-壁面之间的导热，同时对预测的压力损失也有改善，采用该方案的研究者逐渐增多。与搭桥方案相反，帽子方案(caps approach)则削去小球-小球、小球-壁面接触点，使得二者之间留有孔隙，同样该方案无法考虑小球之间的导热，但该方案简化了接触点附近的网格划分。

即使得到了高质量的网格，方程组的求解过程也是困难的。多孔介质固体物性参数与气体物性参数差异显著。多孔介质固体基质的比热容是气体比热容的1000倍左右，而固体导热系数又显著大于气体的导热系数，再加以多孔介质复杂的结构，在燃烧系统内存在着显著的非平衡现象：包括热非平衡、力非平衡和化学非平衡[4]。非平衡产生的根本原因是燃烧系统内输运系数并非无限大，而化学反应的时间尺度很小。热非平衡是由于在燃烧反应区域剧烈的化学反应导致快速放热，反应热需要再分配，而同相和异相之间的热质输运过程相对较慢，因此存在着热非平衡，这也可能导致产生超绝热燃烧；而化学非平衡是由于化学反应尺度显著小于流动和传热时间尺度，这就为非稳态数值模拟带来了第二个挑战。可喜的是，商业软件不断成熟，在 Ansys 17.0 以上的版本中，对化学反应和固体导热可以采用不同时间尺度。另外，化学反应刚性问题是众所周知的问题。但该问题在 Ansys 15.0 的版本中有了详细化学反应机理加速计算的算法。

尽管面对诸多的困难，但揭示孔隙内燃烧的真实面目吸引了众多学者持续的关注和不断的探索。早期研究中，为节省计算资源，研究者从现实条件出发，对孔隙内燃烧模拟做了较多的简化，复杂多孔介质结构简化为简单的几何体；选取代表性单元，采用对称或周期性边界条件简化计算区域；化学反应采用单步总包反应；全尺寸多孔介质结构重构，然后不考虑边界效应，选取中间部分代替整个计算域；真实三维几何体简化为二维结构等。可喜的是，近年来陆续报道了尺度较小的多孔介质燃烧全尺寸孔隙尺度研究，下面详细叙说研究进展。

Ohlemiller 等于 1985 年针对阴燃过程数学描述做了深入的研究，对过滤燃烧提出了一套通用的数学模型[5]。其中考虑了孔尺度下的输运机理和复杂化学反应。但由于其过分的复杂性，该方程组的求解至今未能实现。Sahraoui 等是孔隙尺度数值研究的先行者[6]，他们分别建立了二维体积平均模型和孔隙尺度数学模型，将多孔介质简化为顺列或错列的方形圆柱，研究接近于当量比的甲烷/空气在多孔介质内的燃烧。为了考虑固相之间的导热，离散的固体通过短圆柱连接，并假设短圆柱是通透性很大的介质，其物性与多孔介质的物性相同。但他们的模型中没有考虑固体之间的辐射换热。研究表明，在孔隙内温度和流速变化非常剧烈，这与体积平均法预测的结果有很大的差异。需要指出的是，尽管 Sahraoui 等建立的几何模型非常简单，孔隙内的流动和输运过程与真实的多孔介质内的流动和输运过程完全不同，但他们提出并探索了孔隙尺度的模拟，并创新性地考虑了小球之间的接触热阻。

Hackert 等[7]延拓了 Sahraoui 等的工作，考虑了固体表面间的辐射换热，将多孔介质简化为并排离散的平行平板、通道为 1.1mm、壁厚为 0.17mm 直通道，用以模拟直孔的蜂窝陶瓷燃烧器。结果表明，火焰结构在多孔介质内是高度二维的。Jiang 等[8]采用大涡模拟研究了氢气/空气在随机小球填充床内着火过程，由于着火持续时间短且网格数量巨大，数学模型中没有考虑气固之间的换热。

Pereira 等[9]三维数值研究了甲烷部分氧化在多孔介质内制取合成气。锥形燃烧器内填充了三氧化二铝纤维网和碳化硅泡沫陶瓷。他们通过核磁共振重构了泡沫陶瓷的几何结构，尺寸为 $18cm^3$，利用 Star-CD 生成的网格数量达到五百万。然后三维全尺寸计算了孔隙内的流动，得到的传递信息和参数，用于一维准稳态的计算。

Bedoya 等[10]实验和数值研究了增压多孔介质燃烧器内的燃烧特性。他们分别采用体积平均方法和孔隙尺度模拟的方法，对比分析了宏观和孔隙尺度的输运特性。结果表明，孔隙尺度预测的平均温度与实验吻合很好，高温区域的温度分布明显受到当地多孔介质结构的影响，而体积平均法预测的燃烧区域温度梯度非常陡峭，并且火焰厚度变小；孔隙尺度预测的火焰传播速度与实验值吻合较好，而体积平均法预测的火焰传播速度小于实验值。

Dixon[11]三维全尺度数值研究了小球填充床催化燃烧的当地输运和化学反应。他采用数值方法重构三维随机填充床，对燃烧器的几何结构未做任何简化。几何模型包括 807 个催化小球，燃烧器直径与小球直径的比值(N)是 5.96，燃烧器壁面给定恒定的热流量。值得指出的是，N 值较小，边壁效应非常大，因此开展三维数值研究是有必要的，同时，研究者为了节约计算资源，选取的燃烧器尺寸较小。为了考虑小球之间的导热，小球之间采用了搭桥方案。他们将三维孔隙尺度计算结果与一维和二维体积平均法的结果进行了比对。图 4-2 是预测的流线分布。该研究开展了全尺寸孔隙尺度三维数值研究，但遗憾的是，该燃烧器的设计是作者基于较小 N 值设计而来的，计算结果的准确性还有待实验考证。

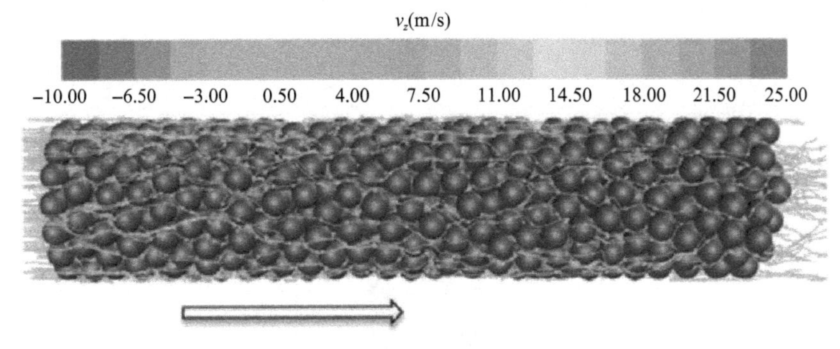

图 4-2　轴向流线分布(u_0=2.626m/s)

最近，Yakovlev 与 Zambalov[12]报道了甲烷/空气在小球填充床内的非稳态燃烧特性。他们采用软件重构三维小球填充床结构，不考虑近壁处的影响，选取中心区域的小球填充床为研究对象。球-球接触点的处理采用了搭桥方案，化学反应采用骨架机理。他们的研究预测到了体积平均法无法预测的结果：体积平均法预测的火焰传播速度是均等的速度，而三维孔隙尺度的研究表明，火焰传播速度是不稳定的，不同区域的火焰锋面传播速度不一致；在燃烧区域，速度和温度在孔隙内的变化非常剧烈；由于小球是非透明的，小球面-面之间辐射传热，辐射热流量在填充床内的传递类似于逐层(layer-by-layer)传递。Yakovlev 与 Zambalov 的研究还提供了燃烧波传播的视频文件，有兴趣的读者可以浏览。

本章将三维随机小球填充床简化为二维对称结构，从孔隙尺度研究低速过滤燃烧的燃烧特性，颗粒间的辐射换热通过 DO 模型计算，分析 φ 在 0.15～0.45 范围内的燃烧特性，讨论气固两相之间的热非平衡以及沿燃烧器中心线的归一化速度分布[13]。数值模拟结果与文献中已有的实验数据进行比较。

4.2　数 值 模 拟

4.2.1　物理模型

本章以 Zhdanok 等[14]的实验为原型，燃烧器是内径为 76mm 的石英玻璃管，在其内填充直径为 5.6mm 的氧化铝小球，填充床长度为 525mm。本章将随机小球填充床假设为有序布置的二维结构。假设多孔介质是错列布置的 6mm 小球，如图 4-3 所示，在燃烧器内共布置了 676 个小球或半球。假设所有小球在水平和纵向方向的间距相等且宏观孔隙率为 0.42，因此可以确定小球之间的距离。为了消除进口和出口边界对数值模拟的影响，在入口和出口，分别向上游和下游延长 18mm 和 90mm。小球之间的详细位置见图 4-4。如图所示，采用二维多孔

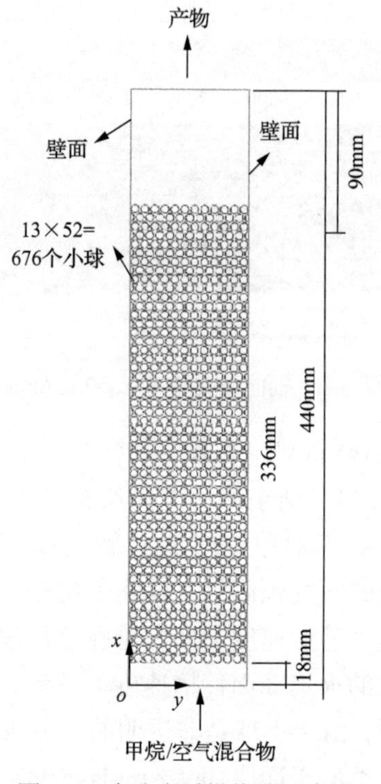

图 4-3 多孔介质燃烧器示意图

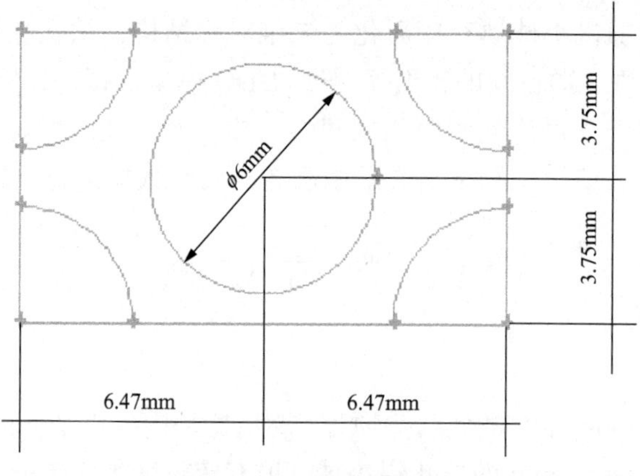

图 4-4 错列小球的排列

介质布置，没有考虑小球之间的接触热阻。通过DO模型考虑小球之间的辐射换热。研究并不关注污染物的排放，因此化学反应简化为单步总包反应。

4.2.2　数学模型

1. 控制方程

为简化计算，引入如下假设：

(1)小球是惰性的非透明介质，固体辐射通过DO模型计算。

(2)气体在多孔介质中的流动是层流，气体辐射通过DO模型计算。

(3)不考虑通过燃烧器壁面的热损失。

在上述假设下，得到如下控制方程组：

连续性方程：

$$\frac{\partial \rho_{\mathrm{g}}}{\partial t}+\nabla\cdot(\rho_{\mathrm{g}}\boldsymbol{v})=0 \tag{4-2}$$

动量方程：

$$\frac{\partial(\rho_{\mathrm{g}}\boldsymbol{v})}{\partial t}+\nabla\cdot(\rho_{\mathrm{g}}\boldsymbol{v}\boldsymbol{v})=-\nabla\cdot p+\nabla\cdot(\mu\nabla\boldsymbol{v}) \tag{4-3}$$

组分守恒方程：

$$\frac{\partial(\rho_{\mathrm{g}}Y_i)}{\partial t}+\nabla\cdot(\rho_{\mathrm{g}}\boldsymbol{v}Y_i)-\nabla\cdot(\rho_{\mathrm{g}}D_i\nabla Y_i)-\omega_i W_i=0 \tag{4-4}$$

甲烷/空气燃烧采用Fluent提供的单步总包反应机理计算，化学反应速度为

$$\omega_{\mathrm{CH_4}}=A(Y_{\mathrm{CH_4}}/W_{\mathrm{CH_4}})^{0.2}(Y_{\mathrm{O_2}}/W_{\mathrm{O_2}})^{1.3}\exp(-E/RT_{\mathrm{g}}) \tag{4-5}$$

式中，A 为指数前因子，2.119×10^{11}；E 为活化能，$2.027\times10^{8}\mathrm{J/(kg\cdot mol)}$；$R$ 为摩尔气体常数。

气体能量守恒方程：

$$\frac{\partial(\rho_{\mathrm{g}}c_{\mathrm{g}}T_{\mathrm{g}})}{\partial t}+\nabla\cdot(\rho_{\mathrm{g}}c_{\mathrm{g}}\boldsymbol{v}T_{\mathrm{g}})=\nabla\cdot(\lambda_{\mathrm{g}}\nabla T_{\mathrm{g}})-\omega_i W_i Q+q_{\mathrm{R}} \tag{4-6}$$

式中，Q 为反应热；q_{R} 为辐射热流量。

固体能量守恒方程：

$$\frac{\partial(\rho_{\mathrm{s}}c_{\mathrm{s}}T_{\mathrm{s}})}{\partial t}+\nabla\cdot(\lambda_{\mathrm{s}}\nabla T_{\mathrm{s}})=0 \tag{4-7}$$

理想气体状态方程：

$$p = \rho_g R T_g \tag{4-8}$$

2. 边界条件

模型中指定如下边界条件：

(1)燃烧器入口：

$$T_g = 300K, u = u_0, v = 0, Y_{CH_4} = Y_{CH_4,in}, Y_{O_2} = Y_{O_2,in} \tag{4-9}$$

(2)燃烧器出口：

$$\frac{\partial T_g}{\partial x} = \frac{\partial T_s}{\partial x} = \frac{\partial Y_i}{\partial x} = 0 \tag{4-10}$$

(3)通过下式计算反应器入口与出口的辐射热损失：

$$\lambda_s \frac{\partial T_s}{\partial x} = -\varepsilon_r \sigma (T_{s,out}^4 - T_0^4) \tag{4-11}$$

式中，ε_r 为多孔介质固体表面辐射系数；σ 为斯特藩-玻尔兹曼常数；T_0 为环境温度。在小球壁面，指定为速度无滑移边界条件。

3. 网格、初始条件与求解

计算基于 CFD 软件包 Fluent15.0。计算区域由两个区域组成，分别代表颗粒的固体区域和流体区域，计算域网格由 Gambit 软件生成。在气固相界面处流体侧布置了边界层。在整个计算域使用结构化网格。最后进行了网格独立性检验，并采用了 252000 个单元的非均匀网格系统。采用离散坐标模型计算气相和固相的辐射。SIMPLE 算法用于处理压力和速度耦合。能量方程的残差为 10^{-6}，其他方程的残差为 10^{-3} 作为收敛准则。为了模拟点火过程，将初始固体温度设定为与实验初始预热温度分布相同的值。

4.3 结果与讨论

4.3.1 模型验证

图 4-5 是数值预测的温度值与实验结果的比较(φ=0.15, u_0=0.43m/s, t=456s)。实验中热电偶通过管壁垂直插入燃烧器中，但并未说明插入的深度。数值模型选

燃烧器中心线上的温度值。从图中可以看出，数值预测的温度分布连续但是并不光滑，这是因为数值模型是孔隙尺度，同时气固相之间存在着热非平衡，也就是说，预测的曲线是气体或固体温度，这与体积平均法的差异很大。数值预测的最高温度值低于实验值，这可能是由单步反应机理所致。同时还需要指出的是，著者将随机小球填充床简化为二维对称结构，可能对预测结果也有影响。

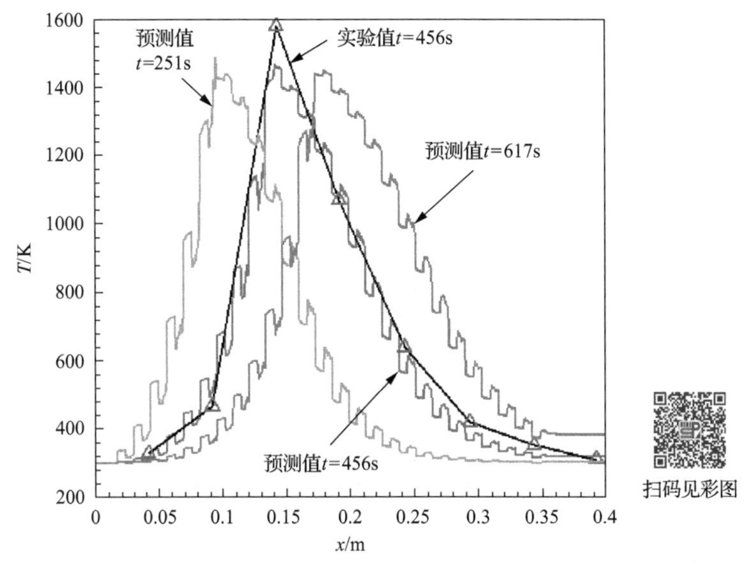

图 4-5　数值预测的温度值与实验结果的比较（$\varphi = 0.15$，u_0=0.43m/s）

从图中可以看出，贫燃料在均质的多孔介质内燃烧是一个典型的非稳态过程，可以看到向下游稳定传播的燃烧波，而燃烧波的传播速度接近于常数。在自由空间中，$\varphi = 0.15$ 的甲烷是无法燃烧的。数值模型中没有考虑小球之间的导热，但是模型中考虑了小球表面之间的热辐射，因此通过热辐射使得热量回流，起到预热新鲜燃气的作用。

4.3.2　温度、化学反应速度与组分质量分数

图 4-6 是数值预测的燃烧器内温度分布、甲烷化学反应速度以及甲烷和二氧化碳的质量分数分布图。从图中可以看出，火焰温度分布和组分质量分数的分布是高度二维的，分布类似于抛物线。甲烷化学反应速度在孔隙内的分布不均匀，火焰的厚度大约与小球的直径相当。在反应区域之后，是气体和固体的高温区域，其最大值达到 1450K。这个高温区域受化学反应的影响，高温区域的形状类似于化学反应速度形状。从图中还可以看出，在化学反应区域，气固相之间的热非平衡非常显著，而在远离反应区域，气固相之间热非平衡变得不再

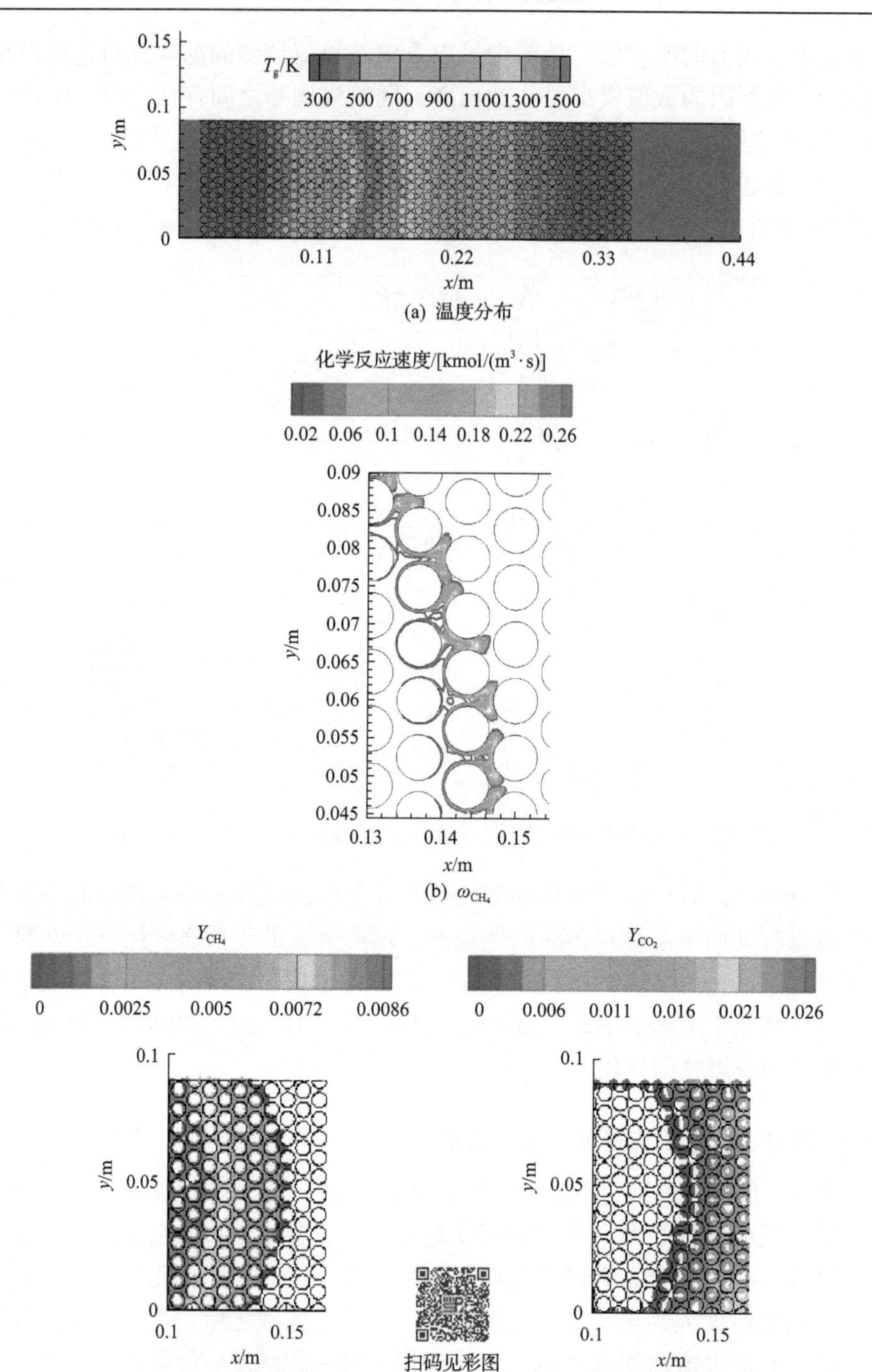

图 4-6　数值预测的温度(a)、甲烷化学反应速度(b)、甲烷(c)和二氧化碳(d)质量分数分布($\varphi = 0.15$，u_0=0.43m/s，t=500s)

显著。孔隙尺度的模拟结果与体积平均法的差异很大。从上述预测的结果看，可以得到孔隙内的速度分布、化学反应速度和组分分布，而体积平均法则将这些信息过滤掉。

4.3.3　当量比对化学反应速度的影响

图 4-7 是当量比对化学反应速度的影响，计算工况是：u_0=0.43m/s，t=300s。采用化学反应速度表征火焰结构，但火焰厚度很难定量研究。对于错列布置的小球，流体区域在不断变化并且通道是弯曲的，因此会不断改变火焰结构。从图中可以看出，火焰结构是连续的，但是化学反应速度并不均匀。尽管这样，仍然可以用小球直径作为尺度来描述火焰的厚度。从图 4-7(a)中可以看出，火焰的厚度与小球直径相当(6mm)。

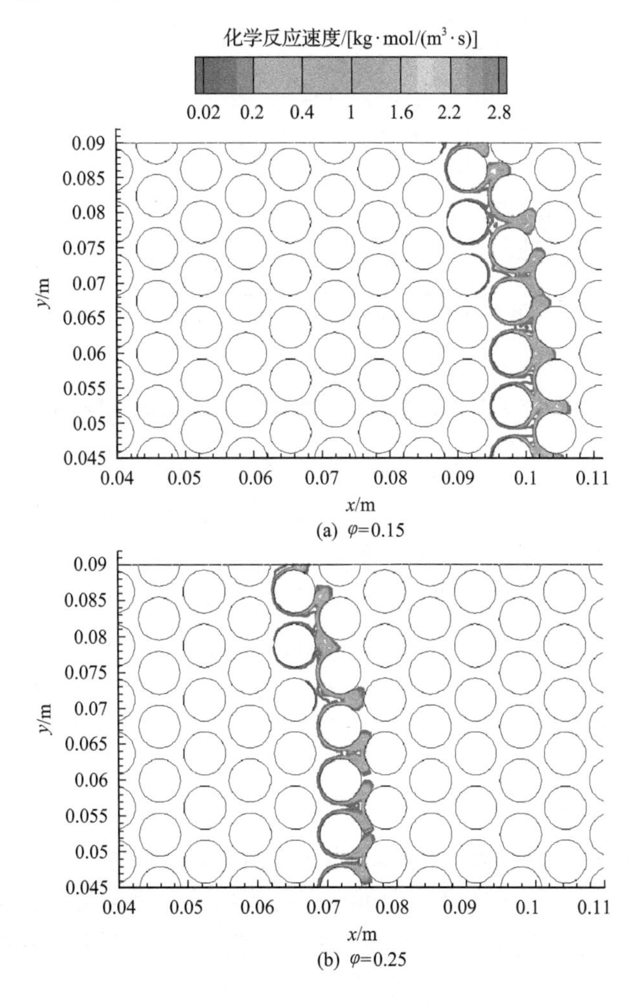

(a) φ=0.15

(b) φ=0.25

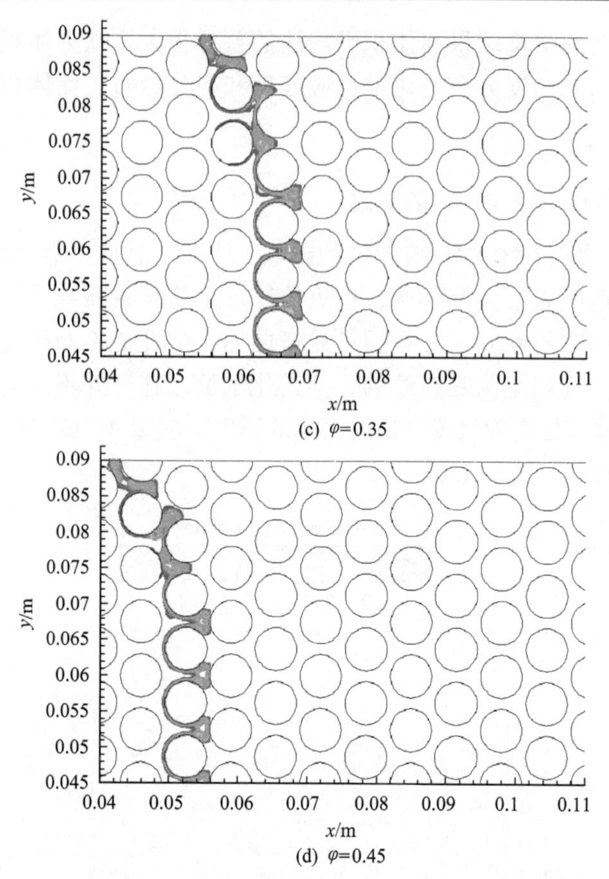

(c) φ=0.35

(d) φ=0.45

图 4-7　当量比对化学反应速度的影响(u_0=0.43m/s, t=300s)

从图中可以看出，φ 在 0.15～0.45 时，随着 φ 的增大，火焰传播速度减小，火焰从入口开始传播到燃烧器下游的距离减小，这与体积平均法和实验值是相吻合的。同时，随 φ 的增大，火焰厚度减小，这是因为随着 φ 的增大，燃料浓度增大，化学反应速度增大，燃烧区域温度升高，燃料消耗速度增大。Bubnovich 等[15]以 Zhdanok 等的实验装置为原型，理论分析表明，对于 d=6mm，u_0=0.43m/s，φ=0.15，他们得出的火焰厚度为 9.34mm，这与本专著的结果是相近的，采用二维简化几何模型研究低速过滤燃烧是可行的。

4.3.4　入口流速对非平衡特性的影响

孔隙尺度模拟的优势在于能够预测孔隙内的输运信息，有利于分析低速过滤燃烧特性。为深入认识速度和温度在燃烧器内的非平衡特性，选取燃烧器中心线上的归一化速度和温度进行分析，图 4-8 是入口流速对归一化速度和温度分

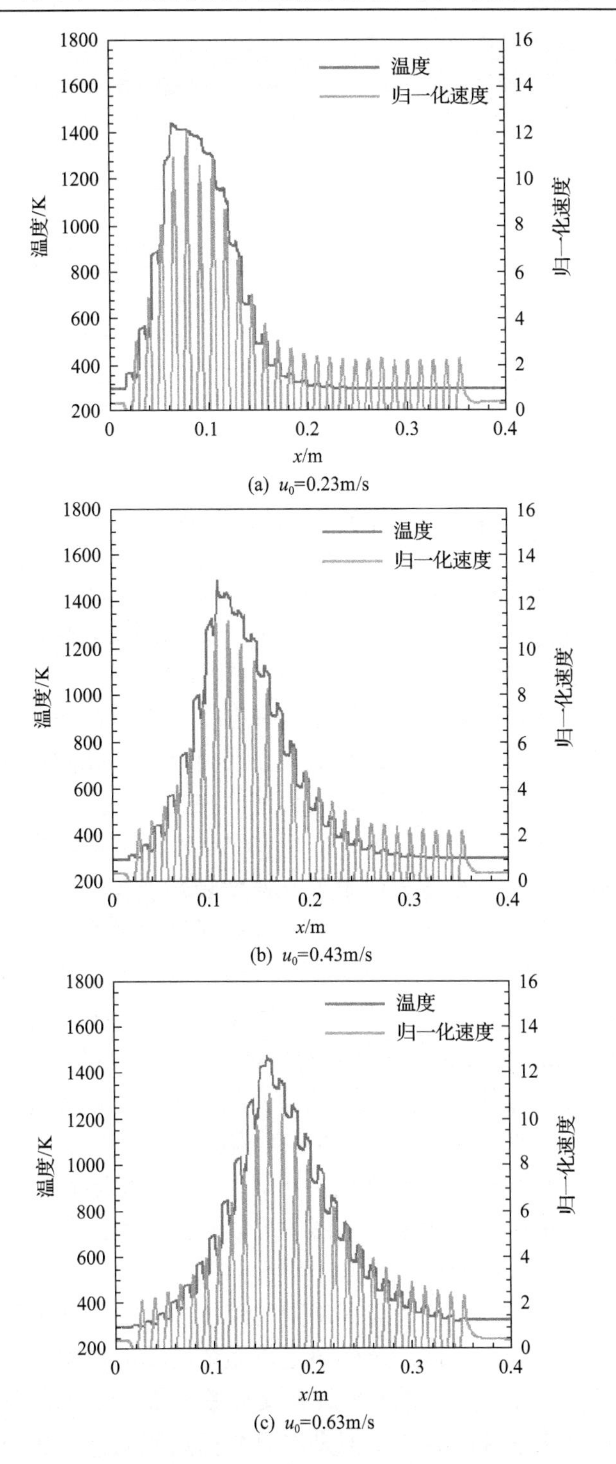

(a) u_0=0.23m/s

(b) u_0=0.43m/s

(c) u_0=0.63m/s

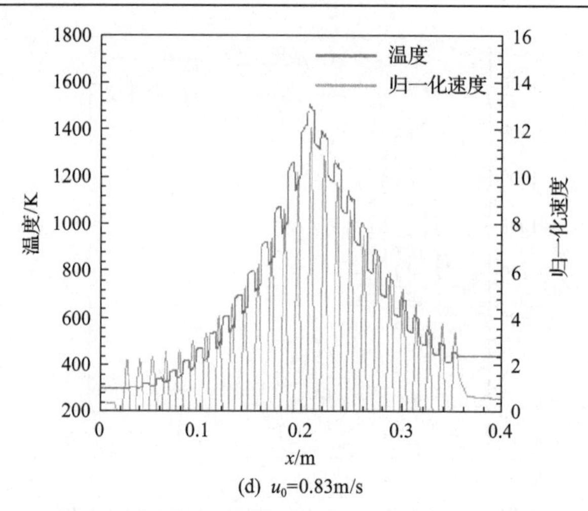

(d) u_0=0.83m/s

图 4-8　入口流速对燃烧器中心线上的归一化速度和温度分布的影响（$\varphi = 0.15$，t=300s）

布的影响，当量比在计算中不变（$\varphi = 0.15$），选定时刻为 t=300s。归一化速度 $\overline{u}$ 定义为 $\overline{u} = u_{\text{local}} / u_{\text{mean}}, u_{\text{mean}} = u_0 / \varepsilon$，其中 u_{local} 是预测的燃烧器中心线上的当地速度，u_0, ε 分别是气体入口流速和孔隙率。图中给出了四种入口流速下的归一化速度分布，从图中可以看出，孔隙结构和温度分布对归一化速度有显著的影响。归一化速度分布具有周期性的特征，且明显受到了孔隙结构的影响，以小球轴向方向中心距为周期不断震荡，气体速度在孔隙间呈现类似于抛物线形状的分布。在小球表面气体速度是零，随后在纵向小球的孔隙中间速度达到最大值，然后气体流向下一个小球表面附近，速度衰减为零。同时震荡速度在气流方向上震荡的幅度在变化。在预热区域，气体通过对流换热得到预热，其温度不断升高。随着反应放热气体不断膨胀，气体速度增大，振幅也在增大。对于四种流速，最大的归一化速度变化不大，约为 12.2，这也意味着孔隙中最大速度是平均孔隙速度的 12.2 倍。Kaviany[16]发现，对于交错排列的多孔介质，非反应流体遵循曲折的路径，流体速度发生周期性变化。本专著的研究发现与 Kaviany 的发现是相似的，且数值模拟得到了更多的输运信息。

同时从图 4.6 可以看出，即使在同一小球内部，固体内部温度分布也不均匀，而气固之间的热非平衡非常明显。从图中可以看出，气体温度梯度远大于固体温度梯度，这是由于气体的比热容远小于固体的比热容。在反应区域，燃烧放出的热量通过对流换热，使得反应区周围的固体被加热，高温固体与周围固体通过辐射换热进行热回流，这是产生超绝热燃烧的原因。需要指出的是，固体导热也是热回流的一种重要方式，本研究没有考虑球-球之间的导热，固体之间辐射传热成为热回流的唯一方式，但是本研究仍然预测到了超绝热燃烧。对于 $\varphi = 0.15$ 的甲烷/空气混合物，其绝热燃烧温度是 707K，而本研究预测的燃烧区域温度为 1420K，是理论燃烧温度的 2 倍左右。从图中可以看出，孔隙尺度模拟的燃烧器内的速度分布，与体积平均法模拟的结果完全不同。孔隙尺度模拟的结果显示，速度在孔隙内变化非常剧烈，明显受到当地孔隙结构和燃烧的影响。而体积平均法预测的速度分布，也受到燃烧的影响，但无法再现孔隙结构对流动的影响。

4.3.5　当量比对非平衡特性的影响

图 4-9 显示的是当量比（φ）对温度和归一化速度的影响，设定入口流速（u_0）为 0.63m/s 不变，t=250s，而 φ 的变化范围是 0.15～0.45。如图所示，φ 从 0.15 增加到 0.45 时，高温区域变宽，同时燃烧最高温度从 1452K 增加到 1657K，反应区域前沿的气体温度梯度变得陡峭。在反应区域后，固体温度与气固之间的

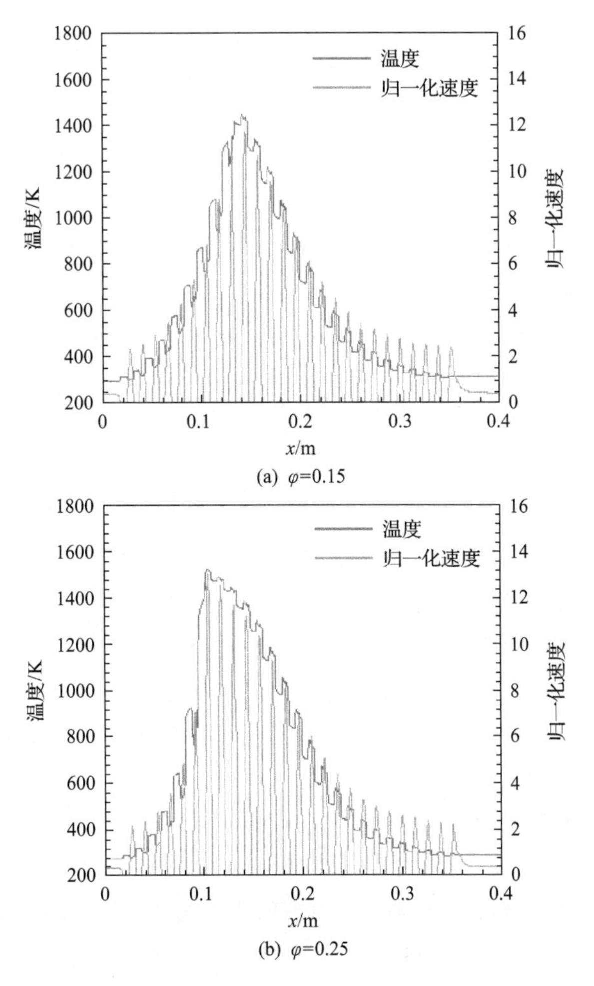

(a) φ=0.15

(b) φ=0.25

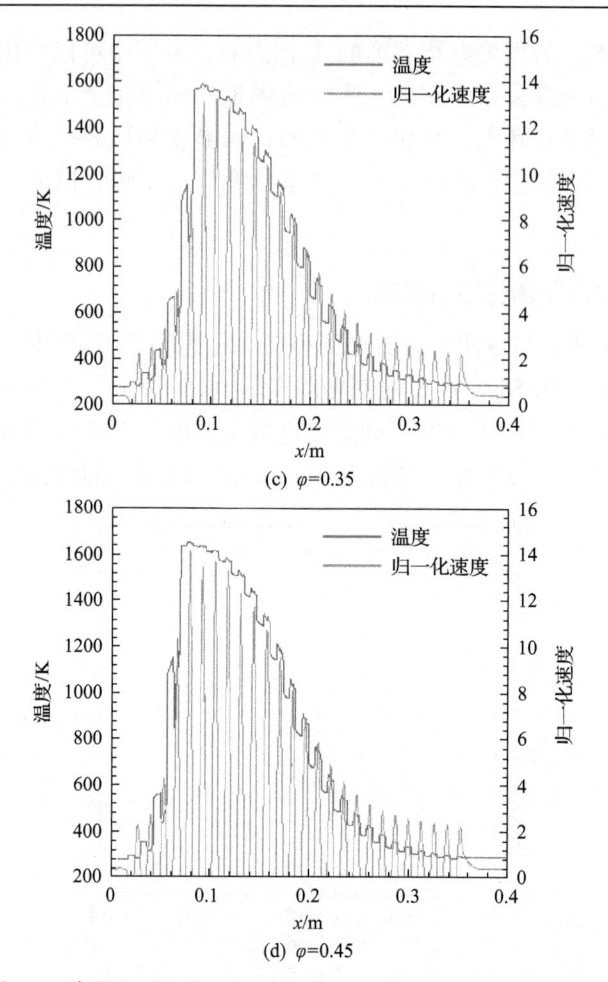

图 4-9 当量比对温度和归一化速度的影响(u_0=0.63m/s, t=250s)

热非平衡变得非常小。φ 从 0.15 增加到 0.45 时，最大归一化速度从 11.5 增加到 14.5，这意味着当量比对最大归一化速度的影响很小。当量比对归一化速度的影响，主要是通过燃烧放热形成高温区，在高温区域内气体膨胀，导致气体流速增大。因此，随着当量比的增大，高温区域变宽，归一化速度相应地在高温区域内增大。在所研究的四个当量比工况下，燃烧波传播方向都是正向的，但是传播速度随着当量比的增大而减小。

上面取燃烧器中心线位置作为代表，研究了热非平衡特性。为研究燃烧器内其他位置的热非平衡，下面沿着流动方向，取出四条线段 y/y_0=0，0.25，0.5，0.75，研究四条线段上的非平衡特性，选取的工况是 $\varphi = 0.45$ ，u_0=0.63m/s, t= 250s，用以深入探索整个燃烧器内的非平衡特性。如图 4-10 所示，四个垂直位置上

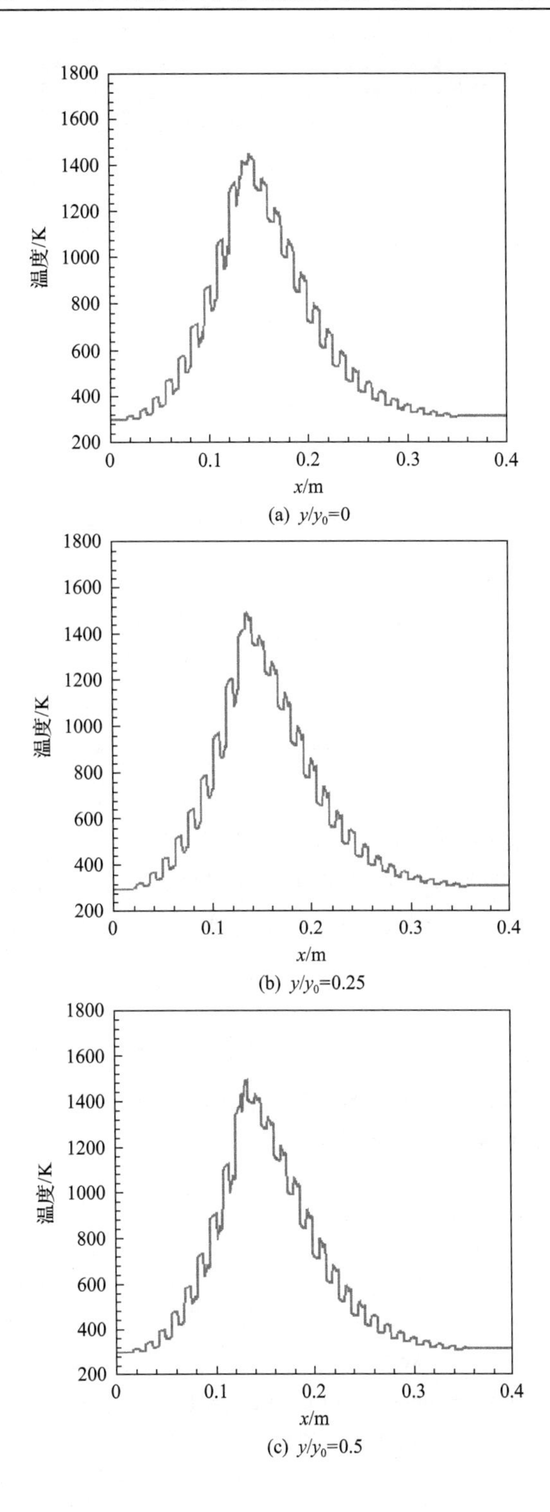

(a) y/y_0=0

(b) y/y_0=0.25

(c) y/y_0=0.5

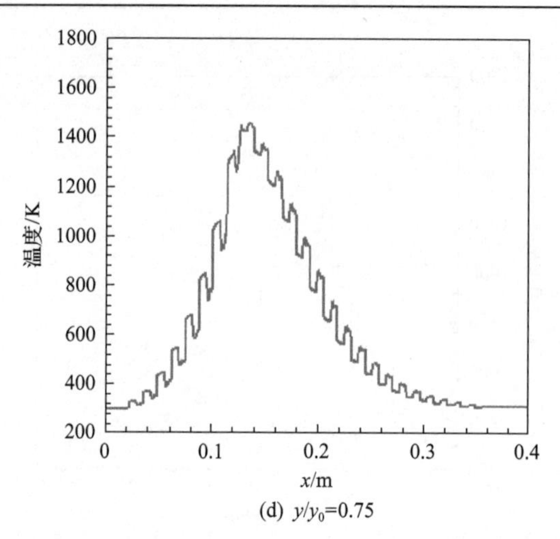

(d) y/y_0=0.75

图 4-10 四个垂直位置上的热非平衡($\varphi = 0.45$ ，u_0=0.63m/s, t=250s)

温度分布非常相似，除了燃烧器入口和出口外，热非平衡现象非常显著，而热非平衡的程度在整个燃烧器内不断变化。在反应区域的下游，热非平衡非常小。随着当量比的增大，热非平衡变得显著。

4.4 本章小结

本章以 Zhdanok 等的燃烧器为研究对象，将三维随机小球填充床简化为二维对称结构，化学反应简化为单步总包反应机理，考虑了小球之间的辐射换热，从孔隙尺度研究了低速过滤燃烧的非平衡特性，主要结论如下：

(1)归一化速度分布是周期性的，分布曲线类似于抛物线，最大归一化速度达到 11.5～14.5。

(2)除了燃烧器进口与出口外，热非平衡存在于整个燃烧器内，且非平衡度沿着气流方向不断变化。在反应区域后，同相与异相之间的热非平衡度很小。

(3)火焰厚度的数量级与颗粒直径相当。

参考文献

[1] Dixon A G, Nijemeisland M, Sitt E H. Systematic mesh development for 3D simulation of fixed beds: Contact point study[J]. Computers and Chemical Engineering, 2013, 48: 135-153.

[2] Calis H P A, Nijenhuis J, Paikert B C, et al. CFD modeling and experimental validation of pressure drop and flow profile in a novel structured catalytic reactor packing[J]. Chemical Engineering Science, 2001, 56(4): 1713-1720.

[3] Guardo A, Coussirat M, Larrayoz M A, et al. CFD flow and heat transfer in nonregular packings for fixed bed equipment design[J]. Industrial and Engineering Chemistry Research, 2004, 43(22): 7049-7056.

[4] Oliveira A A M, Kaviany M. Nonequilibrium in the transport of heat and mass reactants in combustion in porous media[J]. Progress in Energy and Combustion Science, 2001,27(5): 523-545.

[5] Smyth K C, Miller J H, Dorfman R C, et al. Soot inception in a methane/air diffusion flame as characterized by detailed species profiles[J]. Combustion and Flame, 1985, 62(2): 157-181.

[6] Sahraoui M, Kaviany M. Direct simulation vs volume-averaged treatment of adiabatic, premixed flame in a porous medium[J]. International Journal of Heat and Mass Transfer, 1994, 37(18): 2817-2834.

[7] Hackert C L, Ellzey J L, Ezekoye O A. Combustion and heat transfer in model two-dimensional porous media[J]. Combustion and Flame, 1999, 116(1-2): 177-191.

[8] Jiang L S, Liu H S, Wu D, et al. Pore-scale simulation of hydrogen-air premixed combustion process in randomly packed beds[J]. Energy and Fuels, 2017, 31(11): 12791-12803.

[9] Pereira J M C, Mendes M A A, Trimis D, et al. Quasi-1D and 3D TPOX porous media diffuser reformer model[J]. Fuel, 2010, 89(8): 1928-1935.

[10] Bedoya C, Dinkov I, Habisreuther P, et al. Experimental study, 1D volume-averaged calculations and 3D direct pore level simulations of flame stabilization in porous inert media at elevated pressure[J]. Combustion and Flame, 2015, 162(10): 3740-3754.

[11] Dixon A G. Local transport and reaction rates in a fixed bed reactor tube: Endothermic steam methane reforming[J]. Chemical Engineering Science, 2017, 168: 156-177.

[12] Yakovlev I, Zambalov S. Three-dimensional pore-scale numerical simulation of methane-air combustion in inert porous media under the conditions of upstream and downstream combustion wave propagation through the media[J]. Combustion and Flame, 2019, 209: 74-98.

[13] Shi J R, Xiao H X, Li J, et al. Two-dimensional pore-level simulation of low-velocity filtration combustion in a packed bed with staggered arrangements of discrete cylinders[J]. Combustion Science and Technology, 2017, 189(7): 1260-1276.

[14] Zhdanok S, Kennedy L A, Koester G. Superadiabatic combustion of methane air mixtures under filtration in a packed bed[J]. Combustion and Flame, 1995, 100(1-2): 221-231.

[15] Bubnovich V I, Zhdanok S A, Dobrego K V. Analytical study of the combustion waves propagation under filtration of methane-air mixture in a packed bed[J]. International Journal of Heat and Mass Transfer, 2006, 49(15-16): 2578-2586.

[16] Kaviany M. Principles of Convective Heat Transfer[M]. New York: Springer-Verlag, 1994.

第5章　低速过滤燃烧非平衡特性的三维孔隙尺度研究

5.1　引　　言

研究者从现实条件和认识的需要出发，不断尝试从宏观、介观层面对低速过滤燃烧特性进行分解和整合研究。鉴于多孔介质孔隙内燃烧过程的复杂性，长期以来无论是理论分析还是数值研究，在物理模型中大多没有考虑多孔介质的详细微观结构，采用宏观层面描述的体积平均研究方法，在数学模型中通过宏观经验公式考虑输运传递和相态之间的非平衡。尽管如此，体积平均法对认识宏观火焰结构、燃烧波传播、能量累积效应和污染物排放等方面发挥了重要作用，为开展更小尺度的研究奠定了坚实的基础。

在低速过滤燃烧的研究过程中，体积平均法起到了主导地位和作用。在早期的研究中大多研究者将化学反应简化为单步总包反应，也有研究者采用骨架机理或者详细化学反应机理，但为了节省计算资源，多采用一维模型和单步总包反应机理。在模型的选择性上，大多假设气体在多孔介质内的流动是层流，而不考虑燃烧与湍流之间的相互作用。近年来，也有学者开始探索研究湍流对低速过滤燃烧特性的影响。

体积平均法把多孔介质视为连续性介质，对表征性体积元进行体积平均，而气固之间的换热、弥散效应和填充床导热系数等通过经验公式或者实验数据给出。因此体积平均法过滤了更小尺度的信息，掩盖了过滤燃烧的真实面目，甚至在本质上是错误的。实际上，孔隙结构对流动、燃烧和传热有显著的影响。近年来，研究者逐渐开展了孔隙尺度的多孔介质燃烧的数值研究工作。早期的孔隙尺度的研究，由于受到计算资源的限制，对多孔介质几何模型做了过多的简化，如把填充床简化为二维对称结构、结构化布置的圆柱体或者小球。最近几年，基于孔隙尺度的多孔介质中燃烧模拟突飞猛进，但仍然对多孔介质结构做了很多简化。

孔隙尺度的数值研究可揭示孔隙结构内的输运过程，研究多孔介质结构对火焰锋面的影响。但是孔隙尺度模拟真实多孔介质内的输运和反应过程仍然面临巨大的挑战，需要巨大的计算资源和计算时间。如采用合适的周期性的三维结构代替三维随机小球填充床，研究其可行性，并与随机小球填充床的预测结果进行比较，可节省大量的计算时间和计算资源，同时还可以从孔隙尺度揭示过滤燃烧的非平衡特性。

本章以 Zhdanok 等[1]的实验装置为原型，分别采用一维体积平均法和三维孔隙尺度方法，研究低速过滤燃烧的非平衡特性。一维体积平均法采用双温模型，孔隙尺度方法则采用重构的周期性三维结构和随机小球填充床结构，两种模型的计算结果和实验结果进行比较，验证用结构化填充床代替随机小球填充床的可行性和计算效率的提升。

5.2 物理模型

Zhdanok 等[1]的实验装置中使用的燃烧器是内径为 76mm 的石英玻璃管，其内填充 5.6mm 的惰性氧化铝小球，填充床高度为 1000mm，实际使用的填充床高度为 500mm，燃料是甲烷/空气混合物。对于三维孔隙尺度而言，完全按照实验原型进行模拟所需计算工作量非常大，目前的计算资源无法胜任。实际上，低速过滤燃烧火焰锋面传播速度的数量级是 0.1mm/s，火焰传播速度相对较小，即使将填充床的高度做适当的缩小，低速过滤燃烧仍然可以在减小长度的填充床内发展为充分发展阶段，可以研究火焰的充分发展过程和燃烧的非平衡特性，而不受到进口和出口边界的影响。本章构建的三维孔隙尺度物理模型包括两个：一个是将随机小球填充床简化为结构化布置，在流动方向上取出代表性的计算区域，多孔介质区域的长度约为 350mm；另一个是将 Zhdanok 等[1]的燃烧器做适当的简化，计算域取直径为 38mm，长度约为 350mm 的随机小球填充床。一维体积平均法则取长度为 350mm 的小球填充床。如前所述，燃烧波的传播速度很小，即使将填充床高度从 500mm 减小为 350mm，燃烧波的传播仍然可以达到充分发展阶段，后面将要证实，减小填充床高度对计算结果的影响很小，可以达到减小工作量，同时不影响研究非平衡特性的目的。但需要指出，减小填充床高度对预测燃烧器内的压力损失有影响，但其影响也很小。

图 5-1 是三种物理模型示意图。图 5-1(a)是基于体积平均法的一维物理模型。图 5-1(b)是三维结构化物理模型，该模型的主要构建过程如下。首先，假设所有小球的空间布置形式是错列排列，相邻的小球以点接触的形式存在。为了方便网格划分，所有小球直径 d(5.6mm)缩小为原来的 0.99，即填充床内的小球直径为 0.99×5.6mm=5.544mm。为了考虑相邻小球之间的导热，采用搭桥方

案在相邻小球之间插入短圆柱，短圆柱的轴向平行于小球中心连接线，短圆柱的直径指定为 $0.2d$[2]，d 是小球直径。如图 5-1(b)所示，物理模型包括 73 个四分之一小球，多孔介质区域(小球区域)长度为 354.7784mm，接近于 350mm。为了减少入口和出口对计算的影响，将多孔介质区域分别向上游和下游延长 16.8mm(三倍小球直径的距离，即 3×5.6mm=16.8mm)，计算区域长(x)×宽(y)×高(z)=2.8mm×2.8mm×388.3784mm。经过计算，本模型多孔介质区域的宏观孔隙率为 0.42。本节选取的实验原型为重力作用下的小球填充床，其宏观孔隙率 ε 可以用下式计算[3]：

$$\varepsilon = 0.375 + 0.34d/D \tag{5-1}$$

式中，d、D 分别为小球和燃烧器直径，计算的孔隙率为 0.4。图 5-1(c)是采用 EDEM 软件重构的三维随机小球填充床。

为了计算方便，在多孔介质区域的上游和下游分别延拓三倍小球直径的自由空间，即上下游各延拓 2.8mm×2.8mm×16.8mm 的长方形自由空间，因此总的计算区域为长(x)×宽(y)×高(z)=2.8mm×2.8mm×388.3224mm。实验中[1]使用的填充床内径 76mm，本研究简化为内径为 38mm 的重力作用下填充床，填充床高度为 354.7224mm，同样接近于 350mm，共生成 2282 个 5.6mm 小球。

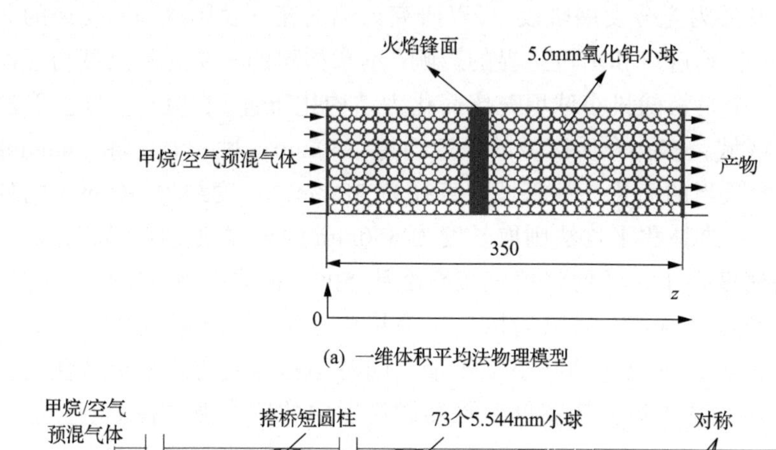

(a) 一维体积平均法物理模型

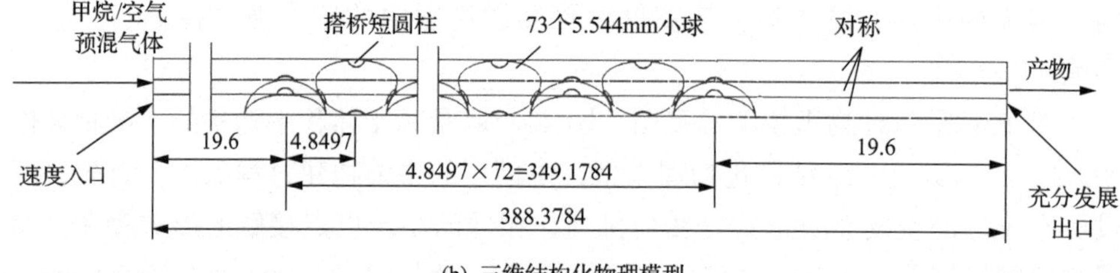

(b) 三维结构化物理模型

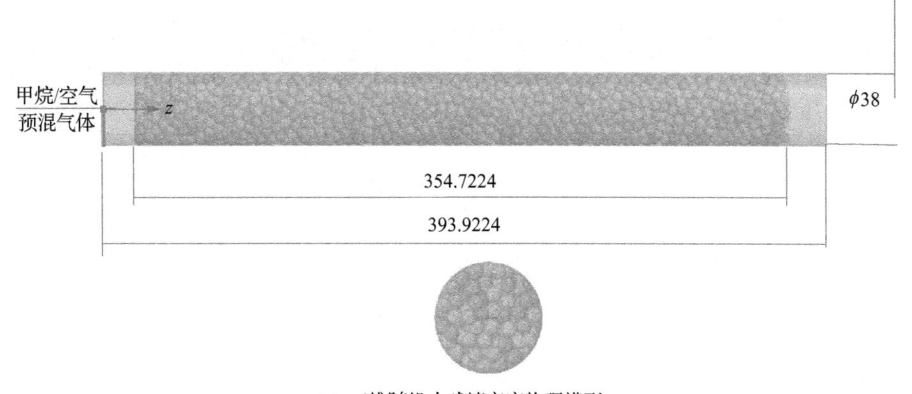

(c) 三维随机小球填充床物理模型

图 5-1　三种几何模型(mm)

5.3　数 学 模 型

为了避免重复叙述，本节先给出三种模型中相同的假设。假设甲烷/空气的化学反应为单步总包反应，采用 Fluent15.0 自带的单步总包反应机理[4]；气体在多孔介质的流动为层流，不考虑湍流的影响，忽略气体在多孔介质中流动的压力降；气体是不可压缩的理想气体，气体的比热容、导热系数和黏度等物性参数是温度和组分的函数；忽略气体辐射的影响；不考虑通过燃烧器壁面的热损失；多孔介质小球是惰性小球，小球的导热系数、比热容是温度的函数。

5.3.1　一维体积平均法控制方程组

为了简化起见，做如下假设：

(1) 多孔介质为各向同性、惰性的光学厚介质，固体辐射传热使用有效导热系数折合到固体导热系数中计算；

(2) 不考虑组分和热量的弥散效应。

在上述假设下，得到如下控制方程组[5]：

连续性方程：

$$\frac{\partial(\varepsilon\rho_{\mathrm{g}})}{\partial t}+\frac{\partial(\varepsilon\rho_{\mathrm{g}}u)}{\partial z}=0 \tag{5-2}$$

式中，ε 为孔隙率；ρ_{g} 为混合气体密度；u 为气体速度；z 为坐标。

动量方程：

$$\frac{\partial}{\partial t}(\varepsilon\rho_{g}u)+\frac{\partial}{\partial z}(\varepsilon\rho_{g}uu)=-\frac{\partial p}{\partial z}+\mu\frac{\partial^{2}u}{\partial z^{2}} \tag{5-3}$$

气体能量方程：

$$\varepsilon\rho_{g}c_{g}\frac{\partial T_{g}}{\partial t}+\varepsilon\rho_{g}c_{g}u_{g}\frac{\partial T_{g}}{\partial z}=\varepsilon\frac{\partial}{\partial z}\left(\lambda_{g}\frac{\partial T_{g}}{\partial z}\right)+h_{v}(T_{s}-T_{g})+\varepsilon Q\omega \tag{5-4}$$

式中，c_g为混合气体比热容；λ_g为气相导热系数；ω为组分的化学反应速度；h_v为气固相间的对流换热系数，其表达式为[3]：$h_v=(6\varepsilon/d^2)Nu\lambda_g$，其中$Nu=2+1.1Pr^{1/3}Re^{0.6}$。化学反应速度$\omega=2.119\times10^{11}\times(X_{CH_4})^{0.2}(X_{O_2})^{1.3}\exp(-E/RT)$，$E$=2.027×10^{8}J/kmol，上式中的单位是Fluent默认的单位(kmol)，X_{CH_4}、X_{O_2}分别是甲烷和氧气的密度，单位是kmol/m^3，化学反应速度单位是kmol/(m^3·s)。

固体能量方程：

$$(1-\varepsilon)\rho_{s}c_{s}\frac{\partial T_{s}}{\partial t}=\lambda_{eff}\frac{\partial^{2}T_{s}}{\partial z^{2}}+h_{v}(T_{g}-T_{s}) \tag{5-5}$$

式中，ρ_s、c_s和λ_{eff}分别为固体密度、比热容和多孔介质的有效导热系数，其中λ_{eff}根据以下公式得到[6]：$\lambda_{eff}=0.005\lambda_s+\lambda_{rad}$，$\lambda_s$、$\lambda_{rad}$分别是小球导热系数和辐射折合导热系数。$\lambda_{rad}=4F\cdot\sigma\cdot d\cdot\varepsilon\cdot T_s^3$, F=0.4, σ为斯特藩-玻尔兹曼常数，d是小球直径，多孔介质物性参数见文献[7,8]。

气体组分方程：

$$\rho_{g}\varepsilon\frac{\partial Y_{i}}{\partial t}+\rho_{g}\varepsilon u\frac{\partial Y_{i}}{\partial x}+\frac{\partial}{\partial x}(\rho\varepsilon Y_{i}V_{i})-\varepsilon\omega_{i}W_{i}=0 \tag{5-6}$$

式中，Y_i为气体混合物中第i种组分的质量分数。

1. 边界条件

(1)燃烧器入口边界条件：

$$T_{g}=300\text{K},u_{g}=u_{g,in},Y_{CH_4}=Y_{CH_4,in},Y_{O_2}=Y_{O_2,in} \tag{5-7}$$

(2)燃烧器出口充分发展边界条件：

$$\frac{\partial T_{g}}{\partial x}=\frac{\partial T_{s}}{\partial x}=\frac{\partial y_{CH_4}}{\partial x}=\frac{\partial y_{O_2}}{\partial x}=0 \tag{5-8}$$

通过下式计算燃烧器出口的辐射热损失：

$$\lambda_{\text{eff}} \frac{\partial T_{\text{s}}}{\partial x} = -\varepsilon_{\text{r}} \sigma (T_{\text{s,out}}^4 - T_0{}^4) \tag{5-9}$$

式中，ε_{r}、T_0 分别为小球表面发射率与环境温度。

2. 网格、初始条件与求解

体积平均法将多孔介质简化为连续介质，计算区域为规则的二维平面，因此采用 0.5mm 的正方形网格划分计算域。为模拟点火过程，使用自定义函数将计算域的固体初始温度设置为与实验一致[1]的初始温度。求解过程采用商业软件 Fluen15.0 求解。固体能量方程采用自定义标量方程求解，多孔介质的有效导热系数采用自定义函数求解。体积平均法不考虑多孔介质的详细结构。三种模型的气体、固体的热物性采用相同的形式，气体混合物的物性是温度和组分的函数。三种模型的收敛标准一致：能量守恒方程的残差设置为 1×10^{-6}，其他守恒方程的残差设置为 1×10^{-3}。

5.3.2　三维结构化填充床数学模型

1. 控制方程组

为简化计算，引入如下假设：

(1) 固体是非透明介质，不考虑固体小球表面散射，固体表面之间的辐射换热采用 DO 模型计算。

(2) 所有相邻小球采用搭桥方案相连接，搭桥圆柱直径为 $0.2d$。假设搭桥圆柱体的物性与小球物性相同。

控制方程如下：

连续性方程：

$$\frac{\partial \rho_{\text{g}}}{\partial t} + \nabla \cdot (\rho_{\text{g}} \boldsymbol{v}) = 0 \tag{5-10}$$

式中，t 为时间；$\boldsymbol{v}$ 为速度矢量。

垂直方向动量方程：

$$\frac{\partial (\rho_{\text{g}} \boldsymbol{v})}{\partial t} + \nabla \cdot (\rho_{\text{g}} \boldsymbol{v} v) = \nabla \cdot (\mu \nabla \boldsymbol{v}) \tag{5-11}$$

式中，μ 为动力黏度。

水平方向动量方程：

$$\frac{\partial(\rho_g v)}{\partial t}+\nabla(\rho_g \boldsymbol{v} v)=\nabla(\mu\nabla v) \tag{5-12}$$

式中，v 为水平方向速度。

组分守恒方程：

$$\frac{\partial(\rho_g Y_i)}{\partial t}+\nabla\cdot(\rho_g \boldsymbol{v} Y_i)-\nabla\cdot(\rho_g D_i \nabla Y_i)-\omega_i W_i=0 \tag{5-13}$$

式中，Y_i、D_i、ω_i、W_i 分别是第 i 种组分的质量分数、扩散系数、化学反应速度和分子量。

气体能量守恒方程：

$$\frac{\partial(\rho_g c_g T_g)}{\partial t}+\nabla\cdot(\rho_g c_g \boldsymbol{v} T_g)=\nabla\cdot(\lambda_g \nabla T_g)-\omega_i W_i Q \tag{5-14}$$

式中，T_g、c_g、λ_g 分别为气体温度、比热容和导热系数；Q 为化学反应热。

固体能量守恒方程：

$$\frac{\partial(\rho_s c_s T_s)}{\partial t}+\nabla\cdot(\lambda_s \nabla T_s)=0 \tag{5-15}$$

式中，T_s、ρ_s、c_s、λ_s 分别为固体温度、密度、比热容和导热系数。

理想气体状态方程：

$$p=\rho_g R T_g \tag{5-16}$$

2. 边界条件

模型中指定如下边界条件：

(1) 燃烧器入口：

$$\begin{cases} T_g=300\,\mathrm{K}, u=v=0, w=w_0 \\ Y_{CH_4}=Y_{CH_4,in}, Y_{O_2}=Y_{O_2,in} \end{cases} \tag{5-17}$$

式中，u、v 和 w 分别为气体在 x, y 和 z 方向的速度。

(2) 燃烧器出口充分发展边界条件：

$$\frac{\partial T_{\mathrm{g}}}{\partial z}=\frac{\partial Y_i}{\partial z}=0 \tag{5-18}$$

(3) 在燃烧器出口的固体辐射热损失通过下式计算：

$$\lambda_{\mathrm{s}}\frac{\partial T_{\mathrm{s}}}{\partial z}=-\varepsilon_{\mathrm{r}}\sigma(T_{\mathrm{s,in/out}}^4-T_0{}^4) \tag{5-19}$$

式中，ε_{r} 为小球表面的发射系数[7]，本节计算中指定为 0.4；σ 为斯特藩-玻尔兹曼常数。

(4) 燃烧器四侧平面指定为对称边界条件：

$$x=0,\ 2.8\mathrm{mm},\frac{\partial T_{\mathrm{g}}}{\partial x}=\frac{\partial T_{\mathrm{s}}}{\partial x}=\frac{\partial Y_i}{\partial x}=\frac{\partial u}{\partial x}=0 \tag{5-20}$$

$$y=0,\ 2.8\mathrm{mm},\frac{\partial T_{\mathrm{g}}}{\partial y}=\frac{\partial T_{\mathrm{s}}}{\partial y}=\frac{\partial Y_i}{\partial y}=\frac{\partial v}{\partial y}=0 \tag{5-21}$$

(5) 气固表面：在气固界面，指定为速度无滑移边界条件，设定小球表面发射率为 0.4。

3. 网格、初始条件与求解

气体在多孔介质孔隙中燃烧，化学反应区域存在着陡峭的温度梯度，气相和固相之间存在着强烈的热耦合。同时，固体表面之间有着强烈的辐射换热。小球固相内部只存在导热传热方式，没有必要在其内部布置较细的网格。考虑到这些，若在流体和固体区域都采用一致均匀的细密网格，显然网格数量较多且没有必要。反之，若采用一致的粗网格，则无法捕捉物理量的剧烈变化。为此，对流体和固体区域采用不同尺寸的网格。本研究采用 Meshing 软件控制网格尺寸，在流体、固体区域，以及流固交界面采用不同尺寸的网格。图 5-2 是结构化填充床对称面上的网格分布，采用六面体网格。在搭桥部分采用了最小尺

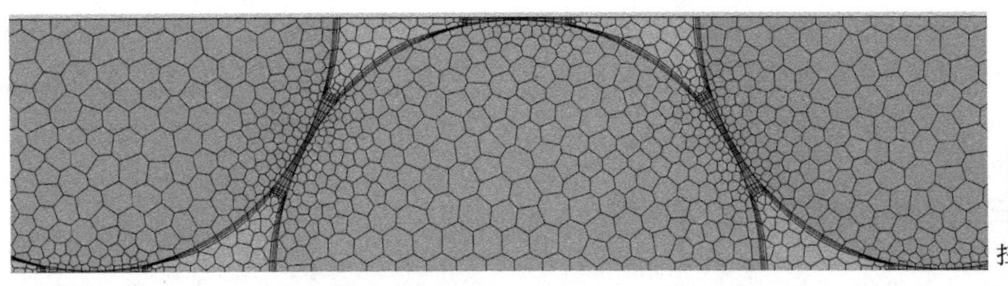

扫码见彩图

图 5-2　结构化填充床对称面上的网格分布

寸的四面体网格，而在固体内部特别是球心位置，布置了较粗的六面体网格。流固边界的流体侧布置了边界层，以捕捉强烈的对流和辐射换热，最后得到网格总数为 61 万，网格通过了无关化检验。

DO 模型在 $\boldsymbol{s}$ 方向求解辐射传递方程。本研究模型中假设小球是非透明介质，小球表面是灰体，且不考虑小球表面的散射和气体混合物的辐射，因此辐射传热是在小球表面之间的孔隙中传递。

辐射传递方程简化为

$$\nabla \cdot [I(\boldsymbol{r},\boldsymbol{s})\boldsymbol{s}] + \alpha I(\boldsymbol{r},\boldsymbol{s}) = \alpha\sigma T^4 / \pi \tag{5-22}$$

式中，$I(\boldsymbol{r},\boldsymbol{s})$ 为辐射强度；α 为吸收系数。

如图 5-3 所示，假设有投射到非透明表面的辐射热流量(q_{in})，不考虑小球表面的散射，则投射来的辐射热流量的一部分参与光学镜面反射[$(1-\varepsilon_{\text{r}})q_{\text{in}}$]，另外一部分被小球表面吸收($\varepsilon_{\text{r}}q_{\text{in}}$)，同时小球表面发射辐射热流量为 $\varepsilon_{\text{r}}T_{\text{w}}{}^4$，$\varepsilon_{\text{r}}$、$T_{\text{w}}$ 分别是小球表面的发射率和温度。

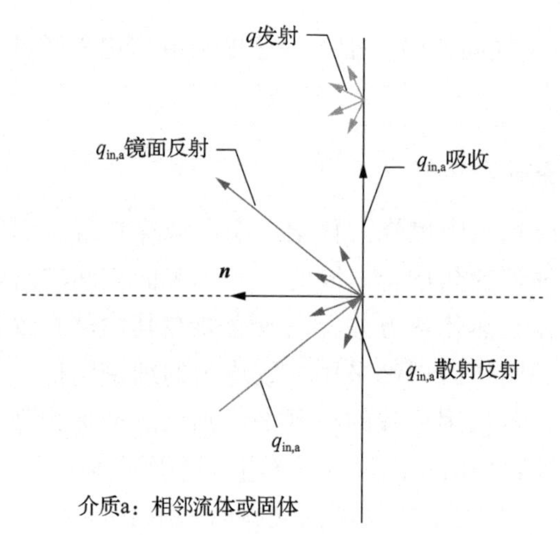

图 5-3 非透明表面辐射热传递

模拟点火过程与体积平均法相同，求解控制方程组运用了商业软件 Fluent 15.0。填充床初始化温度采用了 Zhdanok 的实验值。控制方程采用软件包 Fluent 15.0 求解，对能量方程收敛的残差为 10^{-6}，其他控制方程的残差为 10^{-3}。

5.3.3 三维随机小球填充床数学模型

1. 控制方程组

本研究的三维随机小球填充床数学模型与三维结构化填充床的数学模型差异

不大。其中连续性方程、气体和固体能量方程等完全相同，因此这里不再赘述。但需要指出的是，三维随机小球填充床是圆柱体结构，燃烧器壁面指定为壁面边界条件，燃烧器壁面指定为绝热边界条件。在小球表面和燃烧器壁面指定为速度无滑移边界条件，小球表面发射率指定为 0.4。求解过程同样采用了 Fluent 15.0。

2. 几何模型建立、网格划分与求解

三维随机小球填充床采用 EDEM 软件重构。EDEM 软件是世界上第一个用现代化离散元模型科技设计的用来模拟和分析颗粒处理和生产的软件。首先设定直径为 38mm 的圆柱体，选定 5.6mm 小球在重力作用下自然堆积。当小球达到稳定状态后，从 EDEM 中导出小球的球心坐标，随后将球心坐标信息导入到 Fluent Meshing 中。本研究中重构的填充床高度为 354.7224mm，与预先设定的 350mm 相符。

为了验证生成的小球填充床几何模型的有效性，通过计算该模型的径向孔隙率分布并与 Klert[9]的经验公式进行计算。本研究统计的沿径向孔隙率的分布见图 5-4。如图所示，本研究建立的几何模型的径向孔隙率分布随着无量纲距离是振荡衰减的，采用 EDEM 重构的填充床的径向孔隙率分布与经验公式吻合较好，说明 EMEM 建立的三维随机小球几何结构是有效的。如图所示，当无量纲径向距离大于 3.0 后，径向孔隙率大约为 0.4，与随机小球填充床宏观孔隙率计算式(5-1)的计算值也是吻合的。

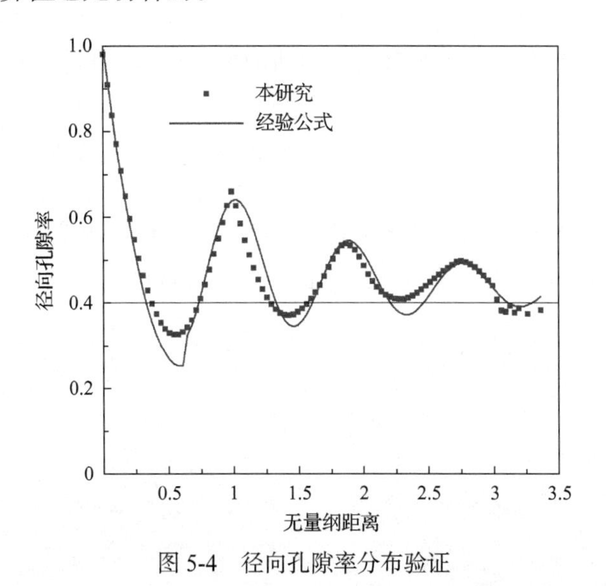

图 5-4　径向孔隙率分布验证

计算填充床内的非稳态流动、传热和燃烧过程所需的计算资源很大。本研究首先缩小了计算域，以减少计算工作量，但这仍然是不够的，目前的计算资源仍然无法满足计算所需。实际上，孔隙尺度的三维数值研究，正如很多研究者指出的，当全尺寸模拟面临计算成本极大时，数值计算是在计算的精度和计算成本之间的折中[10-11]。为此，本研究不考虑小球之间的接触和不同小球之间的导热，采用网格数量需求较少的整体孔隙方案[2]，将全部小球的直径缩小为 99%，以避免在球-球、球-壁面之间产生扭曲度较大的网格。因此该模型无法考虑小球之间，以及小球与壁面之间的热传导，同时预测的压力损失也将带来误差，这些将在后面讨论。本研究采用 DO 模型计算小球表面之间的辐射传热。

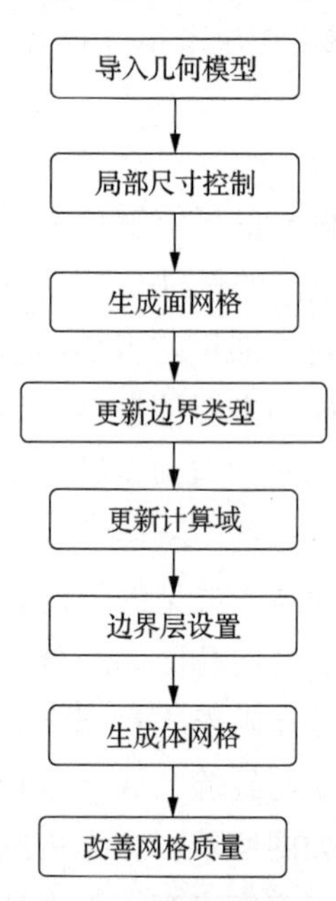

图 5-5　网格生成程序

图 5-5 是网格生成的主要步骤。采用 Fluent 的网格生成工具，首先根据计算需求设定小球面尺寸为 1mm，流体域的体尺寸为 1mm，考虑曲率和狭窄特征的网格加密，生成面网格。在此基础上，分别指定入口、出口和壁面边界类型，根据封闭空间识别固体和流体的计算域，设定边界层参数，创建体网格。体网格类型选择为多面体，最终网格数约为 370 万，网格最大扭曲度小于 0.85，满足计算的要求。

图 5-6(a)是生成的燃烧器壁面上的面网格，在球面与燃烧器壁面围成的狭窄区域附近，生成了较密的网格，反之则网格尺寸较大。图 5-6(b)是球体表面网格，面网格全部采用了六面体网格，图 5-6(c)是横向截面的网格分布，可以看出在流固交界面的流体侧布置了三层边界层网格，图 5-6(d)是燃烧器入口处布置的网格，在燃烧器壁面处设置了三层边界层网格。本节随机小球填充床模型的求解与结构化模型的求解方法相同，这里不再赘述。

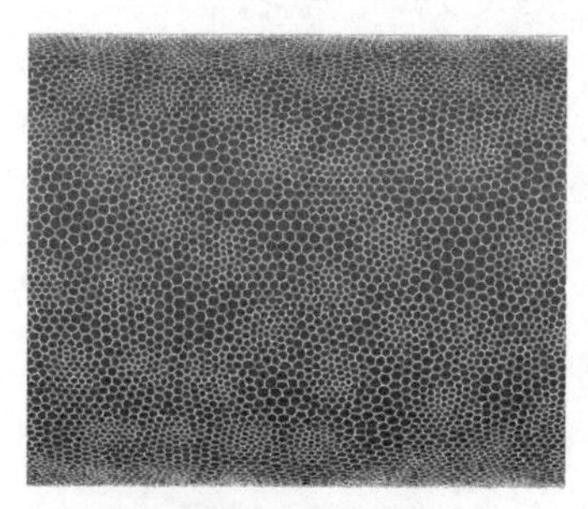

(a) 燃烧器壁面网格

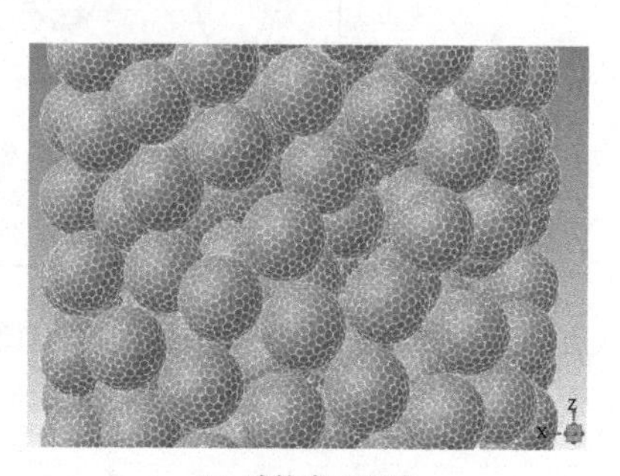

(b) 球体表面网格

(c) 横向截面网格　　(d) 入口截面网格

图 5-6 小球填充床面网格

5.4 模型验证

本研究模拟的是文献[1]的实验装置。该文献并未给出氧化铝小球的物性参数，通过文献查阅，本研究选取的氧化铝小球物性参数来自文献[8]。对模型的验证，通过预测的热波和燃烧波的传播与文献值进行比较[1]，来验证物性参数选取的有效性和模型的合理性。

本研究首先模拟了热波的传播，预热固体温度的初始值与实验值保持一致，通过自定义函数对计算区域的温度场进行赋值。需要说明的是，三种几何模型的多孔介质长度并不相同，为了下面分析上的方便，设定数值计算的多孔介质区域的起始点的坐标为 z=0。图 5-7 是三种模型预测的热波传播图，空气入口速度为 0.42m/s。为了验证物性模型的有效性，图中同时标出了实验值。从图中可以看出，在 96s、333s、531s 和 731s 时，三种模型都较好地预测了热波的传播。随着时间的推移，热波向着下游传播。尽管本模型中没有考虑热损失的影响，但三种模型预测的热波最高温度都小于实验值。这可能是由以下原因造成的。其一，填充床小球热物性的不确定性。其二，本研究将随机小球填充床简化为均匀分布的多孔介质模型和结构化布置的形式，必然造成数值预测与实验值之间的误差。其三，数值模拟的预热温度与实验真实的预热温度分布并非完全相同。尽管文献[1]报道了预热的温度分布，但是文献只给出了 500mm 长填充床内的温度分布。在第一支热电偶(沿着气流方向，下同)的上游，并未给出详细的温度分布。实际上，文献中的小球填充床长度为 1m。在预热的时候，第一支热电偶的上游的填充床必然被预热，但文献没有报道，数值模拟中无法考虑上游多孔介质温度的影响。

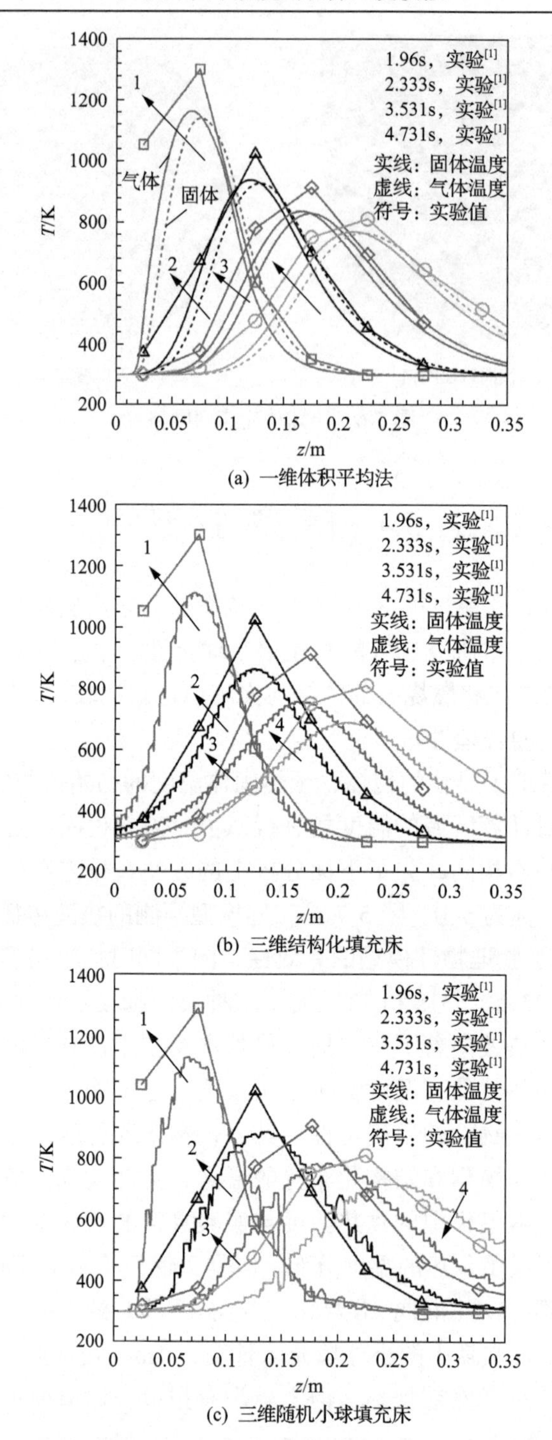

(a) 一维体积平均法

(b) 三维结构化填充床

(c) 三维随机小球填充床

图 5-7　一维体积平均法(a)、三维结构化填充床(b)和三维随机小球填充床(c)预测的热波传播(u_g=0.42m/s，流体介质为空气)

如图 5-7 所示，三种模型预测的热波传播速度与实验值吻合较好，说明热容的选择较为合理。根据热波 u_t 传播公式[1]：

$$u_{\mathrm{t}}=\frac{\varepsilon\rho_{\mathrm{g}}c_{\mathrm{g}}u_{\mathrm{g}}}{(1-\varepsilon)\rho_{\mathrm{s}}c_{\mathrm{s}}} \tag{5-23}$$

可以看出，热波传播速度主要取决于多孔介质热容 $(1-\varepsilon)\rho_{\mathrm{s}}c_{\mathrm{s}}$，预测的热波传播速度与实验结果吻合很好，说明热容的选择是适当的。从图中看出温度梯度与实验结果也吻合很好。温度梯度主要取决于多孔介质的有效导热系数[12,13]，因此可以推断所取的氧化铝小球导热系数和填充床有效导热系数的选择也是合理的。

为了进一步验证模型，图 5-8 给出了三种数值模型预测的燃烧波，同时图中给出了实验值。图 5-8(a)给出的是一维体积平均法预测的不同时刻燃烧器内温度分布，从图中可以看出，一维体积平均法较好地预测了不同时刻燃烧器内的温度分布。对于 t=165s，在上游区域预测值与实验值偏差较大。这主要是由于在燃烧波传播的初始时刻，数值预测设定的初始温度分布与实验不完全相同。随着时间的推移，反应不断进行，蓄积在多孔介质中的热量不断增多，燃烧器内的高温区域不断拓宽，数值计算值与实验结果吻合得趋于良好。需要说明的是，实验中是将热电偶直接插入到填充床中，测量的温度显然是气体和固体温度的折合温度。本研究没有考虑热损失，但数值预测的气体最高温度仍然略小于实验值。这可能是由于预热的初始温度与实验值并非完全相同。另外，本研究将甲烷/空气燃烧简化为单步总包反应，这也可能造成误差。从图 5-8(a)可以看出，燃烧波传播速度与实验值吻合较好，只是稍大于实验值，但是偏差很小。

图 5-8(b)是使用结构化填充床模型预测的燃烧波传播与实验值的比较，预测值是线段(x=2.8mm, y=2.8mm)上的分布值。如图所示，数值预测的结果与实验值吻合较好，预测结果与一维体积平均法预测值类似。图 5-8(c)是使用三维随机小球填充床模型预测的不同时刻的燃烧波传播。预测的结果与图 5-8(b)相似。从三种模型预测的结果可以看出，燃烧波的传播可以在 350mm 左右的填充床内达到充分发展阶段，即使在火焰传播到 726s，预测的结果与实验值也吻合得很好。同时，仔细观测可以发现，随着燃烧波的传播，数值预测的结果与实验值吻合得越来越好，这主要是由于受到初始时刻预热的影响，而随着燃烧波的传播，热量不断蓄积在多孔介质中，初始预热的影响越来越小。这也说明，本研究将多孔介质区域缩小为 350mm，研究填充床内的非平衡特性是可行的，可节省大量的计算时间和成本，同时又不会受到入口和出口效应的影响。

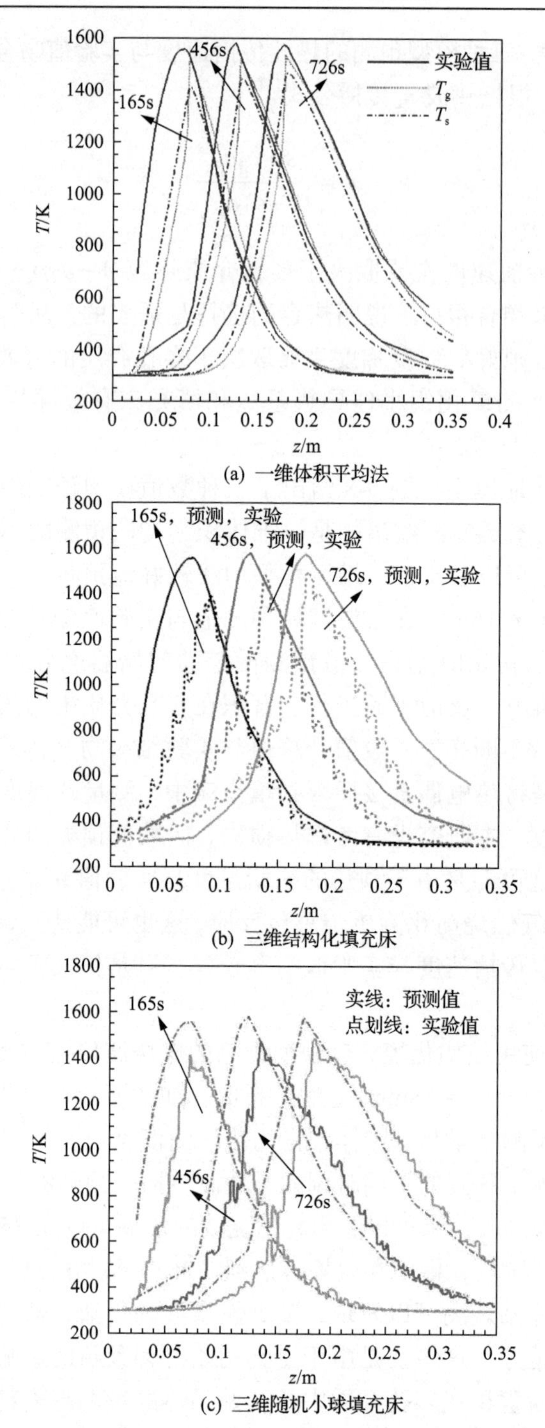

(a) 一维体积平均法

(b) 三维结构化填充床

(c) 三维随机小球填充床

图 5-8　一维体积平均法(a)、三维结构化填充床(b)和三维随机小球填充床预测的燃烧波(φ=0.15，u_g=0.43m/s)

综合热波和燃烧波预测值与实验结果的比较可以看出，三种模型预测的结果与实验值吻合较好，说明氧化铝小球的物性和模型的选择是合理有效的。从使用三种模型预测的三个时刻的燃烧波传播与实验对比分析可以看出，三种模型都能较好地预测燃烧器内的热波和燃烧波的传播。如果从宏观上理解燃烧器的特性，体积平均法无疑是理想的选择，可以用很小的计算成本，快速获得燃烧器内的宏观特性而不失准确性。如前所述，体积平均法掩盖了孔隙内真实的输运过程，不能真实反映孔隙内的流动、传热和燃烧过程，这将在后面详细讨论。而结构化模型是计算资源与计算精度之间的折中。从初步的计算结果可以看出，其与随机小球填充床内的模拟结果的差异不大，因此，可以用较小的计算成本获得孔隙尺度的特征，但其准确性和精度需要更多的计算来证明，这也是下面的研究内容之一。

下面将研究填充床内的非平衡特性，并进行三维模型的计算比较，同时以计算时间为指标，讨论三种模型的计算成本。多孔介质固体物性参数与气体物性参数差异显著，固体基质的热容是气体热容的 1000 倍左右，而固体导热系数又显著大于气体的导热系数，再加上多孔介质复杂的结构，在燃烧系统存在着显著的非平衡现象：包括热非平衡、力非平衡和化学非平衡[14]。非平衡产生的根本原因在于燃烧系统内的多尺度特征。热非平衡是由于剧烈的化学反应导致快速放热，反应热需要在系统内再分配，而同相之间、同相与异相之间的热质输运过程相对较慢，因此存在着热非平衡，这也可能导致产生超绝热燃烧；而化学非平衡是由于化学反应时间尺度显著小于流动和传热的时间尺度。

近年来，过滤燃烧孔隙尺度的研究受到了极大的关注，主要集中于稳定燃烧的火焰结构与稳烧机理的研究，非稳态燃烧的研究还很少[10,15-18]，姜霖松等通过大涡方法结合双温度模型和 EBU-Arrhenius 燃烧模型，模拟了甲烷/空气预混气体在堆积床内的燃烧过程，并得出了火焰面上 Karlovitz 数的空间分布情况，对多孔介质特殊结构内湍流-火焰相互作用进行了定量分析。尽管低速过滤燃烧系统存在着显著的流动非平衡和热非平衡特性，但燃烧系统内的流动和热非平衡特性还没有系统的研究报道。

5.5　结构化填充床内低速过滤燃烧非平衡特性研究

5.5.1　火焰区域组分、气体速度、温度和化学反应速度分布

图 5-9 是预测的燃烧器内燃烧区域组分、气体速度、温度、化学反应速度和化学反应热的分布（φ=0.15，u_g=0.43m/s，t=373s）。为了分析方便，本研究从燃

烧器入口开始，小球依次编号为 1～73 号。如图 5-9(a)和(b)所示，三维结构化模型预测的甲烷和氧气质量分数在 23～26 号小球表面的孔隙中呈现逐渐减小的趋势，火焰区域的宽度与自由空间中燃烧的火焰宽度有很大的差异。预混气体自由空间中燃烧火焰厚度不超过 1mm[19]，但本研究表明，反应物甲烷与氧气在大约 3 倍小球直径的宽度内变化。图 5-7(c)和(d)是反应生成物二氧化碳与水的质量分数分布图。从图中可以看出，二氧化碳和水从 22、23 号小球表面的孔隙中生成，随后在 25、26 号小球表面的孔隙中二氧化碳与水的质量分数达到最大值，这也说明反应产物在较长的燃烧区域内生成。

图 5-9(e)和(f)是燃烧器内的气体与固体温度分布。可以看到，预混气体在到达反应区域前，其温度不断升高，这是由于多孔介质固体的热反馈作用。气体温度在 26、27 号小球的孔隙中达到最大值。同时在燃烧区域附近，固体温度达到最大值。从图中可以看出，尽管选用的小球的导热系数较大，但小球内部的温度并不均匀，在小球内部仍然存在着热的非平衡。图 5-9(g)是燃烧器内的

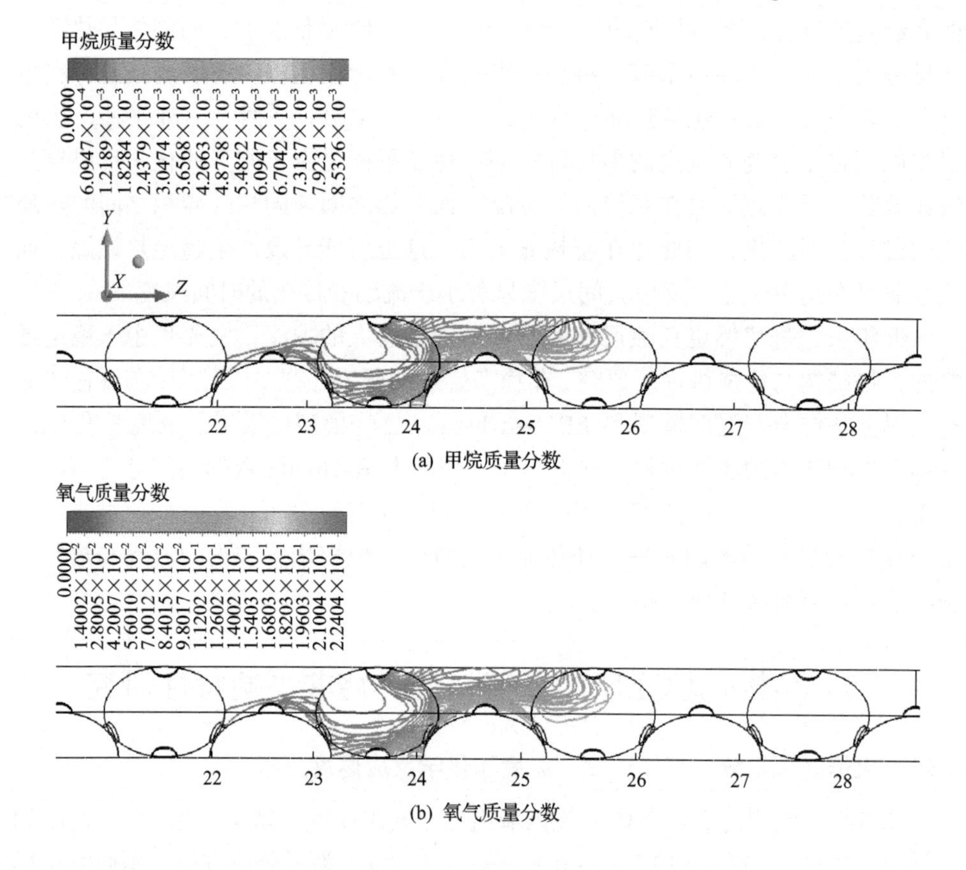

(a) 甲烷质量分数

(b) 氧气质量分数

二氧化碳质量分数

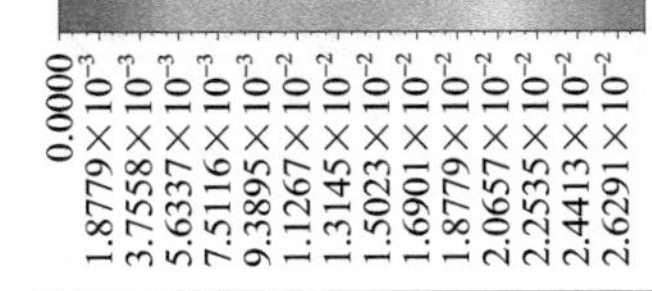

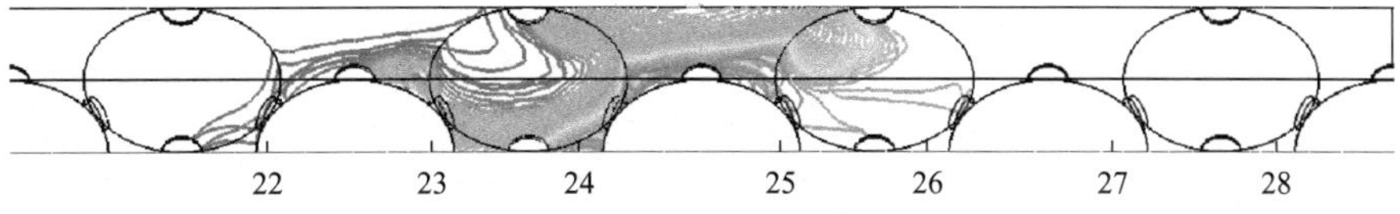

(c) 二氧化碳质量分数

水质量分数

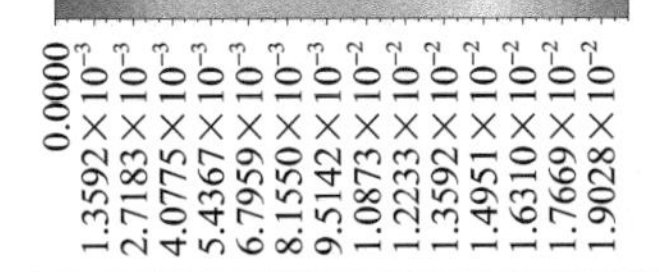

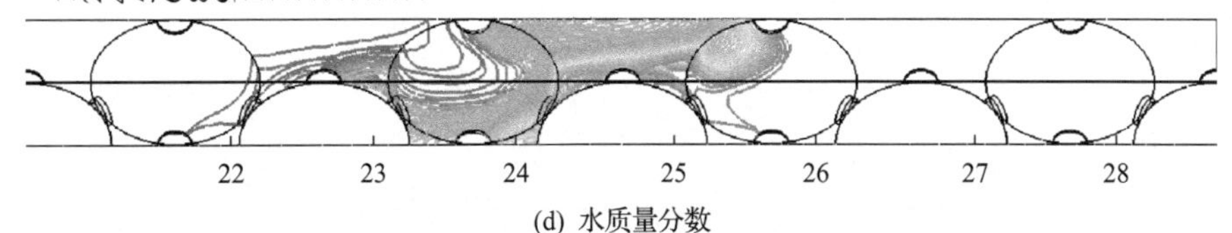

(d) 水质量分数

气体温度/K

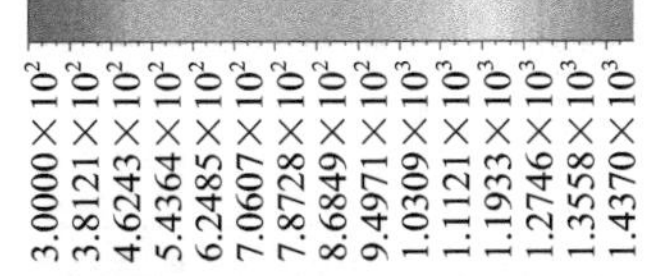

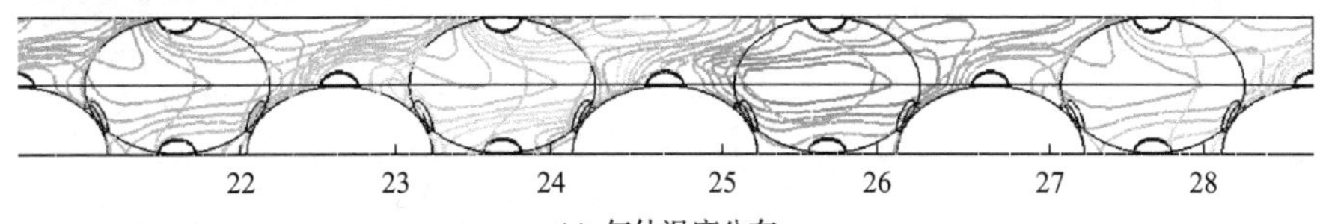

(e) 气体温度分布

固体温度/K

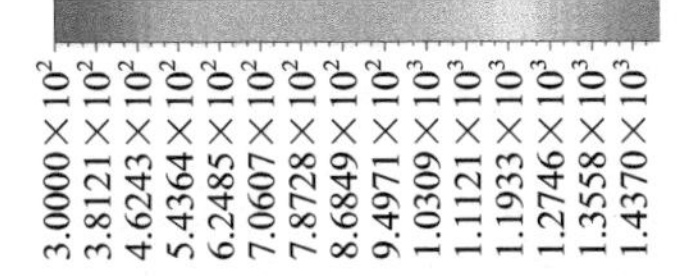

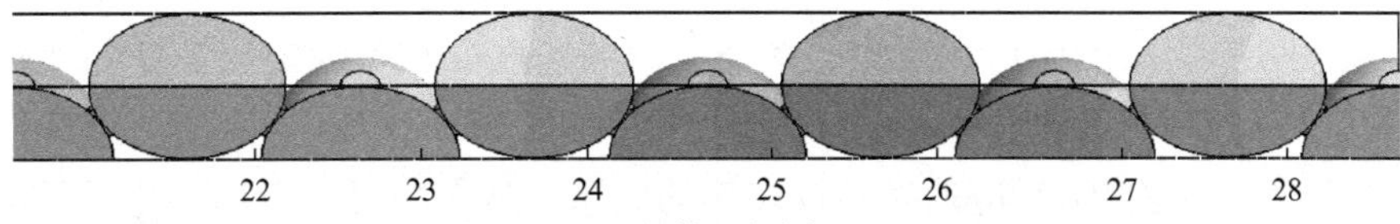

(f) 固体温度分布

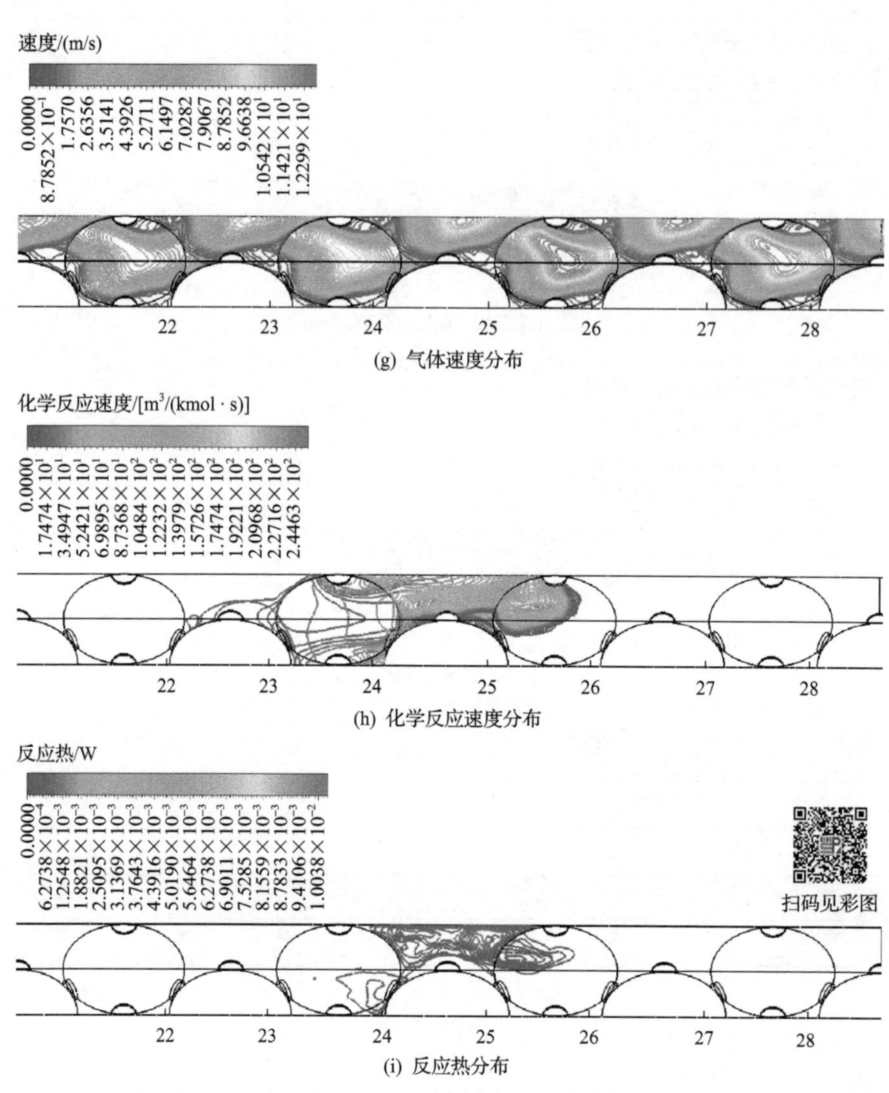

(g) 气体速度分布

(h) 化学反应速度分布

(i) 反应热分布

图 5-9　数值预测的燃烧器内燃烧区域组分、气体速度、温度、化学反应速度和化学反应热分布（φ=0.15，u_g=0.43m/s，t=373s）

图中序号表示从燃烧器入口开始计数的小球序列

气体速度分布，从图中可以看出，燃烧器内的速度分布呈现出周期性的变化特征，并且以两球球心间距为周期变化，孔隙中气体的最大速度达到 12.3m/s。图 5-9(h)和(i)是化学反应速度与反应热的分布。从图中可以看出，化学反应速度在 3 倍小球球心间距的范围内变化，而反应热在 2 倍的小球球心间距的范围内变化。

作为对比分析，图 5-10 给出了一维体积平均法预测的燃烧器内气体温度、固体温度、化学反应速度和气体速度分布，图中计算工况与图 5-9 相同。从图中可以看出，一维体积平均法与三维结构化模型预测的结果有很大的区别。首先，从化学反应速度可以看出，化学反应区域的厚度要远小于结构化填充床中的火焰厚度。甲烷与氧气在很窄的区域内转化为水和二氧化碳。从化学反应速度分析，反应区域的厚度大约 3mm。从图中的气体速度分布可以看出，燃烧器内的气体速度分布类似于抛物线，速度的最大值是 5.4m/s，与三维结构化模型预测的气体速度最大值(12.3m/s)相差很大。

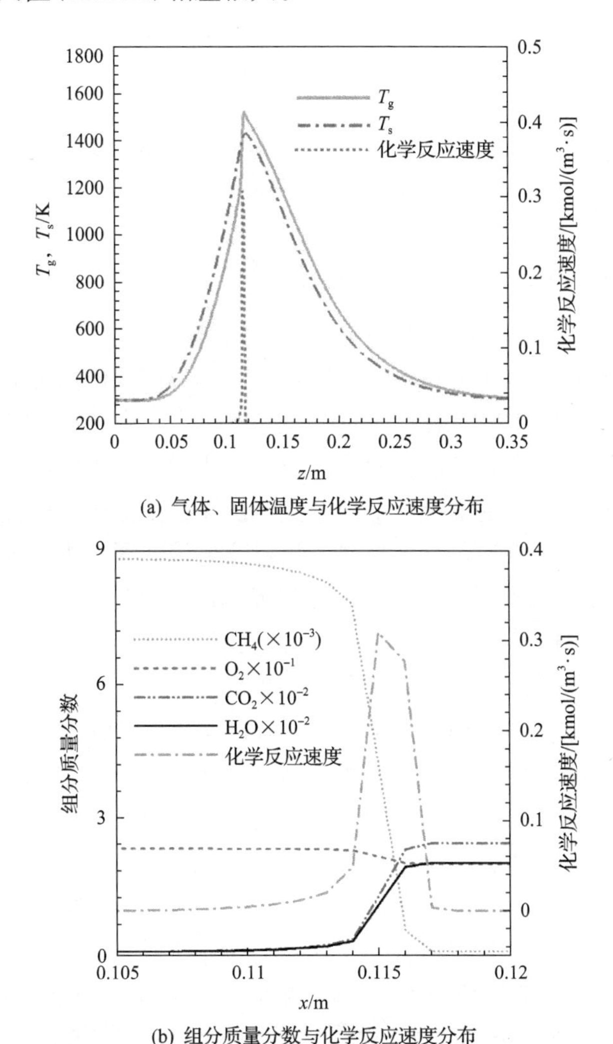

(a) 气体、固体温度与化学反应速度分布

(b) 组分质量分数与化学反应速度分布

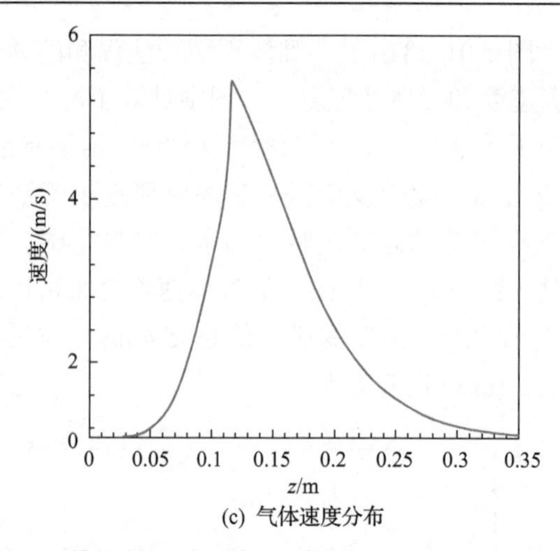

(c) 气体速度分布

图 5-10　一维体积平均法预测的燃烧器内的气体和固体温度、化学反应速度与气体速度分布（φ=0.15，u_g=0.43m/s，t=373s）

5.5.2　孔隙尺度结构化填充床热回流机制

本研究中热回流是指燃烧器内部自我组织的热回流或热反馈。预混气体多孔介质燃烧，固体基质导热和辐射是燃烧器内部热回流的两种重要方式。早期的研究并未意识到固体热辐射对热回流的重要性[20]。史俊瑞[13]研究了稀薄预混气体在多孔介质中燃烧的热回流特性，通过量化当地的气体和固体能量方程中的各项值的相对大小，定量研究了预混气体多孔介质中燃烧的热回流特性。但该模型中假设多孔介质为光学厚介质，辐射热量传递通过折合导热系数进行计算。Yakovlev 等[10]研究了三维随机小球填充床内低速过滤燃烧的热量传递，他们发现辐射是逐层传递的，但只计算了甲烷/空气混合物当量比为 0.8 与 2.5 的两个算例，也没有考虑填充床燃烧器壁面的边壁效应。

为揭示填充床内的热回流机制，图 5-11 给出了反应热、小球表面辐射热流量、气体和固体温度分布及小球表面努塞特数分布，工况与图 5-8 相同。如图所示，火焰锋面位于 23 与 26 号小球之间的孔隙内，反应放出的热量进行再分配，在反应区域通过对流换热，部分反应热蓄积在多孔介质中，气体与固体高温区域位于 24 号与 29 号小球之间。体积平均法通过经验公式考虑气体与固体之间的热非平衡，小球填充床气固相之间的对流换热系数表达式为：$h_v=(6\varepsilon/d^2)Nu\lambda_g$，其中 $Nu=2+1.1Pr^{1/3}Re^{0.6}$[3]。由于 Pr 变化很小，因此从公式可以看出，热的非平衡主要取决于 $Re^{0.6}$。从图 5-11(c)可以看出，以 26 号小球的表面为分界线，热回流通过固体表面的热辐射，逐层向上游和下游传播。图标显

反应热/W

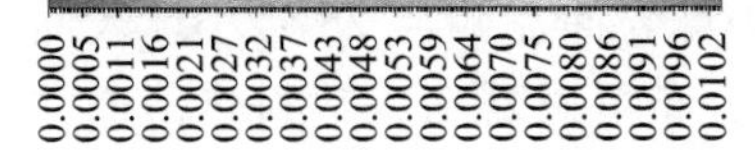

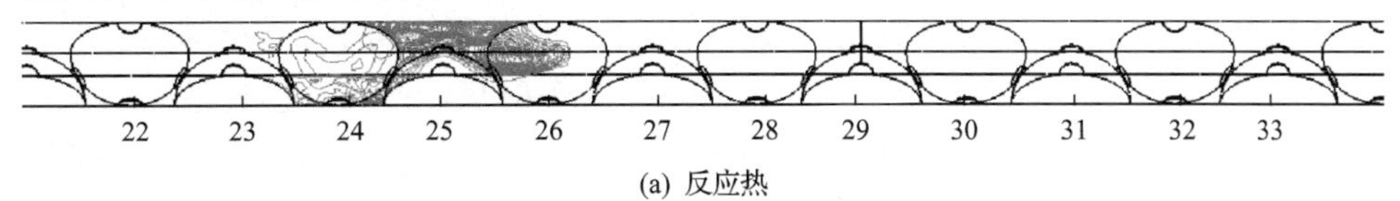

(a) 反应热

小球表面辐射热流量/(W/m²)

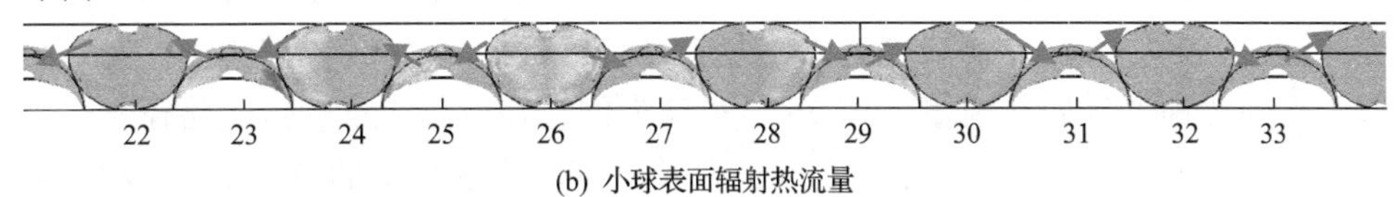

(b) 小球表面辐射热流量

温度/K

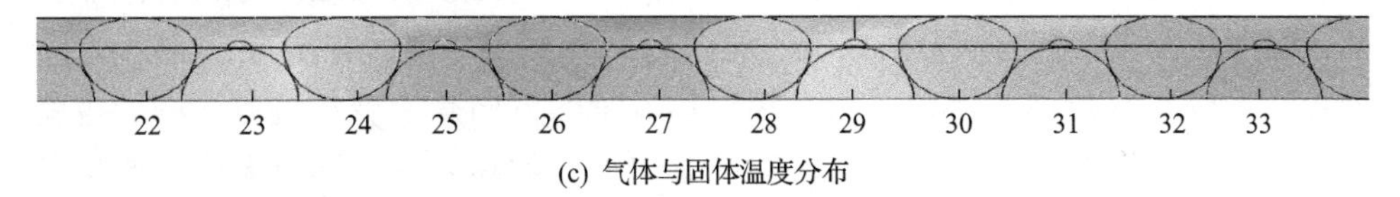

(c) 气体与固体温度分布

小球表面努塞特数

扫码见彩图

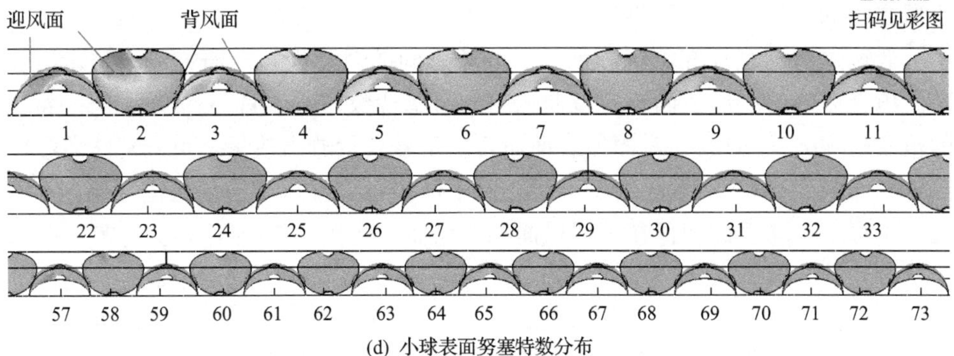

(d) 小球表面努塞特数分布

图 5-11　三维结构化填充床预测的反应热、小球表面辐射热流量、气体与固体温度和努塞特数（φ=0.15，u_g=0.43m/s，t=373s）

示的辐射热流量的范围是–13244～12872W/m^2，正负号分别表示离开、进入小球表面的辐射热流密度。如图 5-11(b)所示，26 号小球表面左侧与 25 号小球表面右侧是相邻的两个球的表面，从辐射热流密度的分布可以看出，辐射热传递在这两表面之间发生，辐射净流量从 26 号小球表面左侧传向 25 号小球右表面；而 25 号小球左表面与 24 号小球右表面之间的辐射热传递，与前述的两个相邻小球之间的辐射热传递的规律相同，也是逆着气流方向进行热回流，这是从孔隙尺度观测到的辐射热回流。

本研究中模拟的小球是非透明介质，不考虑小球表面的散射，小球表面存在着发射、镜面反射和吸收辐射热的过程。由于本研究将随机填充床简化为结构化的错列排列，因此辐射热在相邻的两个小球表面之间传递。由于小球是非透明的介质，尽管辐射无法穿透固体介质，但从图 5-11(b)可以看出，存在着类似于逐层传递的辐射热流量。以 26 号小球为例，辐射热流量的传递路径是，26 号小球左表面传递到 25 号小球右表面。接收到辐射热流量的 25 号小球右表面温度升高，尽管辐射无法直接传递到 25 号左表面，但通过小球内部的导热，25 号小球左侧温度升高，温度升高的 25 号小球左表面通过辐射传热与 24 号小球右表面之间进行辐射传热，依次类推，只要相邻的两个表面之间存在着热非平衡，就存在着向上游的辐射热回流。同样地，26 号小球表面右侧与 27 号小球左侧存在着辐射热传递，可以看出净辐射热流量的方向是沿着气流方向的。也就是说，火焰区域的高温固体，不仅存在着向上游的热回流，同时向着下游也存在着辐射热传递。从以上分析可以看出，热的非平衡存在于整个燃烧器，同时同相、异相之间也存在着热的非平衡。另外，多孔介质导热也是热回流的一种重要方式。本研究通过搭桥方案，在两个小球之间通过短圆柱相连，实现相邻小球之间的导热，本节不再赘述。

低速过滤燃烧存在着强烈的气、固相之间的对流换热。研究结果显示，在整个填充床内的小球表面存在着非均匀的努塞特数。图 5-11(d)显示，努塞特数的范围是–4017～4128，对固体表面而言，正号表示放出热量，负号意味着吸收热量。如图 5-11(d)所示，由于本研究的小球相对位置是结构化的错列排列，因此对于每个小球表面均存在着迎风面和背风面。仍然以 26 号小球为分界线分析努塞特数的分布。在 26 号小球的上游，特别是在入口附近的迎风面存在着强烈的气固相之间的对流换热，努塞特数为正，说明固体温度高于气体温度，固相放热，气体吸收热量使得气体温度沿着气流方向逐渐升高。相对于迎风面，背风面的努塞特数相对较小，这是由于背风面的流速较小。而在 26 号小球的下游，在靠近 26 号球附近努塞特数很小，说明气固相之间的热的非平衡性很小，随后沿着气流方向努塞特数成为负数，特别是在 57～63 号球的表面，可以看出努塞特数是负数，说明在火焰下游气体放出热量，而固体吸收热量。

综上所述，从孔隙尺度得到的结构化填充床内的热回流机制是：在火焰区域放出的反应热，由于强烈的相间对流换热，反应热进行再分配，部分热量通过对流换热方式蓄积在火焰区域的固相内。高温小球与相邻小球通过逐层传递的方式进行辐射换热以及导热传热。而强烈的对流换热，使得气体从入口开始不断被预热升温，直到进入火焰区域进行燃烧。

5.5.3　基于均方根的气体速度、热非平衡特性定量研究

从图 5-9 可以看出，填充床内表现出很强的非平衡特性，在火焰区域组分、化学反应速度、温度和气体速度的变化非常剧烈，变量在三维空间上的分布是变化的。特别是流速的非平衡分布必然导致当地换热系数的变化，进而影响气体温度分布以及化学反应速度。为定量研究气体速度、温度的非平衡特性，本节采用气体速度、温度的均方根的方法来定量分析填充床内的非平衡特性。需要指出的是，该方法是用来分析随机小球填充床内的非平衡特性。本节借鉴该方法，分析结构化填充床内的非平衡特性，并与体积平均法预测值以及前人的结果进行比对分析，旨在揭示结构化填充床内的非平衡特性，同时为体积平均法的改进提供理论依据。气体温度某一横截面上的平均值 $\bar{T}_{\mathrm{g}}$ 和均方根 $T_{\mathrm{g,RMS}}$ 定义如下[10]：

$$\bar{T}_{\mathrm{g}} = \frac{1}{A}\sum_{i=1}^{n-1} T_i A_i \tag{5-24}$$

$$T_{\mathrm{g,RMS}} = \sqrt{\frac{1}{n-1}\sum_{i=1}^{n-1}(T_{\mathrm{g}} - \bar{T}_{\mathrm{g}})^2} \tag{5-25}$$

式中，n 为选定的横截面上的网格总数；A_i 为横截面上第 i 个网格的面积；A 为横截面面积。其他变量的平均值和均方根的定义与式(5-24)和式(5-25)的形式完全相同，故不再给出。

图 5-12 是使用三维结构化填充床模型预测的轴向速度平均值与均方根[图 5-12(a)]以及二者的比值[图 5-12(b)]。从图中可以看出，轴向速度的平均值与均方根沿着轴向的分布曲线非常相似。二者从燃烧器入口开始振荡增大，在火焰区域二者达到最大值，随后振荡降低。如图 5-12 所示，二者的最大值分别是 9.14m/s 与 4.58m/s。该算例的气体入口速度为 0.42m/s，在多孔介质中的表观速度为 1.05m/s。而在有反应的情况下，平均速度最大增大约 9 倍，而均方根速度在整个轴向方向上不断振荡。这可能是由以下两个原因造成的。首先，本节中将随机小球填充床简化为结构化的错列布置，因此孔隙结构是沿着 z 轴的周期

性结构，所以其内的流动必然具有周期性的特征，这是轴向流速以两球球心距离为周期振荡的主要原因之一。其次，在反应区域附近，气体温度升高，假设气体为不可压缩的理想气体，因此在反应区域内气体温度升高，气体速度的平均值和均方根都增大。

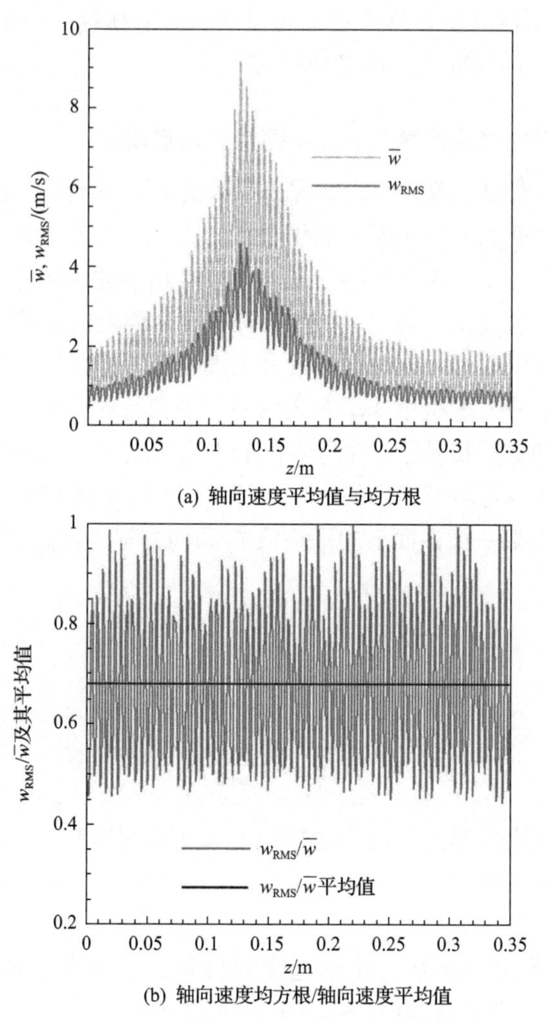

图 5-12　三维结构化填充床预测的轴向速度均方根与平均值(a)以及二者的比值(b)
（φ=0.15，u_g=0.43m/s，t=373s）

图 5-12(b)是气体轴向速度均方根与轴向速度平均值的比值。从图中可以看出，二者的比值也不断振荡，与图 5-12(a)中的变化非常相似，也是以相邻小球球心距离为周期振荡变化，变化的范围是 0.4～1.0，取二者比值在整个轴向的平均值，如图所示，比值的平均值为 0.68。

Yakovlev 等[10]与 Bedoya 等[11]分别基于孔隙尺度研究了小球填充床和泡沫陶瓷燃烧器内预混气体燃烧的非平衡特性。他们发现气体速度、气体温度的平均值与均方根的分布非常相似，且气体温度的均方根与气体温度梯度存在近似的线性关联关系。Bedoya 等[11]给出了估算气体温度均方根的表达式，首先利用类似于 Boussinesq 假设，假设气体温度与气体轴向速度乘积的均方根可以用气体温度梯度线性表示为

$$(T_{\mathrm{g}} \cdot w)_{\mathrm{RMS}} \approx C \cdot \frac{\partial T_{\mathrm{g}}}{\partial z} \tag{5-26}$$

式中，C 为系数，在此假设为气体热弥散系数，进一步假设

$$(T_{\mathrm{g}} \cdot w)_{\mathrm{RMS}} \approx T_{\mathrm{g,RMS}} \cdot w_{\mathrm{RMS}} \tag{5-27}$$

根据式(5-26)、式(5-27)得到：

$$T_{\mathrm{g,RMS}} \cdot w_{\mathrm{RMS}} \approx \alpha_{ax} \cdot \frac{\partial T_{\mathrm{g}}}{\partial z} \tag{5-28}$$

式中，α_{ax} 为热弥散系数。Bedoya 等[11]给出了下式：

$$T_{\mathrm{g,RMS}} = \frac{\alpha_{ax}}{0.9\overline{w}} \frac{\partial T_{\mathrm{g}}}{\partial z} \tag{5-29}$$

Yakovlev 等[10]等给出了类似的表达式：

$$T_{\mathrm{g,RMS}} = \frac{\alpha_{ax}}{w_{\mathrm{RMS}}} \frac{\partial \overline{T}_{\mathrm{g}}}{\partial z} = \frac{\alpha_{ax}}{0.59\overline{w}} \frac{\partial T_{\mathrm{g}}}{\partial z} \tag{5-30}$$

需要指出的是，式(5-29)与式(5-30)只是一个具体算例的表达式，而不是普适的结论。对于小球填充床，轴向热弥散系数的表达式一般取为

$$\alpha_{ax} = 0.5\overline{w}d \tag{5-31}$$

式中，d 为小球直径。代入式(5-30)，得到

$$T_{\mathrm{g,RMS}} = 0.85d \frac{\partial T_{\mathrm{g}}}{\partial z} \tag{5-32}$$

可以看出，气体温度均方根可用气体平均温度的梯度来表示，且 $w_{\mathrm{RMS}} = 0.59\overline{w}$。

计算结果见图 5-12，图 5-12 表明，$w_{\mathrm{RMS}} = 0.68\overline{w}$。图 5-13 是 Yakovlev 等[10]预测的轴向速度平均值与均方根。如图所示，速度的平均值与均方根的分布非常相似，本研究结果与该文献的结果相似，说明结构化填充床内的速度分布与随机小球填充床内的速度分布相似。

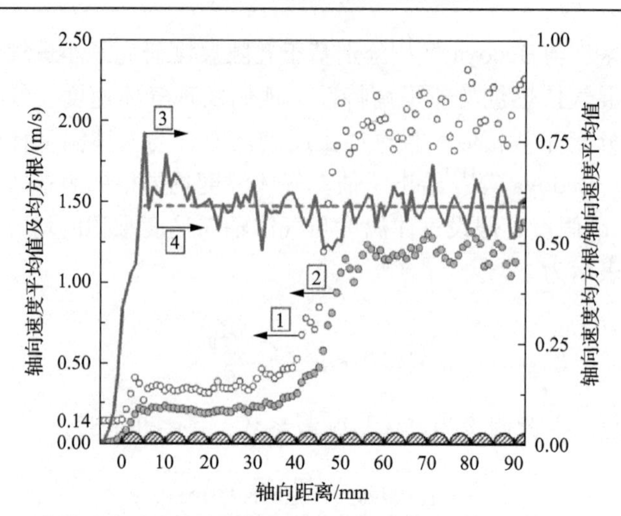

图 5-13　三维随机小球填充床内轴向速度平均值、均方根以及二者比值的分布（φ=0.8，u_g=0.14m/s，t=792s）

1. 轴向速度平均值；2. 轴向速度均方根；3. 轴向速度均方根/轴向速度平均值；4. 轴向速度均方根与平均速度平均值比值的估算值

为了进一步探究结构化填充床内气体温度梯度与均方根的规律，图 5-14 给出了二者的分布以及温度均方根的拟合值。从图 5-14(a)可以看出，气体温度梯度与气体温度均方根的分布非常相似，二者从燃烧器入口开始振荡增大，在燃烧区域达到最大值，在燃烧区域之后振荡减小。本研究的具体算例表明，$w_{\text{RMS}} = 0.68\overline{w}$，代入式(5-28)后得到：

$$T_{\text{g,RMS}} = 4.12\frac{\partial T_{\text{g}}}{\partial z} \tag{5-33}$$

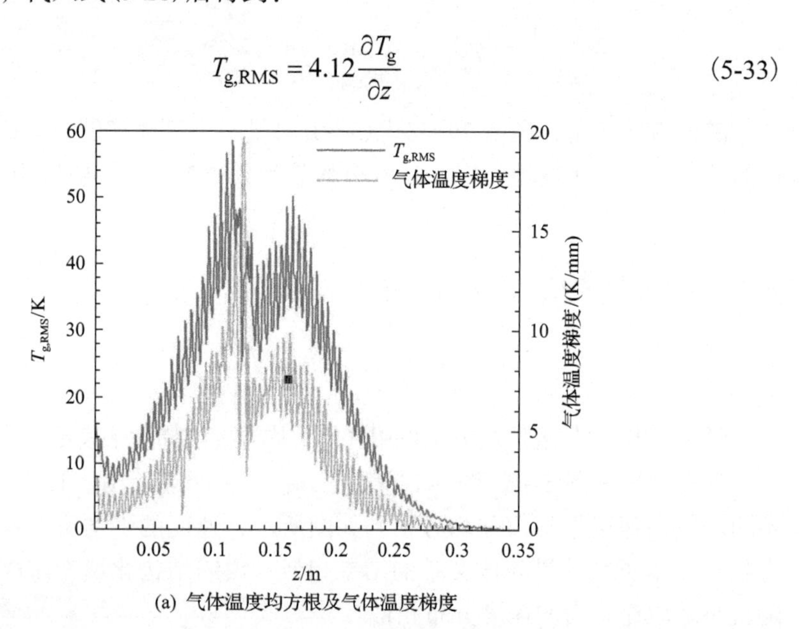

(a) 气体温度均方根及气体温度梯度

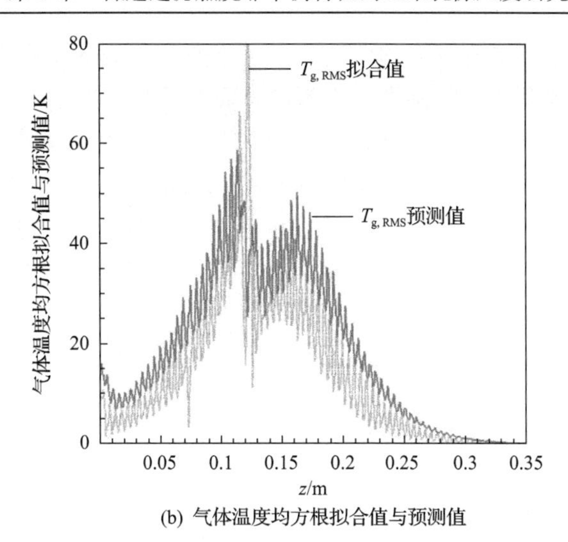

(b) 气体温度均方根拟合值与预测值

图 5-14　三维结构化填充床预测的气体温度均方根和温度梯度(a)及拟合的气体温度均方根(b)(φ=0.15，u_g=0.43m/s，t=373s)

根据式(5-33)得到拟合的气体温度均方根。从图中可以看出，拟合的值与计算值的趋势符合得很好，但是拟合值整体上小于预测值。

图 5-15 是 Yakovlev 等[10]计算得到的三维随机小球填充床内气体温度、气体温度均方根及拟合值(φ=0.8，u_g=0.14m/s，t=792s)。而图 5-14 是预测的结构化填充床内的结果。从图中可以看出，文献预测的总体趋势很好，但是均方根拟合

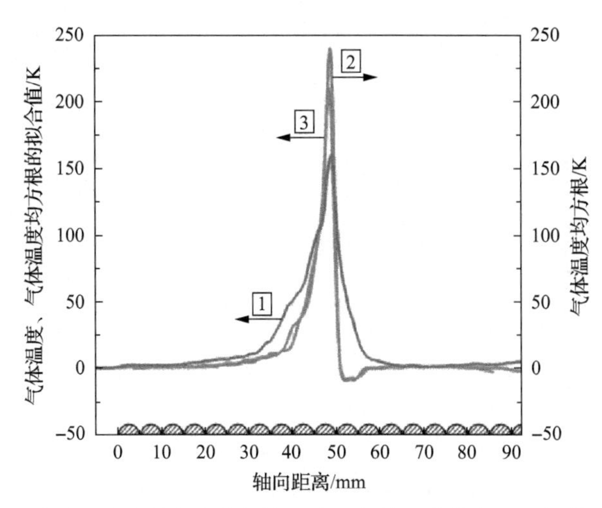

图 5-15　三维随机小球填充床内气体温度、气体温度均方根及气体温度均方根的拟合值(φ=0.8，u_g=0.14m/s，t=792s)

1. 气体温度；2. 气体温度均方根；3. 气体温度均方根的拟合值

公式的最大值与预测值有较大的误差，这与本研究预测的结果相类似。5.6.3 节将进行随机小球填充床中的温度均方根的计算与分析。

尽管使用三维随机小球填充床模型预测的气体速度、温度在三维空间内分布是不均匀的，但是取横向截面的平均值后，如图 5-16 所示，气体温度平均值、固体温度平均值，组分和化学反应速度的平均值与体积平均法的结果类似。可以看出，与体积平均法比较，使用结构化几何模型预测的火焰厚度更宽，组分的质量分数的变化也不是平缓的。

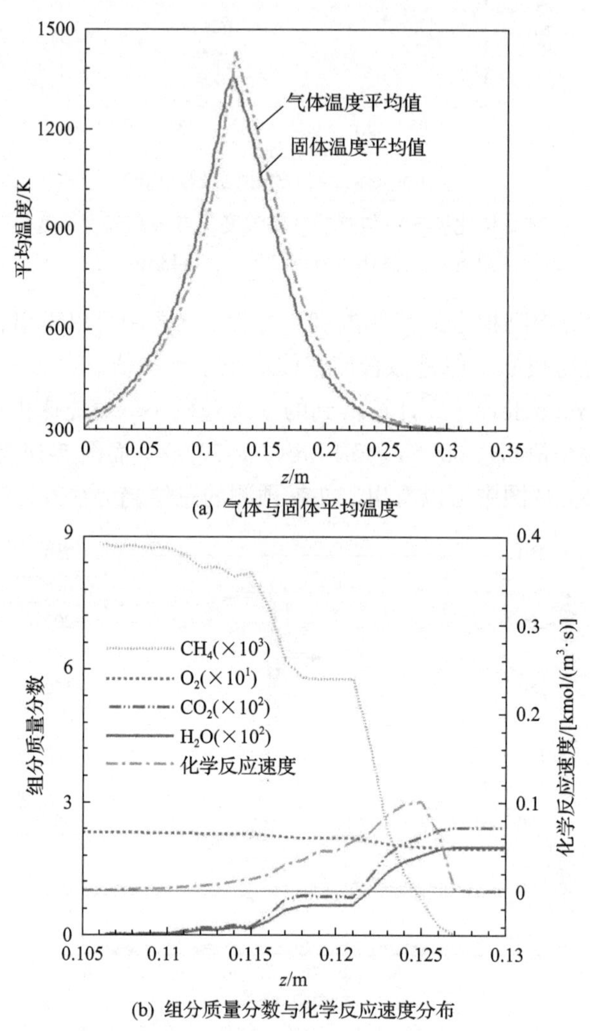

图 5-16 三维随机小球填充床内气体与固体平均温度(a)、组分质量分数与化学反应速度分布(b)（φ=0.15，u_g=0.43m/s，t=373s）

5.6　随机填充床内低速过滤燃烧非平衡特性研究

5.6.1　火焰区域组分、化学反应速度等的分布

图 5-17 是预测的三维随机小球填充床内的化学反应速度、反应热、气体速度、组分质量分数分布图。图 5-17(a)表明，火焰锋面是不规则的，化学反应速度的分布也是不均匀的，火焰锋面形状类似于锯齿形。这说明随机小球填充床的结构对火焰结构和化学反应速度有很大的影响。反应热[图 5-17(b)]的结构

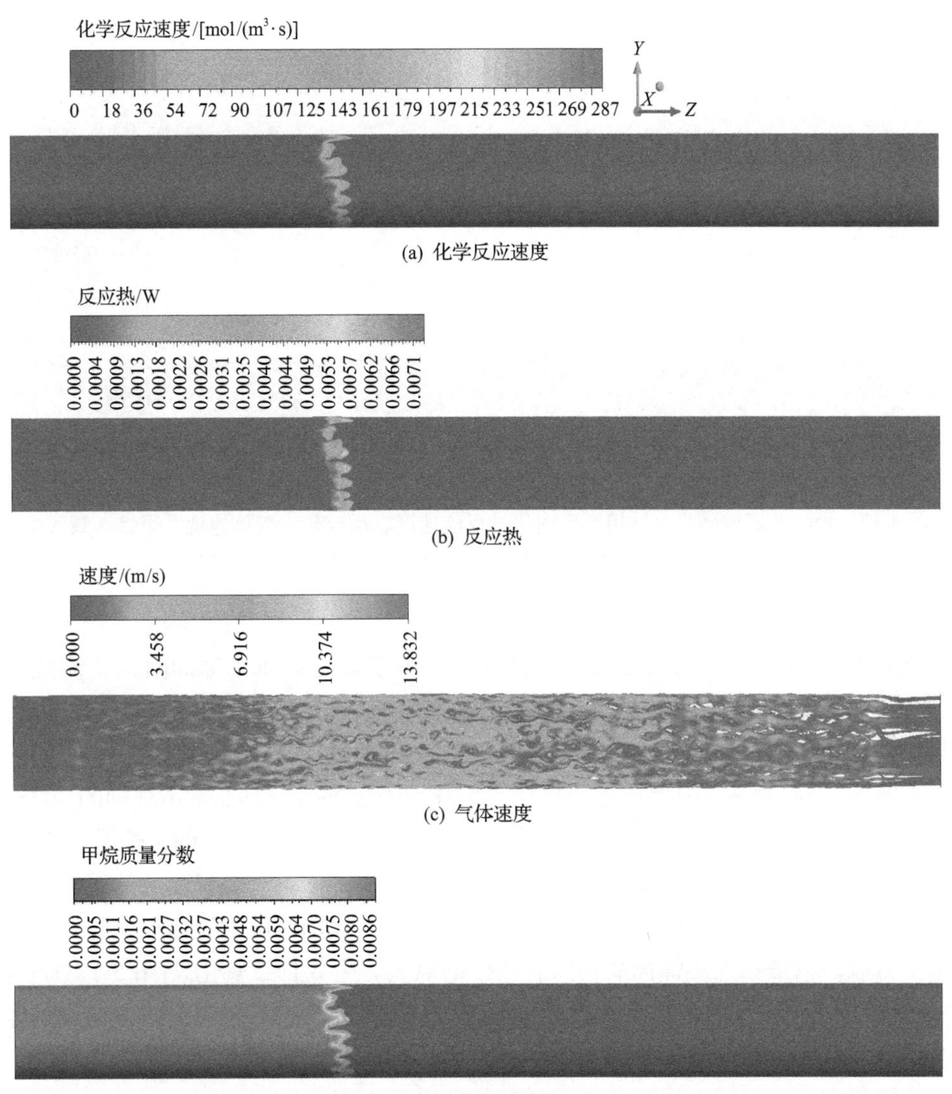

(a) 化学反应速度

(b) 反应热

(c) 气体速度

(d) 甲烷质量分数

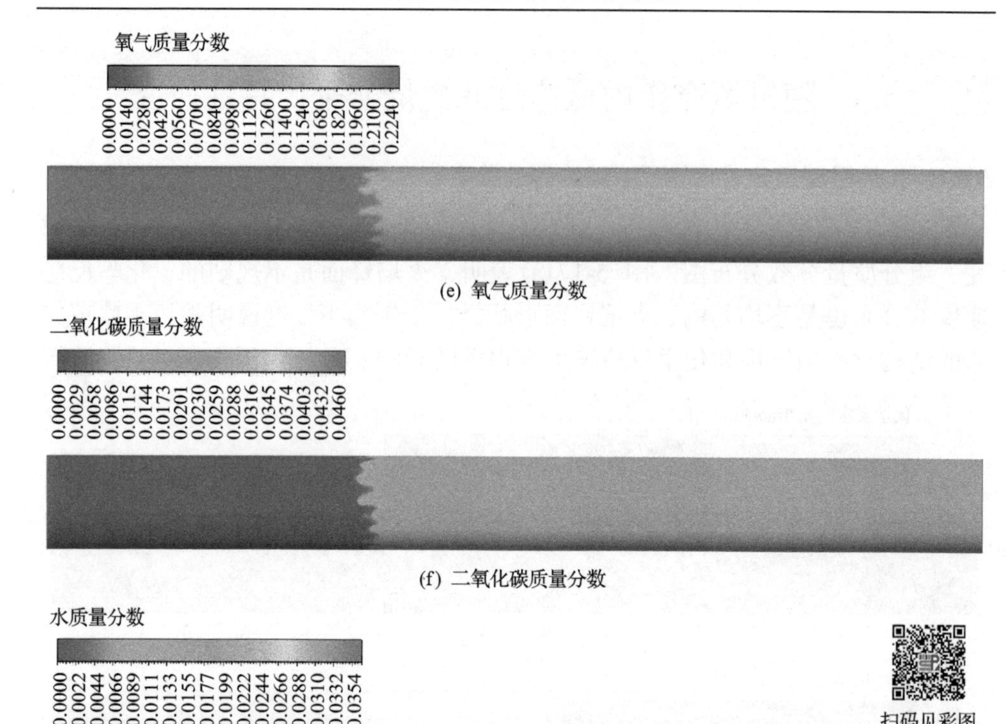

图 5-17　预测的三维随机小球填充床内化学反应速度、反应热、气体速度及甲烷、氧气、二氧化碳和水的质量分数分布（φ=0.15，u_g=0.43m/s，t=373s）

形态和大小与化学反应速度的分布基本类似，呈现出不规则的结构。图 5-17(c)是气体在燃烧器内的流线分布。可以看出，由于多孔介质小球的阻挡，流线几乎在不断变化。同样可以观测到局部的高速区域，这主要是由当地孔隙结构引起的。

图 5-17(d)表明，甲烷质量分数在火焰锋面附近的分布是非常不规则的，类似于锯齿形。甲烷在很短的距离内消耗掉。本图模拟当量比为 0.15 的甲烷/空气贫燃料，采用单步总包化学反应机理计算化学反应速度，预测火焰锋面后的甲烷基本上全部消耗掉。而图 5-17(e)表明，氧气质量分数在火焰锋面附近的形状与甲烷的完全相似，只是在火焰锋面后仍然有剩余的氧气。生成物二氧化碳[图 5-17(f)]与水[图 5-17(g)]的质量分数在火焰锋面附近的分布非常类似。可以看出，在火焰锋面之前，就有少量的二氧化碳与水生成，随后在火焰区域内迅速生成了大量的二氧化碳和水，火焰锋面后二者的质量分数几乎不再变化。

5.6.2　孔隙尺度随机填充床热回流机制

图 5-17 表明，当量比仅为 0.15 的甲烷/空气混合物可以在 5.6mm 的小球填充床内稳定燃烧。而在自由空间中，甲烷/空气稳定燃烧所需的最小当量比约为 0.5[19]，这表明低速过滤燃烧可实现稀薄气体的超绝热燃烧。目前，研究者开展了大量的超绝热燃烧机理的研究，主要是基于体积平均法研究超绝热燃烧，目前揭示出的超绝热机理包括：热波与燃烧波的叠加[1]，多孔介质固体的导热与辐射等[13]。但基于体积平均法的理论分析，假设多孔介质是光学厚介质，多采用 Rosseland 等假设计算多孔介质固体的辐射传热，没有详细分析火焰区域的多孔介质结构的影响。本研究采用了孔隙方案，将全部小球直径缩小为 99%，没有考虑小球之间的导热，下面详细分析小球表面的辐射热分布，从孔隙尺度揭示热回流机制。

图 5-17 表明，在小球孔隙内较短的距离内，剧烈的化学反应放出大量的热量，因此热量需要重新分配。图 5-18(a)表明，在火焰面附近，小球通过对流换

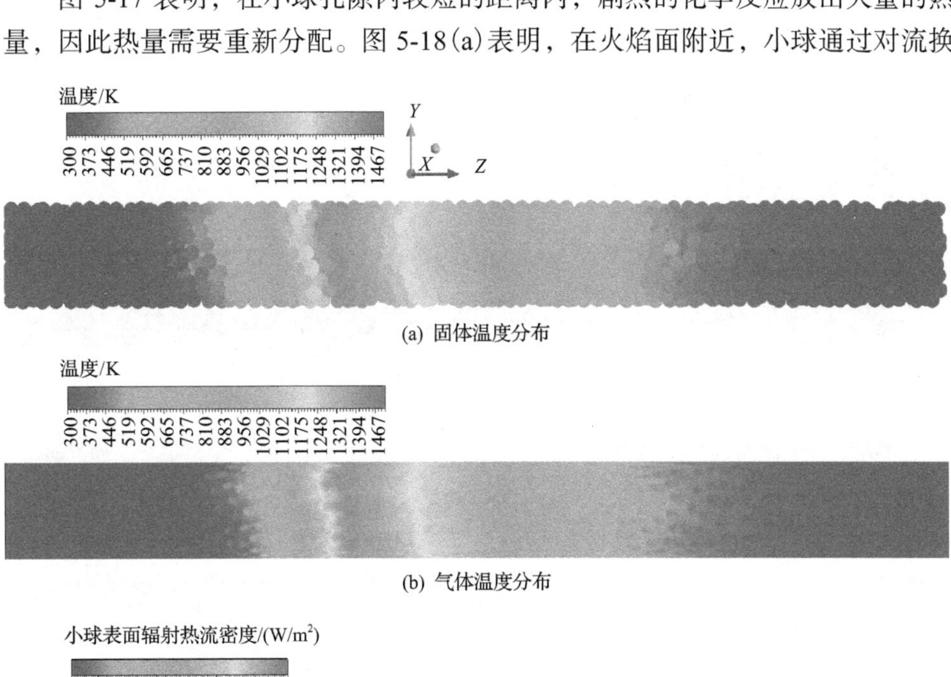

(a) 固体温度分布

(b) 气体温度分布

(c) 辐射热流密度

(d) 高温区域辐射热流密度

小球表面热流密度/(W/m²)

−105404.0000 −92627.8203 −79851.6406 −67075.4531 −54299.2734 −41523.0938 −28746.9141 −15970.7344 −3194.5469 9581.6328 22357.8125 35134.0000 47910.1719 60686.3594 73462.5313 86238.7188 99014.9063

(e) 小球表面热流密度

小球表面换热系数/[W/(m²·K)]

−132.1460 −116.1279 −100.1099 −84.0918 −68.0738 −52.0557 −36.0376 −20.0196 −4.0015 12.0165 28.0346 44.0527 60.0707 76.0888 92.1068 108.1249 124.1429

(f) 小球表面换热系数

小球表面努塞特数

−4040.5200 −3575.8176 −3111.1152 −2646.4128 −2181.7104 −1717.0081 −1252.3057 −787.6033 −322.9009 141.8018 606.5039 1071.2065 1535.9087 2000.6113 2465.3135 2930.0161 3394.7183

扫码见彩图

(g) 小球表面努塞特数

图 5-18　三维随机小球填充床内的固体温度、气体温度、辐射热流密度、小球表面热流密度、小球表面换热系数与小球表面努塞特数分布（φ=0.15，u_g=0.43m/s，t=373s）

热被加热，在火焰锋面附近固体温度值最大，温度的分布是不规则的。图 5-18(b)显示的是气体温度。从图中可以看出，在整个燃烧器内存在着类似于“热斑”

的球状区域，在该区域内温度变化相对较小，这是固体区域的温度分布图。由于固体热容大，蓄热效果明显而导热系数较大，因此其内部温度变化小。从图中可以明显看出，在火焰锋面的上游，固体温度大于气体温度，气体通过两相间的对流换热得到预热，气体温度沿着气流方向不断升高，直到气体达到火焰锋面附近。而在火焰锋面后的一段距离内，可以看出气体温度高于固体温度，但是温差相差不大，随后气体与固体之间有明显的温差。

图 5-18(c)是小球表面的辐射热流密度。氧化铝小球是非透明介质，辐射无法穿透固体内部，其内部不存在辐射热传递过程。如前所述，辐射热流量正值表示放热(离开小球表面)，负值表示吸热。为了清晰起见，图 5-18(d)是高温区域放大图。辐射热流密度的分布非常有趣。以火焰锋面为分界线，火焰锋面附近辐射热流量达到最大，辐射热流密度分别向上游和下游传递，而且可以看出明显的辐射热流密度在相邻小球之间逐层传递。即同一小球表面沿着气流方向分为两部分，如火焰锋面上游的小球，其右侧吸收辐射热流量，而左侧小球明显放出辐射热流量。这是由于辐射无法穿透小球，但辐射传热以独特的方式向着上游和下游传播。需要说明的是，为了网格划分上的方便，全部小球直径缩小为名义直径的 99%，小球之间没有接触，球-球之间不存在导热，而辐射传热是球-球之间唯一的传热方式。

图 5-18(e)是小球表面的热流密度，包括辐射热流密度与气固之间的对流热流换热。在火焰锋面附近，辐射热流密度与总的热流密度的分布很相似，说明在高温区域，辐射换热占主导地位。图 5-18(f)表明，以火焰锋面为分界线，上游表面换热系数为正，而下游为负，说明火焰上游固体放热，而下游固体吸收热量。小球表面的努塞特数[图 5-18(g)]与表面的热流量是对应的。小球表面的努塞特数是表征小球对流换热的无量纲数。从图 5-18(g)可以看出，在火焰锋面的上游努塞特数为正，而下游努塞特数为负数。

5.6.3　三维随机小球填充床内气体温度、速度的非平衡特性

图 5-19 是三维随机小球填充床模型预测的轴向速度平均值($\overline{w}$)与均方根(w_{RMS})以及二者的比值($w_{\mathrm{RMS}}/\overline{w}$)($\varphi$=0.15，$u_g$=0.43m/s，$t$=373s)。图中表明，轴向速度平均值($\overline{w}$)与均方根($w_{\mathrm{RMS}}$)沿着轴向分布是振荡的，分布整体上类似于体积平均法预测的速度的波形结构，$\overline{w}$与w_{RMS}分布曲线非常相似，二者沿着气流方向不断增大，在火焰区域附近达到最大值，随后振荡减小。图 5-19(b)表明，二者的比值分布也是振荡的，$w_{\mathrm{RMS}}/\overline{w}$的平均值为 0.62，即$w_{\mathrm{RMS}}=0.62\overline{w}$。

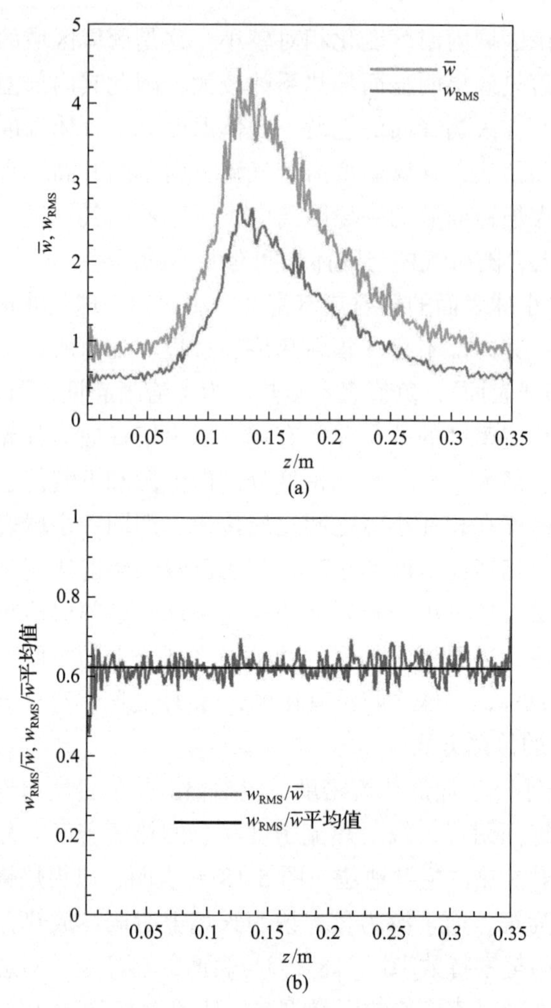

图 5-19　三维随机小球填充床预测的轴向速度平均值与均方根(a)以及二者的比值(b)
（φ=0.15，u_g=0.43m/s，t=373s）

图 5-20 是气体平均温度均方根、温度梯度以及拟合的气体平均温度均方根。图 5-20(a)是气体平均温度均方根、平均温度梯度。由图可见，二者分布非常相似。其中气体平均温度均方根分布存在两个峰值。从燃烧器入口附近开始，其值不断增大，直到在火焰锋面达到最大值，随后其值不断降低。这说明在填充床内当地气体温度偏离平均温度的程度不断变化，而在火焰锋面附近偏离程度达到最大。在火焰锋面附近存在最大值，其最大值达到 120K。根据式(5-28)，得到下式：

$$T_{g,RMS} \approx 0.5d\frac{u}{w_{RMS}}\frac{\partial T_g}{\partial z} \tag{5-34}$$

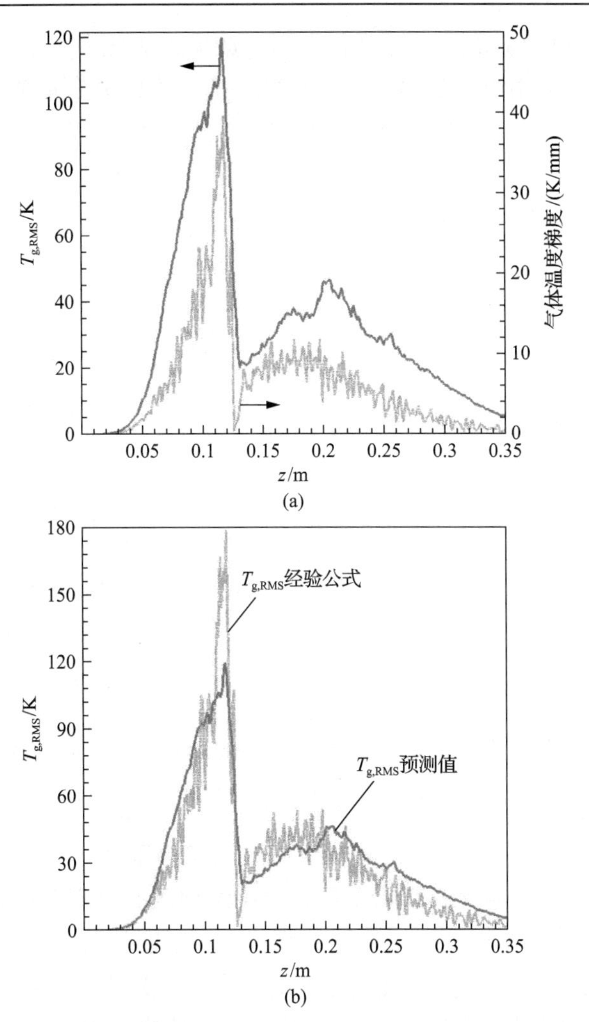

图 5-20　三维随机小球填充床预测的气体温度均方根和气体温度梯度(a)及拟合的气体温度均方根(b)（φ=0.15，u_g=0.43m/s，t=373s）

对气体温度均方根进行拟合，得到图 5-20(b)所示的拟合曲线。从图中可以看出，拟合的曲线与计算值总体趋势吻合非常好，但在火焰锋面附近存在着较大的误差。拟合的曲线的 $T_{g,RMS}$ 最大值达到180K，而计算的最大值为120K。拟合的目的在于理解填充床内温度分布的非平衡性，同时为体积平均法的改进提供理论依据。

图 5-21 是预测的火焰锋面处组分质量分数及化学反应速度分布。这里指变量在横截面上的平均值。从图中看出，甲烷质量分数变化的区域大约是 0.11～0.13m，约 20mm 的宽度，这与体积平均法的预测值有较大的差异。氧气质量分

数分布与甲烷质量分数的分布相类似，而生成物二氧化碳和水，在 z=0.11m 处可见，在 z=0.13m 附近达到最大值。化学反应速度的分布类似于波形分布，存在一个峰值。可以看出，化学反应速度分布在很宽的范围内，而体积平均法预测的火焰厚度较小。如前所述，经典的层流火焰厚度不大于 1mm，这是低速过滤燃烧与自由空间燃烧的显著差异。

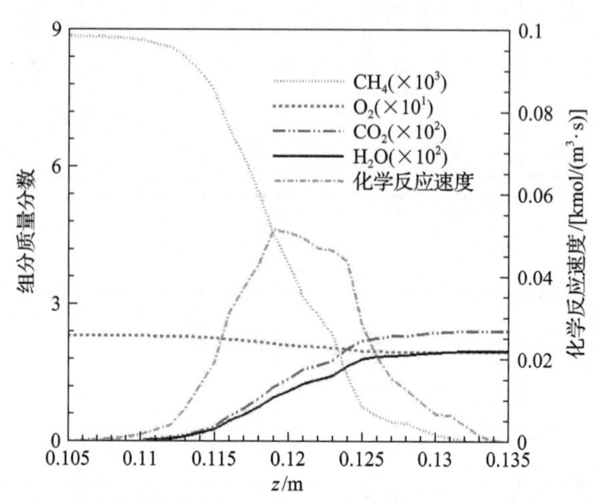

图 5-21　火焰锋面处组分质量分数及化学反应速度（φ=0.15，u_g=0.43m/s，t=373s）

从体积平均值预测的结果可以看出，预测的变量被“平均”，无法预测孔隙内和空间内的变化。同时体积平均法预测的火焰厚度远小于孔隙尺度预测的火焰厚度。Bedoya 等[11]的研究表明，体积平均法预测的稳定于填充床内的火焰厚度也远小于实验值。体积平均法计算的化学反应速度是基于被“平均”，这与孔隙尺度有显著的差异，且化学反应速度随温度变化是指数函数的关系，因此体积平均法计算的化学反应速度与真实的化学反应速度有很大的差距。

对于工程应用来说，体积平均法模拟所需的计算成本和计算资源很小，计算非常便捷方便，而计算的误差也可接受。如果体积平均法能够考虑气体温度的空间变化，基于温度梯度对空间变化的温度进行修正，则体积平均法预测的精度将大幅度提高。修正的化学反应速度可以考虑下式：

$$\dot{\omega}_{\rm i}=\int_{-\infty}^{+\infty}\mu\dot{\omega}_i(T_{\rm g})\cdot p(T_{\rm g})\cdot {\rm d}T \tag{5-35}$$

式中，$p(T_{\rm g})$ 的取值位于 $T_{\rm g}$ 与 $T_{\rm g}+{\rm d}T$ 之间；μ 为均一化因子。基于上式计算的化学反应速度的精度将得到提高。

为了进一步研究流动的非平衡特性，在燃烧器内平行于气流方向(z)取出五条线段，研究五条线段上的速度分布。z 的取值为多孔介质存在的区域，为了分析上的方便，0mm≤z≤350mm。如图 5-22 所示，五条线段分别是线段 1(x= –19mm, y=0mm)、线段 2(x=0mm, y=0mm)、线段 3(x=19mm, y=0mm)、线段 4(x=0mm, y=19mm)和线段 5(x=0mm, y= –19mm)。

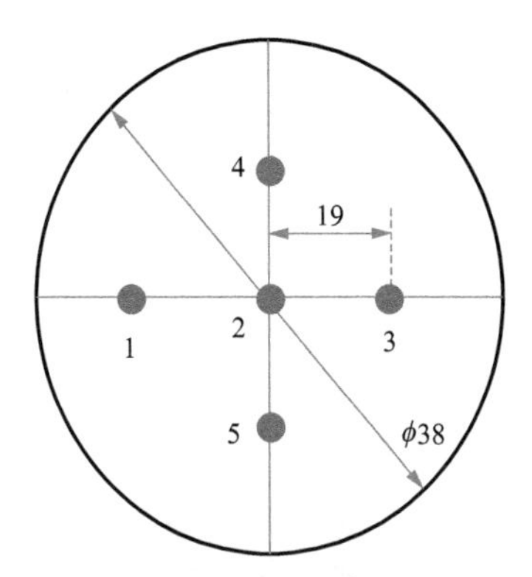

图 5-22　五条线段几何位置示意图(mm)

图 5-23 是五条线段上的气体速度分布。为了方便分析轴向速度相对于入口速度的变化，图中同时标出了平均速度和归一化速度，平均速度的含义与前文相同。线段上的归一化速度定义为 $w/(w_0/\varepsilon)$，其中 w 是当地轴向速度，w_0、ε 分别是燃烧器轴向入口速度(表观速度)和孔隙率，因此 w_0/ε 表征冷态条件下填充床内的真实速度，而归一化速度 $w/(w_0/\varepsilon)$ 的含义是热态时当地气体速度相对于冷态速度的变化。如图 5-23 所示，归一化速度变化非常剧烈，其值分布非常分散。归一化速度为零，表示的是小球表面的速度。总体而言，归一化速度的

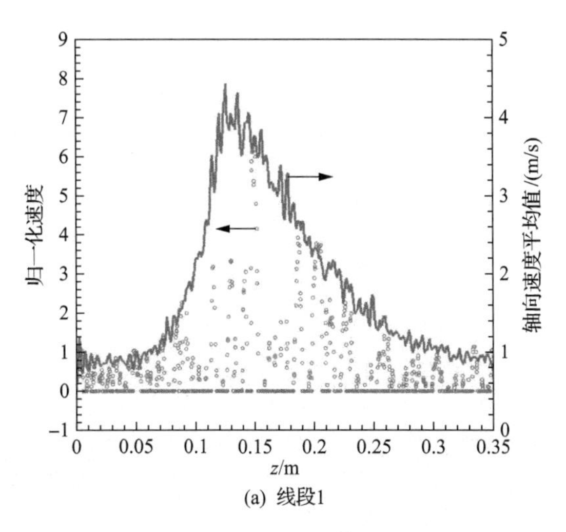

(a) 线段1

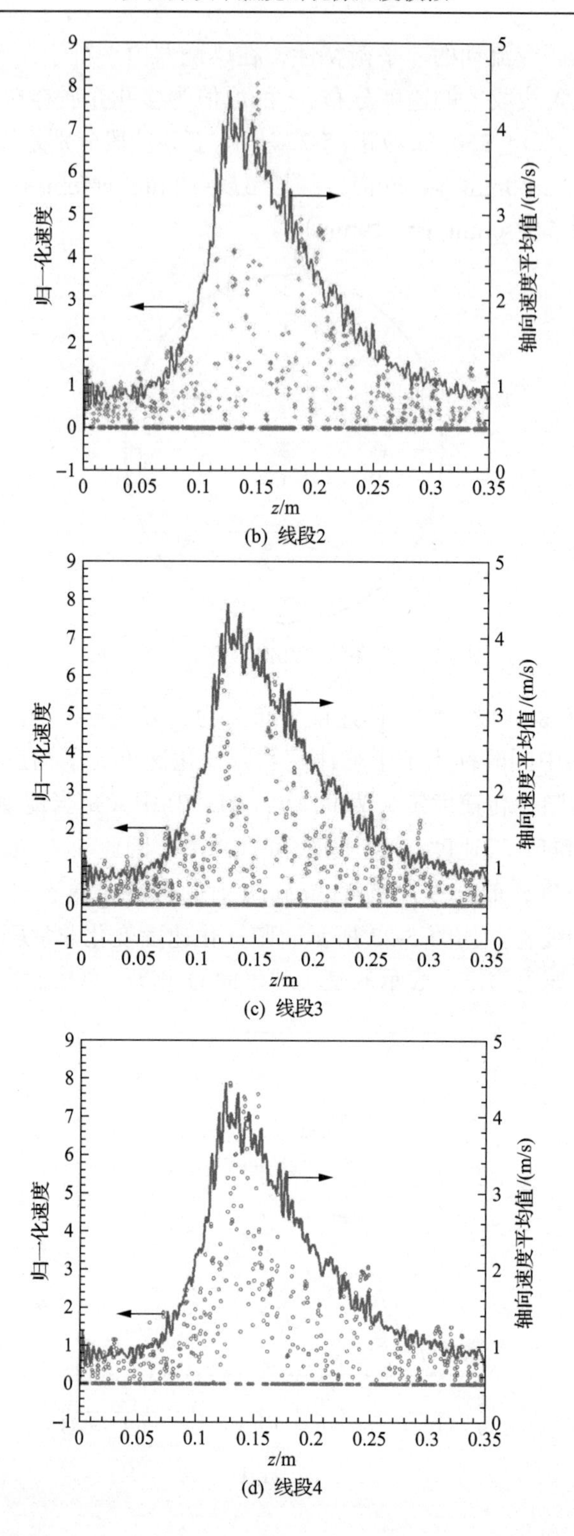

(b) 线段2

(c) 线段3

(d) 线段4

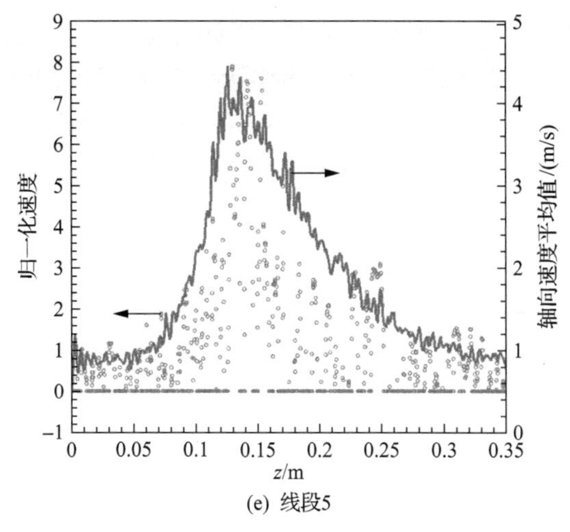

(e) 线段5

图 5-23　五条线段上的归一化速度、轴向速度平均值分布
（φ=0.15，u_g=0.43m/s，t=373s）

变化趋势与平均速度的变化趋势是一致的。归一化速度在火焰附近达到最大，而在火焰的两侧的区域内，其值降低。总体而言，这些值非常分散，即使是相邻的坐标点，其值变化幅度非常大。这主要是由于填充床是随机的。流体的流动受到填充床结构的影响，填充床是随机的，因此其速度变化随空间位置具有随机的特征。在火焰区域，由于化学反应导致放热，气体迅速膨胀，因此流体总体上是加速的。需要指出的是，本研究采用的是层流模型，虽然也预测到了气体的回流，但是气体回流的影响并不大。

5.6.4　三种模型计算时间对比分析

总体而言，非稳态过滤燃烧的模拟需要的计算资源和计算成本很大程度上取决于网格数量、所选取的化学反应机理等。对于孔隙尺度的模拟，必须考虑计算成本与计算精度之间的关系。本研究选用了三种几何模型，采用了相同的化学反应机理，对非稳态进行数值模拟，因此非常有必要分析计算成本，为研究者选取模型提供参考。

本研究计算的结果在一台工作站上进行，配置为 Window10 系统，256GB 内存，处理器为 Inter（R）Xeon（R）Gold 5118CPU，主频为 2.30GHz、2.29GHz（两个中央处理器），采用 Ansys Fluent19.2 版本，并行计算启动了 12 个处理器。

需要指出的是，严格意义上的计算成本和计算时间的分析，应该基于 CPU 时间。本研究还不具备统计 CPU 时间的条件，只能按照计算相同的流动时间作为衡量计算成本分析的依据。如表 5-1 所示，计算的工况是 φ =0.15，u_g=0.43m/s，时间步长设定为 0.1s。使用三种几何模型计算流动时间 20min 所用时间为：一维体积平均法耗时 6min、三维结构化填充床耗时 150min，三维随机小球填充床耗时 1350min。因此可以看出，使用三种模型计算所需的时间不是一个数量级。使用三维结构化、随机模型需要的计算时间，分别是使用一维体积平均法模型所需时间的 25 倍与 225 倍，因此使用三维建模进行模拟所需的计算时间可能会成百倍增加。

表 5-1　使用三种几何模型的计算时间统计

模型	计算域维数	网格类型/网格数	计算流动 20min 所用时间/min
一维体积平均法	长×宽=350mm×1mm	正方形网格/700	6
三维结构化填充床	长(z)×宽(y)×高(x)= 2.8mm×2.8mm×388.3784mm； 73 个四分之一小球	六面体网格/61 万	150
三维随机小球填充床	ϕ38mm 圆柱，填充床长度 354.7224mm，总长 393.9224mm；2282 个小球	六面体网格/370 万	1350

注：计算的工况：φ=0.15，u_g=0.43m/s，时间步长 0.1s。

5.7　本章小结

本章通过建立三种几何模型，即一维体积平均法模型、三维结构化填充床模型与三维随机小球填充床模型，采用单步总包反应机理，研究了低速过滤燃烧的非平衡特性，主要结论如下：

(1)结构化孔隙尺度可用来替代随机小球填充床开展低速过滤燃烧非平衡特性的研究。两种孔隙尺度模拟的流动非平衡、热非平衡具有相似性。

(2)体积平均法预测的火焰宽度明显小于孔隙尺度的模拟结果。

(3)孔隙尺度下得出的流动与热非平衡特性，可用来改进体积平均法“被平均”的气体流速与温度，以改进体积平均法在预测火焰厚度等方面的不足，但是目前还没有研究者开展该方面的研究工作。

(4)在同一台计算机上分别使用三种模型，对同一算例的计算表明，使用三维结构化填充床模型、三维随机小球填充床模型需要的计算时间，分别是使用一维体积平均法模型所需时间的 25 倍与 225 倍，因此使用三维建模进行模拟所需的计算时间可能会成百倍增加。因此，数值模拟要根据计算资源、计算时间与认知需求，选择合适的模型。从宏观尺度认识低速过滤燃烧，一维体积平均法是理想的选择。三维孔隙尺度模拟所需计算时间成百倍增加。

参考文献

[1] Zhdanok S, Kennedy L A, Koester G. Superadiabatic combustion of methane air mixtures under filtration in a packed bed[J]. Combustion and Flame, 1995, 100(1-2): 221-231.

[2] Dixon A G, Nijemeisland M, Sitt E H. Systematic mesh development for 3D simulation of fixed beds: Contact point study[J]. Computers and Chemical Engineering, 2013, 48: 135-153.

[3] Wakao N, Kaguei S. Heat and Mass Transfer in Packed Beds[M]. New York: Gordon and Breach Science Publishers, 1982.

[4] Ansys Fluent Theory Guide[Z]. Release 15.0, ANSYS Inc. Canonsburg, 2016.

[5] Dobrego K V, Gnesdilov N N, Lee S H, et al. Lean combustibility limit of methane in reciprocal flow filtration combustion reactor[J]. International Journal of Heat and Mass Transfer, 2008, 51(9-10): 2190-2198.

[6] Yao Z X, Saveliev A V. High efficiency high temperature heat extraction from porous media reciprocal flow burner: Time-averaged model[J]. Applied Thermal Engineering, 2018, 143: 614-620.

[7] Henneke M R, Ellzey J L. Modeling of filtration combustion in a packed bed[J]. Combustion and Flame, 1999, 117(4): 832-840.

[8] Munro M. Evaluated material properties for a sintered alpha-alumina[J]. Journal of the American Ceramic Society, 2010, 80(8): 1919-1928.

[9] Klert A D. Voidage variation in packed beds at small column to particle diameter ratio[J]. Aiche Journal, 2003, 49(8): 2022-2029.

[10] Yakovlev I, Zambalov S. Three-dimensional pore-scale numerical simulation of methane-air combustion in inert porous media under the conditions of upstream and downstream combustion wave propagation through the media[J]. Combustion and Flame, 2019, 209: 74-98.

[11] Bedoya C, Dinkov I, Habisreuther P, et al. Experimental study, 1D volume-averaged calculations and 3D direct pore level simulations of the flame stabilization in porous inert media at elevated pressure[J]. Combustion and Flame, 2015, 162(10): 3740-3754.

[12] Shi J R, Xie M Z, Li G, et al. Approximate solutions of lean premixed combustion in porous media with reciprocating flow[J]. International Journal of Heat and Mass Transfer, 2009, 52(3-4): 702-708.

[13] 史俊瑞. 多孔介质中预混气体超绝热燃烧机理及其火焰特性的研究[D]. 大连: 大连理工大学, 2007.

[14] Oliveira M, Kaviany M. Nonequilibrium in the transport of heat and mass reactants in combustion in porous media[J]. Progress in Energy and Combustion Science, 2001, 27(5): 523-545.

[15] Jiang L S, Liu H S, Xie M Z. Pore-scale simulation of vortex characteristics in randomly packed beds using LES/RANS models[J]. Chemical Engineering Science, 2018, 177: 431-444.

[16] Jiang L S, Liu H S, Suo S Y, et al. Pore-scale simulation of flow and turbulence characteristics in three-dimensional randomly packed beds[J]. Powder Technology, 2018, 338: 197-210.

[17] Jiang L S, Liu H S, Wu D, et al. Pore-scale simulation of hydrogen-air premixed combustion process in randomly packed beds[J]. Energy and Fuels, 2017, 31(11): 12791-12803.

[18] Jiang L S, Liu H S, Suo S Y, et al. Simulation of propane-air premixed combustion process in randomly packed beds[J]. Applied Thermal Engineering, 2018, 141: 153-163.

[19] Turns S R. An Introduction to Combustion. Concepts and Applications[M]. New York: Mcgraw-Hill Companies, 2000.

[20] Takeno T, Sato K. An excess enthalpy flame theory[J]. Combustion Science and Technology, 1979, 20(1-2): 73-84.

第 6 章　高压湍流过滤燃烧火焰特性的孔隙尺度研究

6.1　引　　言

本书第 2～5 章涉及的数值模拟，均假设气体在多孔介质中的流动是层流，且不考虑快速化学反应热释放所诱发的湍流对燃烧的影响。然而，现有的实验结果表明，当 $5 \leqslant Re \leqslant 80$ 时，压力梯度和速度之间呈非线性关系，这时对流项的作用变得很突出；$Re \geqslant 120$ 时，湍流效应已十分显著[1,2]。以颗粒堆积床为例，Jolls 和 Hanratty[3]观测到，临界雷诺数在 110～150 之间，超出该临界值后流动将向湍流转捩。更多关于这方面的内容，有兴趣的读者可参看文献[4]。然而，对于一些特殊的应用领域，如清洁燃烧航空发动机，多孔介质内气体混合物的流速很高，基于颗粒直径表征的雷诺数明显大于临界雷诺数，此时基质内的流动明显属于湍流。对这种高速过滤燃烧而言，湍流对燃烧的影响已经是不可回避的课题。

与自由火焰相似，多孔介质内气体的流动和燃烧之间存在强烈的耦合作用。特别地，对于快速化学反应，气体的流动特性甚至对燃烧过程起主导作用。Dobrego 等[5-7]在对过滤燃烧从低速模态到高速模态的转捩过程的研究中发现，应用层流燃烧理论不能满意地描述这一过程，而需求助于湍流火焰理论。进一步分析发现，过滤燃烧的火焰主要位于波纹小火焰区或分布反应区。类似地，Okuyama[8]的实验研究表明，多孔介质内的火焰传播模式取决于流动模式，在高压情形下，填充床中的湍流预混燃烧与自由空间湍流预混燃烧存在着相似性，给出了火焰传播速度的经验关联式。通过对火焰区内相关物性参数的估算，他认为高压情形下的湍流过滤火焰处于褶皱火焰区或波纹状火焰区。

与实验研究给出的相对宏观的结论相比，孔隙尺度数值模拟为认识多孔介质内的流动和燃烧细节提供了可能。Lim 和 Matthews[9]基于孔隙大小约束最大湍流涡旋事实，提出了预混气体在多孔介质内的单方程 k-ε 湍流燃烧模型。Lim 和 Matthews 指出，湍流的主要作用是强化热的输运过程。数值研究结果表明，输运特性的提高导致了更宽的火焰区域，降低了气体温度，提高了燃烧速率，减少了 NO_x 排放，改善了 CO 排放。通过与 Chaffin[10]的实验比较，他们确认使用湍流预混燃烧模型比层流预混燃烧模型对中间产物的预测更准确。Lemos[11,12]将双解耦概念应用到预混燃烧中，产生了一些未知的高阶关联式，这些关联式必须借助于一些假设获得封闭解。Yarahmadi 等[13]对多孔介质中层流和湍流预混燃烧进行了对比研究，得到了与 Lim 和 Matthews 相同的结论[9]。最近，Jiang 等[14]对随机填充床内氢气/空气预混燃烧过程进行了数值模拟。结果表明，湍流火焰区的分布机制随时间而变化。在点火过程中存在着两个湍流火焰区，即波纹火焰区和薄反应区，并且主要分布在薄反应区。

上述研究者出色的工作极大地丰富了我们对湍流过滤燃烧的认识。然而，由于湍流与化学反应相互作用的复杂性，相比层流过滤燃烧，我们对多孔介质中湍流预混燃烧知之甚少，特别是对高压情况下湍流预混燃烧的认识还非常有限。鉴于此，本章主要介绍在高背压下，压力脉动、速度和温度的空间非均匀性、火焰面的演变等特性，选取压力为 1.0MPa 和 0.5MPa，入口表观速度为 0.5m/s，当量比为 1。

6.2 湍流模型验证

为了验证湍流模型，首先计算空气流过错列圆柱伪填充床。

6.2.1 几何表征

为节省计算成本，仅将文献[8]中伪填充床的一部分作为计算域(图 6-1)。多孔介质区域长度为 165mm，其内填充直径为 10mm 的圆柱体，分别向燃烧器的上游和下游延拓 25mm 和 15mm 的自由空间，以消除出口边界的影响。在多孔介质区域，孔隙率为 0.36。

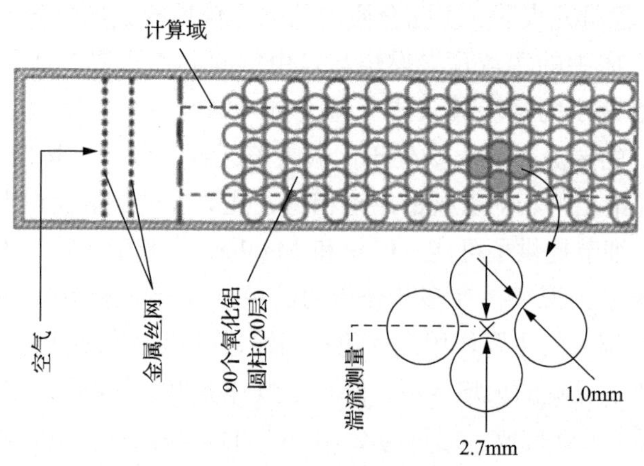

图 6-1 多孔介质燃烧器示意图[8]

6.2.2　流动控制方程

为了避免过多的计算资源消耗，复合湍流模型分离涡模拟(detached eddy simulation, DES)成为孔隙尺度求解的有效方法。DES 方法集 RANS 方法在边界层内成熟的处理方式及远离边界束缚区 LES 方法出色的表现于一身，对模拟多孔介质内的湍流流动具有先天优势。鉴于此，本章涉及的湍流拟采用 DES 方法描述，相关的数理方程如下。

理想气体状态方程：

$$p = \rho_{\mathrm{g}} R T_{\mathrm{g}} / W \tag{6-1}$$

质量守恒方程：

$$\frac{\partial \rho}{\partial t} + \frac{\partial}{\partial x_i}\left(\rho \bar{u}_i\right) = 0 \tag{6-2}$$

动量守恒方程：

$$\frac{\partial}{\partial t}\left(\rho \tilde{u}_i\right) + \frac{\partial}{\partial x_j}\left(\rho \tilde{u}_i \tilde{u}_j\right) = -\frac{\partial \tilde{p}}{\partial x_i} + \frac{\partial}{\partial x_j}\left[\mu\left(\frac{\partial \tilde{u}_i}{\partial x_j} + \frac{\partial \tilde{u}_j}{\partial x_i}\right) - \frac{2}{3}\mu \delta_{ij}\frac{\partial \tilde{u}_1}{\partial x_1}\right] - \frac{\partial \tau_{ij}}{\partial x_j} \tag{6-3}$$

式中，τ_{ij} 为雷诺应力或亚格子应力，根据 Boussinesq 假说，其与平均速度梯度的联系为

$$\tau_{ij} = \mu_{\mathrm{t}}\left(\frac{\partial u_i}{\partial x_j} + \frac{\partial u_j}{\partial x_i}\right) - \frac{2}{3}\left(\rho k + \mu_{\mathrm{t}}\frac{\partial u_k}{\partial x_k}\right) \tag{6-4}$$

式中，μ_{t} 为湍流黏度，在边界层内采用 SST k-ω 模型计算，在边界层外采用 Smagorinsky-Lilly 模型计算。对于二者所属区域的划分，采用辅助参数 $\tilde{d}$ 确定，即

$$\tilde{d} = d - f_{\mathrm{d}} \max\left(0, d - C_{\mathrm{des}} \Delta_{\max}\right) \tag{6-5}$$

式中，d 为网格距壁面最近的距离；$\Delta_{\max}$ 为最大网格尺寸；C_{des} 为经验常数；f_{d} 给定为

$$f_{\mathrm{d}} = 1 - \tanh\left(8 r_{\mathrm{d}}\right)^3 \tag{6-6}$$

式中，tanh(　)是双曲正切函数。在 LES 区域，f_{d} 取为 1；$r_{\mathrm{d}} \ll 1$ 的其他区域，f_{d} 取为 0。r_{d} 定义为

$$r_{\mathrm{d}}=\frac{\nu_{\mathrm{t}}+\nu}{\kappa^{2}d^{2}\sqrt{U_{i,j}U_{j,i}}} \tag{6-7}$$

式中，ν_t为运动涡漩黏度；ν为分子黏度；$U_{i,j}$为速度梯度；κ为 Kármán 常数。该模型的更多信息，可参见文献[15, 16]。

6.2.3 边界与初始条件

如图 6-2 所示，在燃烧器的入口和出口分别给定速度入口与压力出口边界条件。计算区域的四个面指定为对称边界条件。在小球壁面，指定为速度无滑移边界条件。为了加速收敛，首先应用稳态 SST k-ω 模型获得稳态解，然后利用二维涡旋方案获得非稳态解。利用该方式，给定平均速度一个扰动，然后开始非稳态的计算。

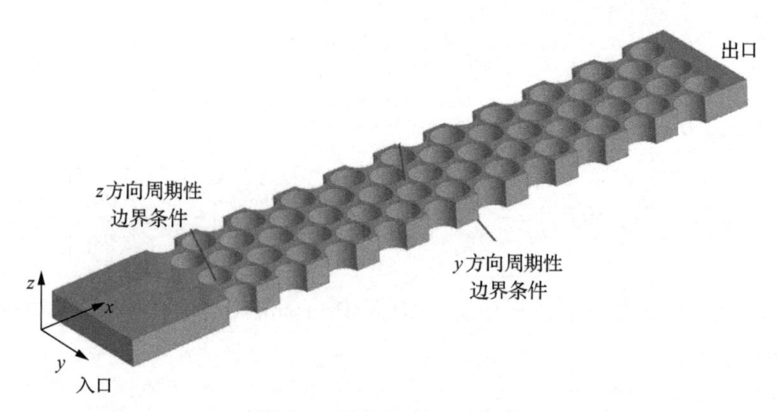

图 6-2 计算域与边界条件

6.2.4 求解与评估

为了进行网格无关化的检验，对计算区域准备了三套网格，主要差异在于不同的边界层层数，分别为 5 层、7 层和 10 层，而主流区域的网格尺寸相同，如图 6-3 所示。叉排管束在工业中很常见，对于压力降，可采用 Žukauskas[17]提出的经验公式计算。如表 6-1 所示，当边界层层数增加时，预测的压力降与经验公式吻合较好，增加边界层数可以获得更为精确的压力降。

实际上，如图 6-4 所示，当边界层数增加时，预测的湍流强度 U'/U_{loc} 在入口附近与实验值(文献[8]作者在给定点的测量值)偏离严重，特别是在多孔介质的入口段，该处的湍流未达到充分发展阶段。也就是说，当边界层数增加时，预测的湍流强度在入口段反而严重偏离实验值。与使用网格 2、网格 3 预测的结果相比，使用网格 1 预测的压力降较差，但是预测的湍流强度反而较好。综合考虑三种网格预测结果，网格 2 预测的压力损失相对误差小于 5%，并且在预测湍流强度时表现较好，因此选择网格 2 作为最终计算网格。

为了给三维计算提供参考依据，本章对 y^+值界层内第一层网格中心到壁面的无量纲法向距离的分布情况进行了研究，如图 6-5 所示，其中 y^+的定义为

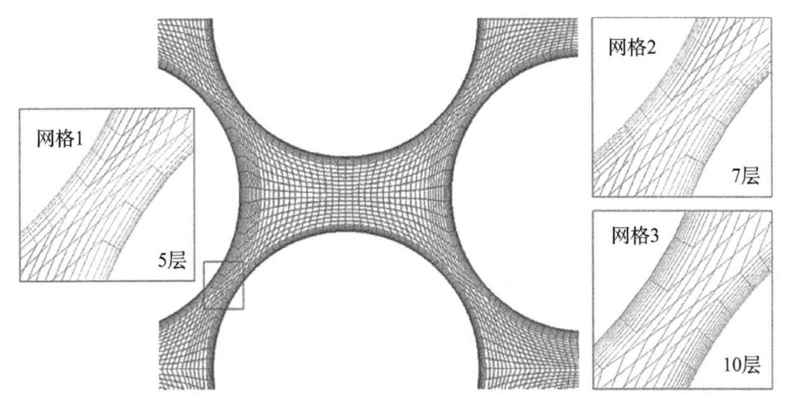

图 6-3　计算区域的三套网格图

表 6-1　预测值与利用 Žukauskas[17]经验公式计算的压力降

算例	压力、速度	经验公式计算值	网格 1 压力降	网格 1 相对误差/%	网格 2 压力降	网格 2 相对误差/%	网格 3 压力降	网格 3 相对误差/%
1	P=0.1MPa, V=0.6m/s	206Pa	193Pa	7.65	196Pa	4.85	200Pa	2.91
2	P=0.5MPa, V=0.6m/s	460Pa	440Pa	4.34	441Pa	4.13	448Pa	2.61
3	P=1.0MPa, V=0.3m/s	217Pa	201Pa	5.47	212Pa	2.34	213Pa	1.84

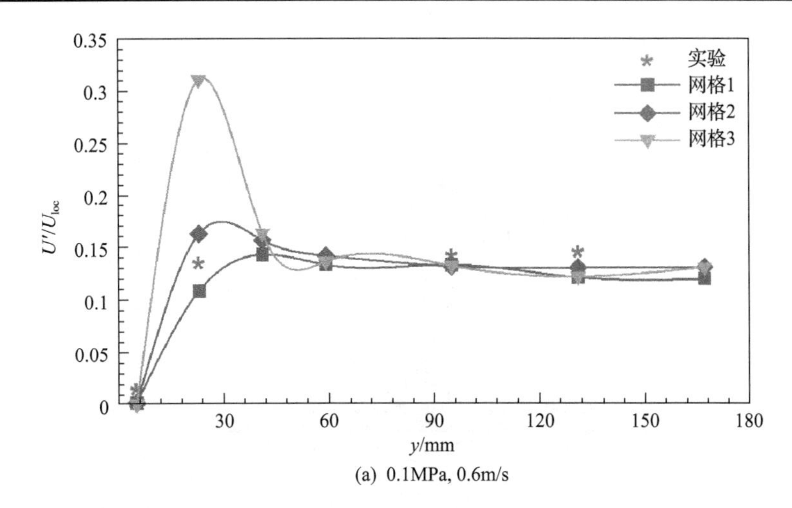

(a) 0.1MPa, 0.6m/s

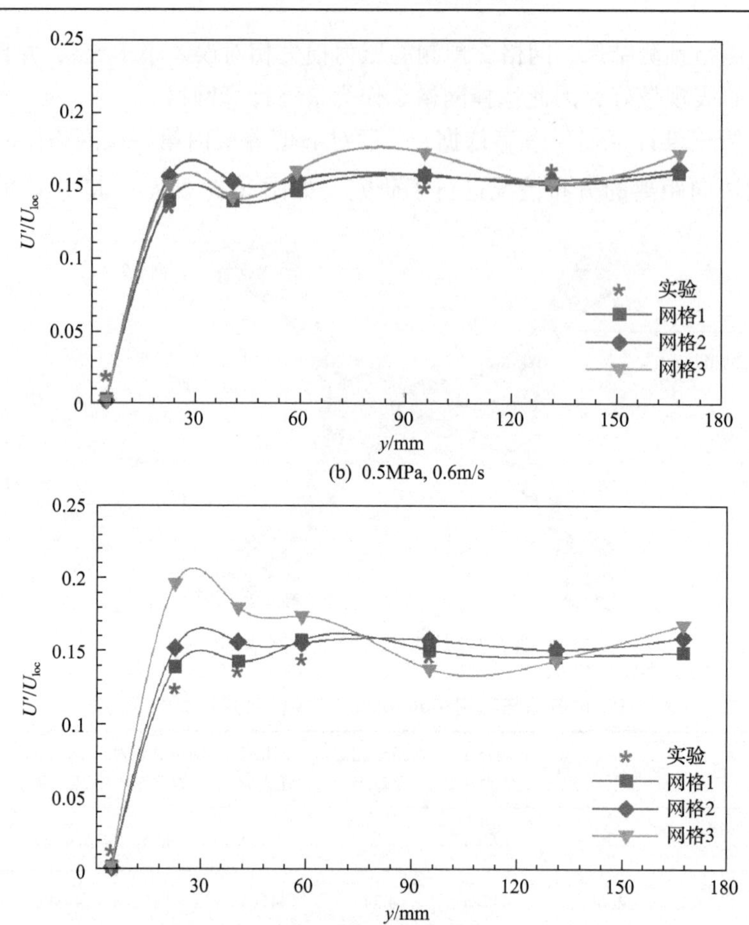

(b) 0.5MPa, 0.6m/s

(c) 1.0MPa, 0.6m/s

图 6-4　使用三种网格预测的湍流强度

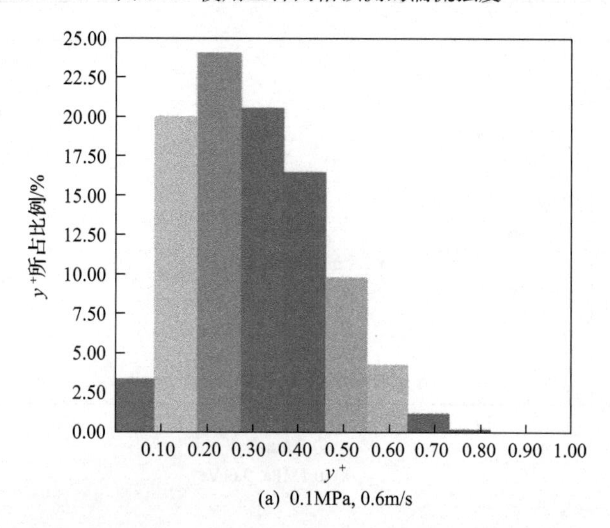

(a) 0.1MPa, 0.6m/s

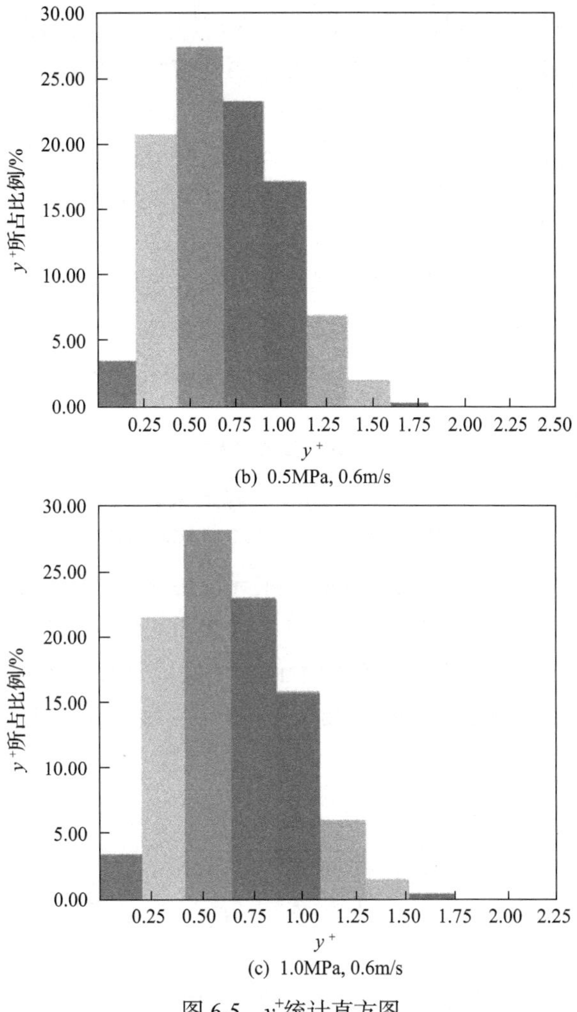

(b) 0.5MPa, 0.6m/s

(c) 1.0MPa, 0.6m/s

图 6-5　y^+统计直方图

$y^+ \equiv \rho u_\tau y / \nu$（$\rho$ 为密度；u_τ 为壁面前切速度；ν 为分子黏度；y 为边界层内第 1 层网格中心到壁面的距离）。从图中可以得出，为了保证计算精度，在 0.25～1.25 范围内 y^+值的分布比例至少大于 80%。

6.3　湍流过滤燃烧孔隙尺度研究

6.3.1　几何体重构

目前有很多方法来重构三维填充床的几何体，物理和数值方法是目前应用较多的两种方式。物理方法是基于力学原理进行建模，三维随机小球填充床的重构是在重力作用下的自然堆积过程，包括球体之间、球体与壁面之间的碰撞和压缩过程。而数值方法则不考虑这些因素，但是该模型考虑孔隙率、颗粒直径等。本研究采用颗粒流软件来进行建模，属于数值建模的方式。在建模时，初始的输入包括孔隙率 0.42，小球直径 10mm，这些信息与 Okuyama[8]的实验装置一致。计算收敛时，从软件中导出球心坐标信息，输入到网格划分软件 ICEM 中。为了避免球体之间，以及球体与燃烧器壁面点接触导致的网格畸变问题，这里采用重叠方案处理小球之间的接触，即将小球直径放大为 1.01 倍。重构的几何体见图 6-6。

图 6-6 随机小球填充床

6.3.2 燃烧控制方程

Okuyama 实验结果表明[8]，高速过滤燃烧在实验装置中火焰传播的时间仅为百毫秒量级，气体输运对火焰传播起着主导性的作用。因此，暂不考虑气固间的传热，即将小球壁面假设为绝热边界。同时，不考虑小球表面的辐射效应，故数学模型不包括固体能量守恒方程。此外，假设预混气体为理想气体，不考虑气体的散射。综上，在控制方程(6-1)～控制方程(6-6)的基础上，须补充以下控制方程。

气体能量守恒方程：

$$\frac{\partial}{\partial t}(\rho h)+\frac{\partial}{\partial x_i}(\rho u_i h)=\frac{\partial}{\partial x_l}\left(\frac{k+k_\mathrm{t}}{Cp}\frac{\partial h}{\partial x_\mathrm{l}}\right)+S_\mathrm{h,chem} \tag{6-8}$$

对于理想气体，焓值定义为 $h=\sum_j Y_j h_j$ ，其中 $h_j=\int_{T_\mathrm{ref}}^{T} c_{p,j}\mathrm{d}T$ 。化学反应放热 $S_\mathrm{h,chem}=\rho S_\mathrm{c} H_\mathrm{comb} Y_\mathrm{fuel}$ ， S_c 、 H_comb 与 Y_fuel 分别是归一化后的反应速度、低热值与质量分数。

通过预估湍流强度、层流火焰速度、气体混合物物性以及小球直径，Damköhler 数大约为 25，这意味着反应进程取决于湍流混合速度，也就是说，化学反应属于快速反应的范畴。因此，采用燃烧速度模型(burning velocity model，BVM)来描述湍流与反应之间的相互作用。密度加权平均反应进程变量通过下面方程求解：

$$\frac{\partial}{\partial t}+\frac{\partial}{\partial x_i}(\rho u_i \overline{c})=\frac{\partial}{\partial x_i}\left[\left(\frac{k}{C_p}+\frac{\mu_\mathrm{t}}{Sc_\mathrm{t}}\right)\frac{\partial \overline{c}}{\partial x_i}\right]+\rho S_\mathrm{c} \tag{6-9}$$

式中，Sc_t、k、C_p 分别为紊流施密特数、层流导热系数、比定压热容。方程中的源项 ρS_c，通过下式计算[18]：

$$\rho S_c = \rho_u U_t \left| \frac{\partial \overline{c}}{\partial x_i} \right| \tag{6-10}$$

式中，ρ_u 为新鲜预混气体密度；U_t 为湍流火焰速度。目前存在很多方式来封闭方程，其中 Zimont-FSCM 火焰速度封闭模型与 Peters-FSCM 火焰传播速度模型得到了广泛的应用[18,19]。当最小湍流涡尺寸小于火焰厚度时，Zimont-FSCM 模型是完全适用的，该模型的适用性可以通过 Karlovitz 数（Ka）进行判断，当 $Ka>1$ 时是合适的。其中，

$$Ka = \frac{v_\eta^2}{S_l^2} \tag{6-11}$$

式中，v_η 为 Kolmogorov 速度，定义为 $v_\eta = (\nu\varepsilon)^{1/4}$，$\nu$ 为分子黏度，ε 为湍动能耗散率；S_l 为层流火焰传播速度。湍流火焰速度的计算选用 Zimont-FSCM 模型，其定义为

$$U_t = A(u')^{3/4} S_l^{1/2} \alpha^{-1/4} l_t^{1/4} \tag{6-12}$$

式中，A 为模型常数；u' 为速度均方根；S_l 为层流火焰速度；α 为未燃气体热扩散系数；l_t 为湍流长度尺度。

在上述方程中，气体的物性是温度和组分的函数。

6.3.3　初始条件

为了获得一个更为精准的初始流场，首先计算非反应流的湍流流场，然后切换到非稳态的计算。当计算收敛后，在燃烧器出口附近给定一个高温区域来模拟点火过程。

6.3.4　边界条件

燃烧器入口：

$$u_{in} = u_0,\ v_{in} = 0,\ T_{in} = 300\,\text{K},\ c_{i,in} = 0 \tag{6-13}$$

此外，水力直径取为燃烧器直径，湍流强度估计为 5%，随机扰动涡数取 190。

燃烧器出口：

$$p_{ex} = p_0 = 1.0\text{MPa},\ T_{ex} = 300\text{K},\ c_{ex} = 1 \tag{6-14}$$

燃烧器壁面与小球壁面指定为速度无滑移边界条件。小球表面指定为绝热边界条件。

6.3.5　预求解

数值求解的结果与网格紧密相关。理论上讲，数值解不能依赖于网格，即必须有足够的网格，数值解须通过网格无关化检验。但是，孔隙尺度数值模拟必须在计算精度与计算成本之间折中。Alkhalaf 等指出[20]，当网格数/小球数的比值达到 5000 时，可以获得网格无关解。同样对于 DEM-CFD 模拟，这一比值需要达到 7600。本书研究中，考虑到火焰在孔隙中快速传播，黏性阻力对湍流有着很大的影响，因此在近壁面处布置了密实的网格。通过反复测试，最终采用了 22300000 个网格，网格数/小球数的比值达到 102764。因此，本研究的网格数满足 Alkhalaf 等给出的标准(图 6-7)。同时，为了确保获得精准的结果，

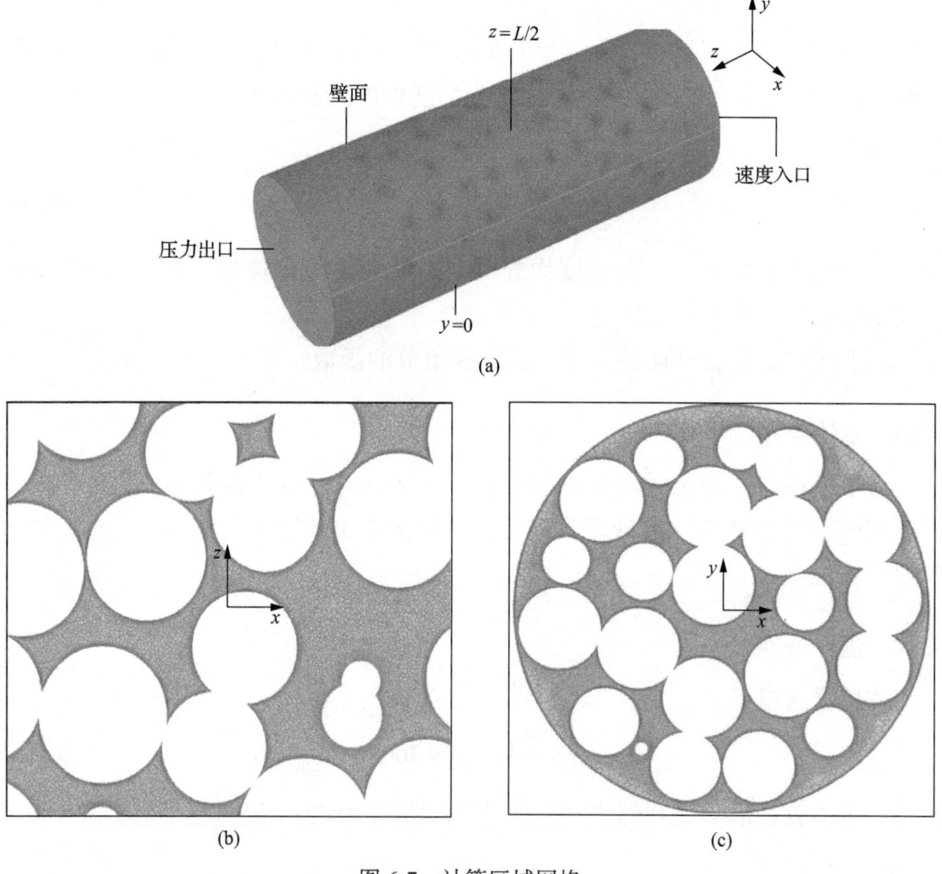

图 6-7　计算区域网格

紧贴壁面的网格中，y^+值在 0.25～1.25 之间的比例达到了 80%，见图 6-7。收敛标准与前几章的相同，这里不再赘述。为了满足 Courant 数小于 0.5，计算中指定计算时间步长为 1.0×10^{-5}s。

6.3.6　结果与讨论

下面将详细讨论压力脉动、速度和温度场的空间非均匀性以及火焰衍化特性。为方便讨论，给出变量 φ 的面平均值与均方根的定义式，分别是

$$\overline{\varphi}=\frac{1}{A}\sum_{i=1}^{n}\varphi_i A_i \tag{6-15}$$

$$\varphi_{\mathrm{RMS}}=\sqrt{\frac{1}{n-1}\sum_{i=1}^{n-1}\left(\varphi_i-\overline{\varphi}\right)^2} \tag{6-16}$$

式中，A_i 为某一垂直流向横截面上的第 i 个微面；n 为该面上微面的个数。

6.3.7　压力脉动

压力分布如图 6-8 所示。从图中可以看出，无论是在 1.0MPa 还是 0.5MPa 背压下，压力的变化大体上皆可分为两个阶段，即非稳态压力脉动阶段，约 10ms，以及稳定升压阶段。与略低压 0.5MPa 相比，1.0MPa 下的压力陡增非常明显，在 2ms 时刻，无量纲相对最大压升值达到 0.3%。类似的现象，在 0.5MPa 情形并没有观察到，相反，点火之后略微出现少许的压降。经过短暂的波动，随着燃烧的进行，压力持续升高。同时，已燃气体的剧烈的热膨胀作用导致在颗粒堆积球下游临近出口位置出现了负压回流区。从数值上看，负压的幅值较小，约为 10^{-5} 量级。

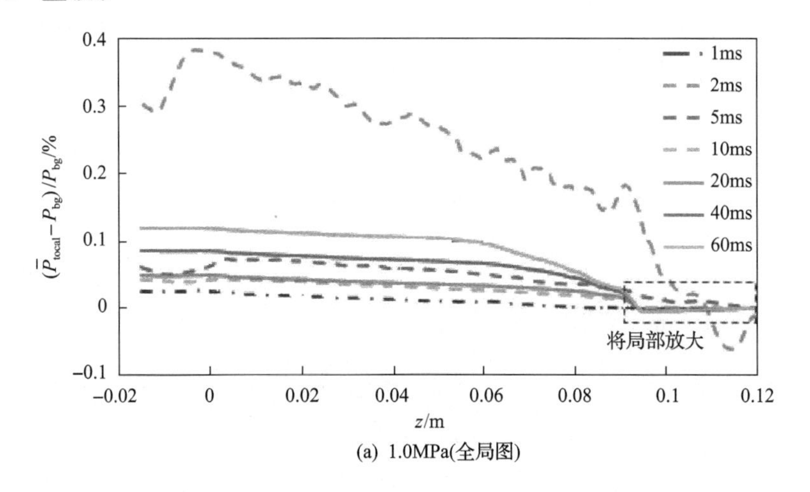

(a) 1.0MPa(全局图)

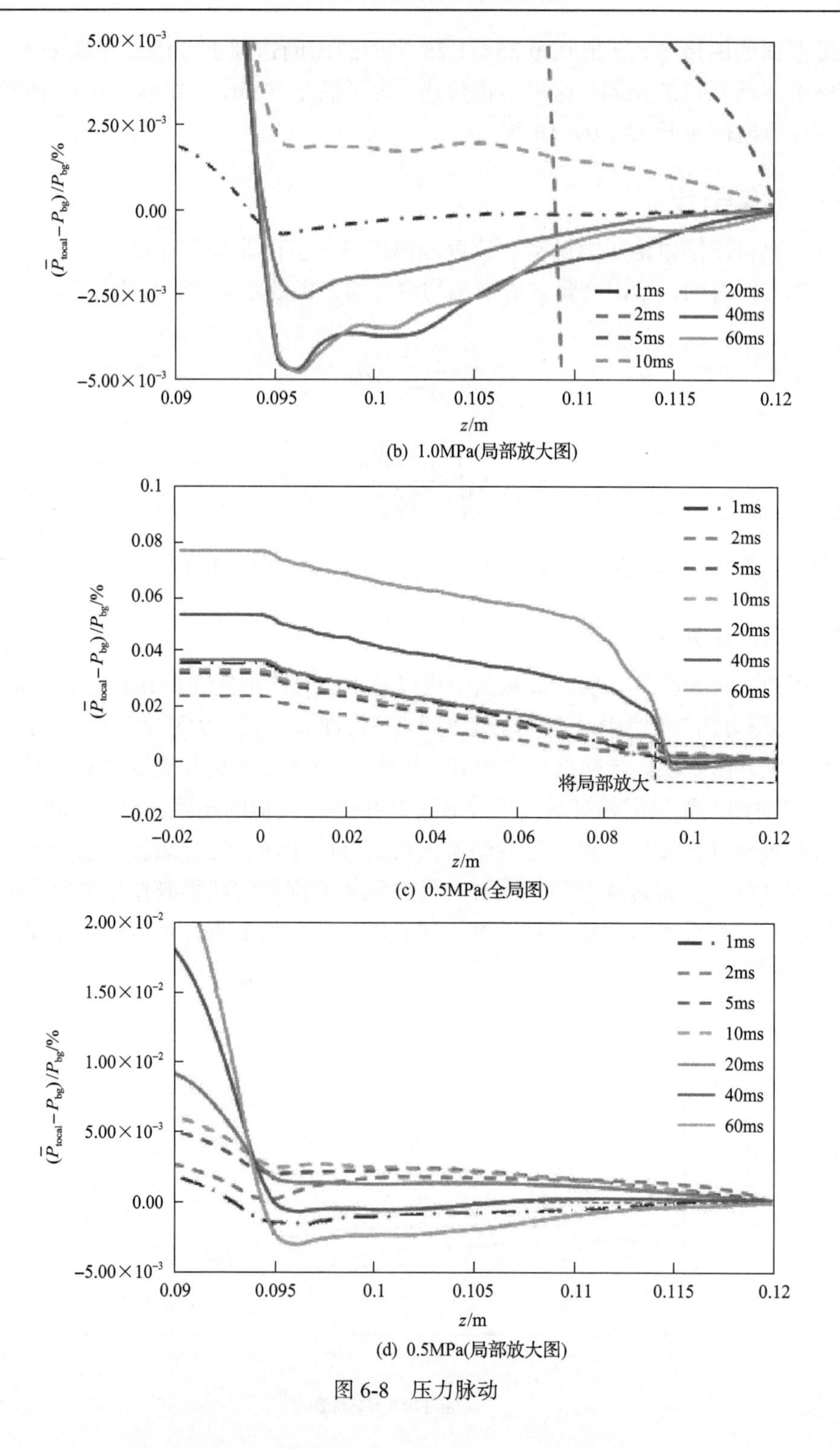

(b) 1.0MPa(局部放大图)

(c) 0.5MPa(全局图)

(d) 0.5MPa(局部放大图)

图 6-8　压力脉动

6.3.8 速度分布

图 6-9 是 1.0MPa 和 0.5MPa 背压下归一化的截面平均速度和均方根速度分布，其中参考速度取间隙速度 U_s，定义为表观速度除以名义孔隙率。

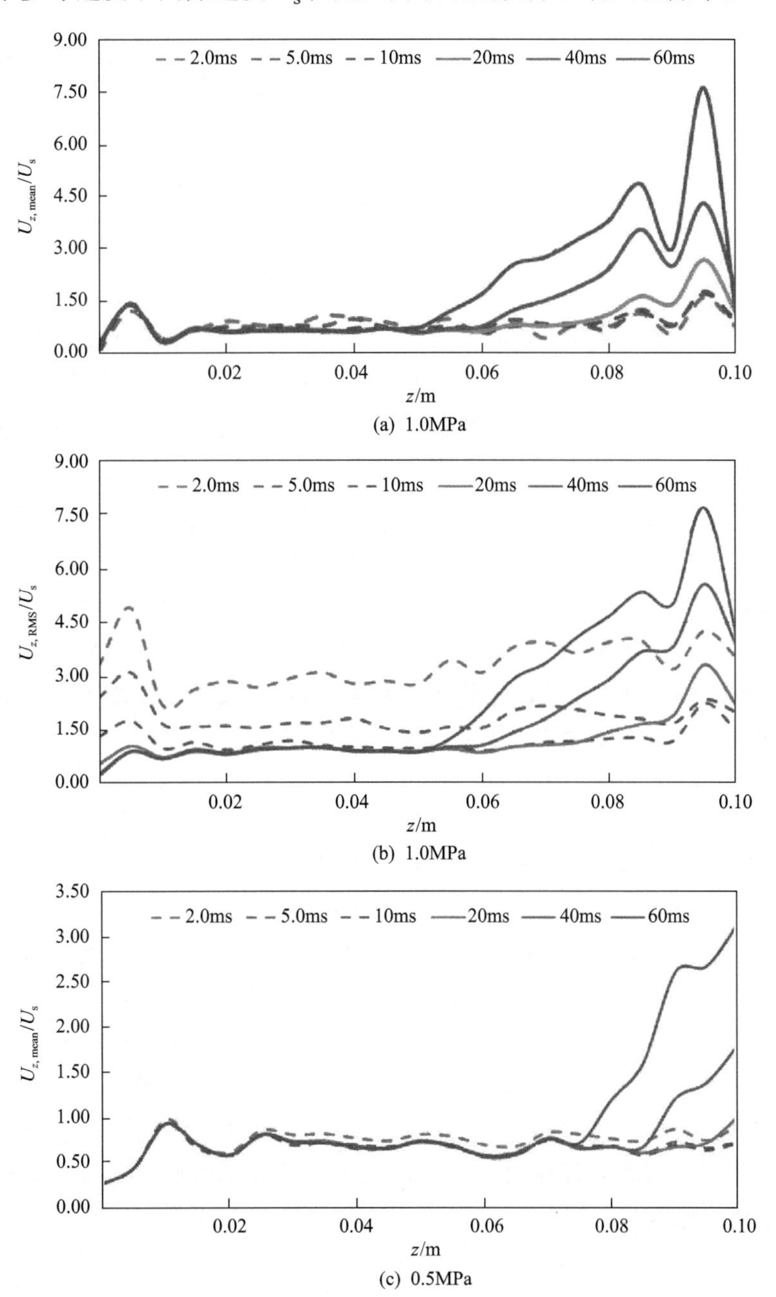

(a) 1.0MPa

(b) 1.0MPa

(c) 0.5MPa

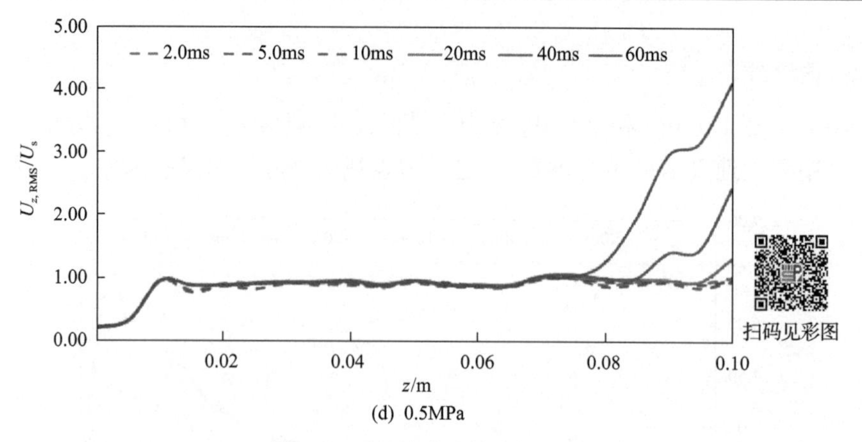

(d) 0.5MPa

图 6-9　平均速度和均方根速度

总体上，平均速度随火焰向上游移动逐渐增大，均方根速度的变化与平均速度的变化呈正相关性，且在火焰区该值明显比当地间隙速度大。比较来看，1.0MPa下的平均速度和均方根速度的变化比 0.5MPa 的明显要剧烈得多。从图 6-9(a)中的数量关系可以看到，前者在火焰燃烧区的平均速度约是间隙速度的 7.5 倍。这很容易从燃烧反应热释放的数量来解释，即更高的压力也意味着当地更高的预混气体密度，某种程度上，也代表着更多的热释放。

然而，仔细观察图 6-9(b)不难发现，与 0.5MPa 下有限的局部受扰动的情况不同，点火后，1.0MPa 下，速度场的空间均匀性在压力脉动的影响下基本完全破坏，直到大约 10ms 后，受破坏的速度场才逐步恢复到初始水平。这也体现了压力对速度场的影响是全局性的，特别是高背压情形，一定要引起重视。

6.3.9　温度分布

平均温度及均方根温度的变化如图 6-10 所示。在燃烧反应区，随着火焰面上移，该区域内的温度也增加，相应地产生明显的非均匀温度场。从图 6-10(b)和(d)均方根温度的变化曲线可以看出，即使火焰开始稳定上传后，温度场的脉动依然存在，这主要归因于燃烧反应的空间非均匀性，即在某一局部区域，一部分可燃气体在条件满足后成功燃烧起来，而另一部分在此时却未能燃烧。这部分未燃烧的可燃气体在对流输运下，被已燃的产物裹挟到下游，待反应条件成熟时，继续燃烧，这也是高速过滤燃烧不同于低速过滤燃烧的最明显特征。这也是在高速过滤燃烧反应时，采用均一化模型或体积平均模型必须考虑化学反应不平衡的原因。

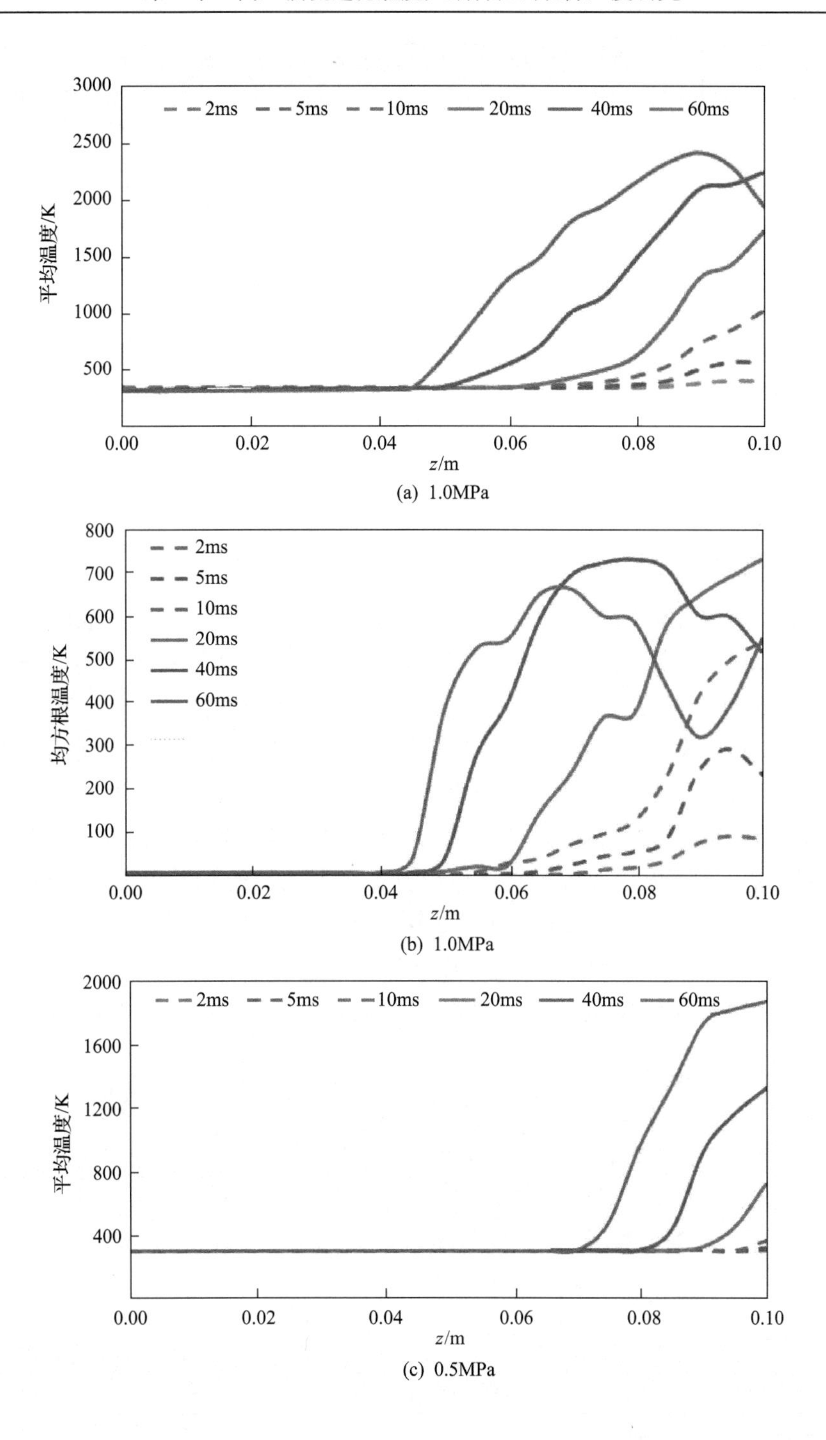
2ms
5ms
10ms
20ms
40ms
60ms
平均温度/K
3000
2500
2000
1500
1000
500
0.00
0.02
0.04
0.06
0.08
0.10
z/m
(a) 1.0MPa
均方根温度/K
800
700
600
500
400
300
200
100
(b) 1.0MPa
2000
1600
1200
800
400
(c) 0.5MPa

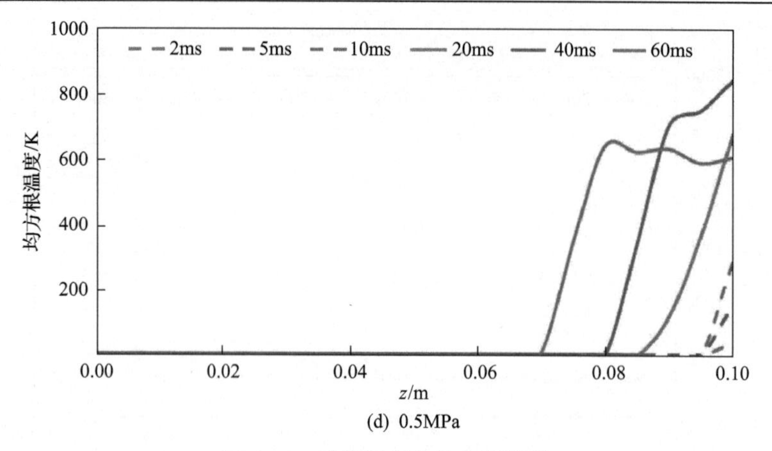

(d) 0.5MPa

图 6-10 平均温度和均方根温度

6.3.10 火焰面与反应度变量

火焰面的演变如图 6-11 所示，其中火焰由反应度变量的等值面 0.5 来表征。与 0.5MPa 相比，1.0MPa 下火焰的上传速度非常快。从发展变化的形态上看，点火后 1.0MPa 下的火焰面的演变过程与原子弹爆炸的情形有几分相似；大约 2ms，模拟中可以看到比较清晰的“蘑菇云”火焰面，随后，相对规则的火焰面在压力、速度等物理扰动的作用下变得越来越紊乱；最后，临近出口的位置会被大量的破碎的火焰面占据；而 0.5MPa 下的演变过程看起来要温和得多，更像是火山喷发，即使火焰面传播到出口位置，仍有成片的褶皱火焰片存在。

无论是 0.5MPa 还是 1.0MPa，在多孔介质与净流区的交界面附近，火焰上传进展非常缓慢，当地气流速度与火焰上传速度的相对变化，更使得浸入多孔介质区的上传过程一度呈现胶着状态。观察火焰上传的细节，不难发现，其实

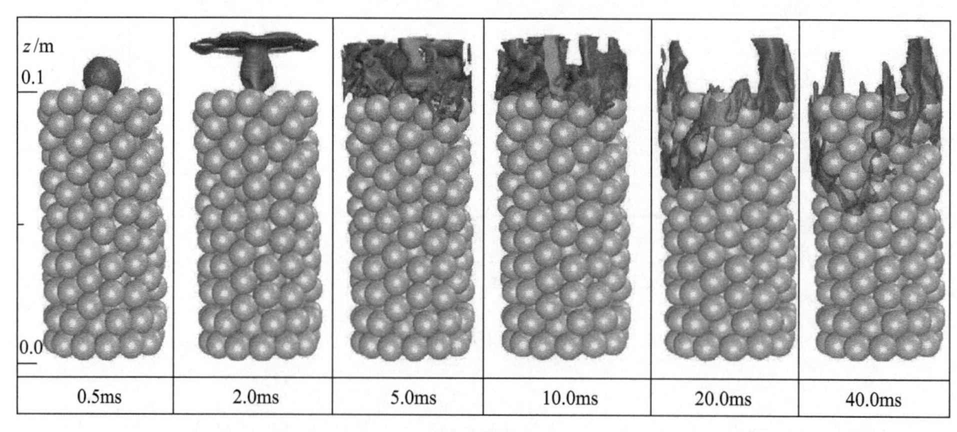

(a) 1.0MPa

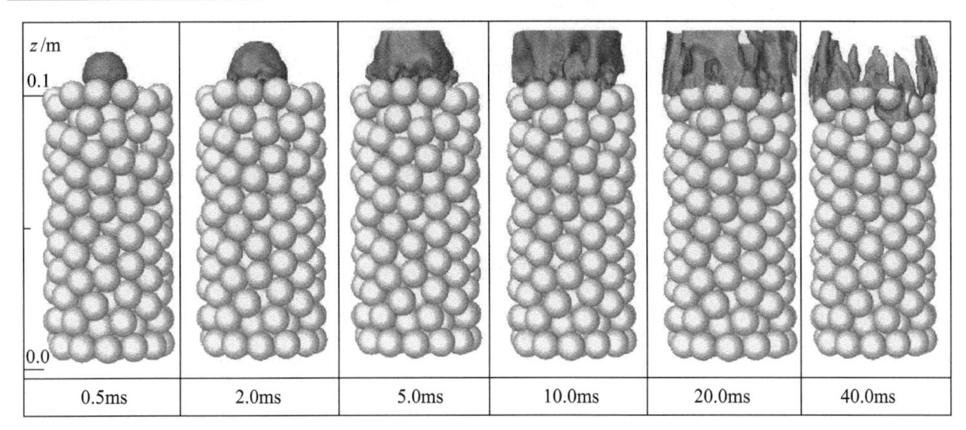

(b) 0.5MPa

图 6-11　火焰面随时间的演变

火焰上传最先发生在紧邻颗粒壁面的临近区域，这是因为该区域受黏性力主导，气流速度相对较小，火焰速度比气流速度大，火焰容易从该位置以“蠕动”的形式跨过小球。这一现象的发现，也为许多研究[21-23]中出现的火焰倾斜现象提供了另一种可能的微观解释，即对于某些情况下，堆积的非均匀性造成某一截面位置处的间隙流速差异很大，进而在某些特定位置，形成了明显的火焰速度对当地气流速度的优势，进而产生火焰倾斜现象。特别是在紧贴燃烧器外壁的位置，由于当地的孔隙率相较内部大得多，该位置更容易形成火焰优势上传。

平均反应度及其均方根的变化如图 6-12 所示。这些数据定量证实了上面的解释，即在多孔介质基质内几乎看不到完全的燃烧区，即使 60ms 过后，依然存在许多未充分燃烧的反应区，这也是在实验中会看到一块很长的火焰区的根本原因。此外，在 1.0MPa 的背压下，根据不同时刻的反应度变化曲线，可以得出，存在火焰加速的现象，比较而言，0.5MPa 的加速并不是很明显。

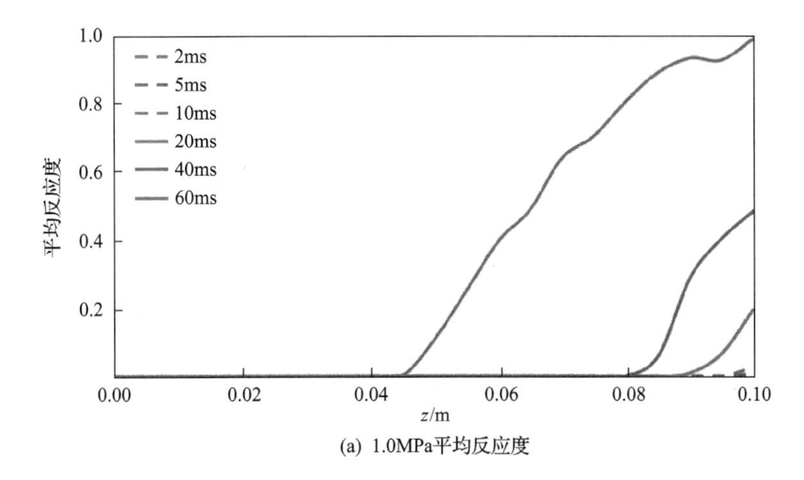

(a) 1.0MPa平均反应度

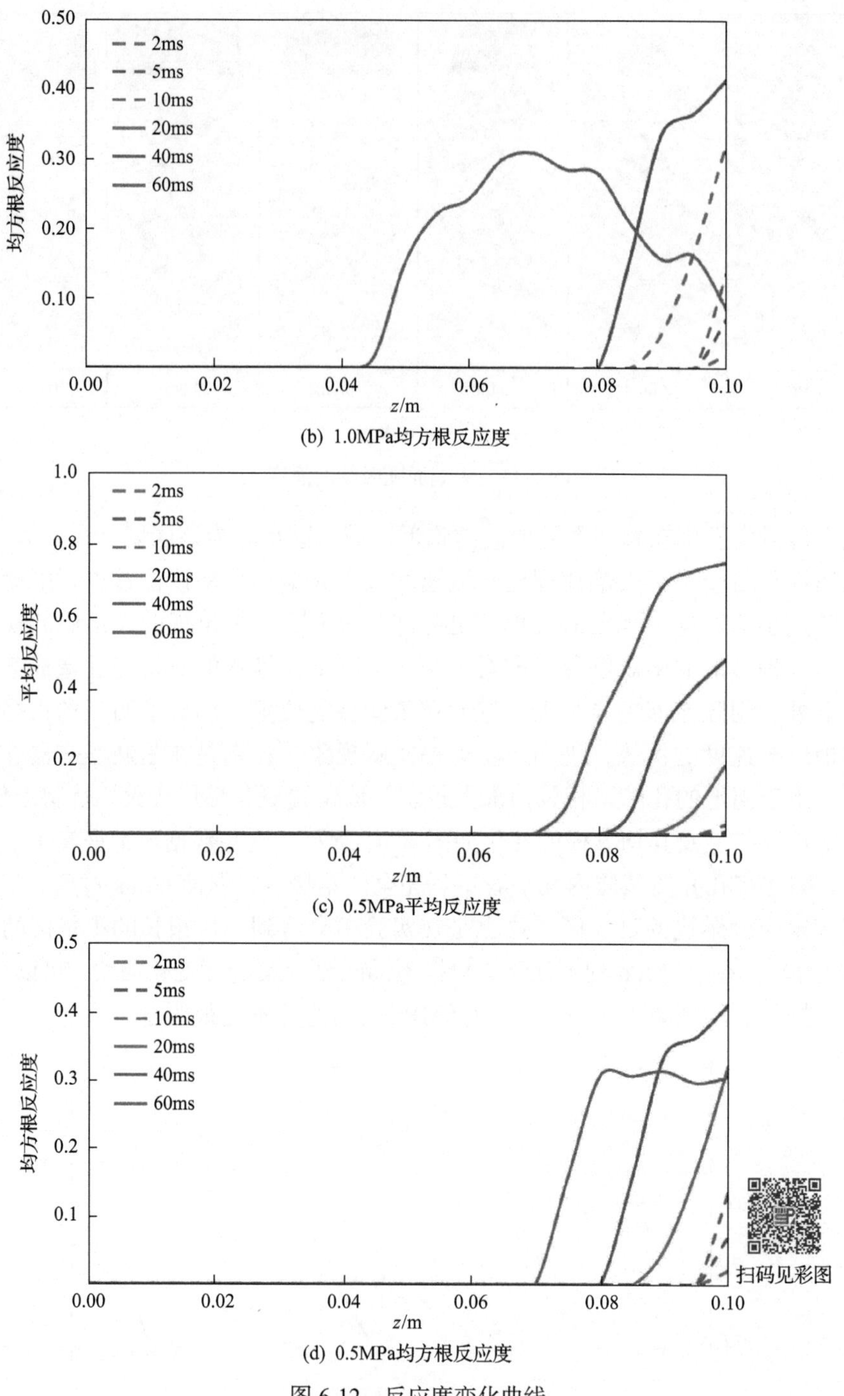

(b) 1.0MPa均方根反应度

(c) 0.5MPa平均反应度

(d) 0.5MPa均方根反应度

图 6-12 反应度变化曲线

根据不同时刻反应度曲线，粗略估计 20～60ms 之间 1.0MPa 和 0.5MPa 的火焰区的传播速度，分别为 1.08m/s 和 0.52m/s。考虑当地间隙速度，并结合 CHEMKIN 软件相应条件下的层流火焰速度，可以得出当地湍流火焰速度约为 2.00m/s 和 1.44m/s。对于 1.0MPa，数值预测的结果与提取的实验值 2.05m/s 吻合很好，但对 0.5MPa，预测值明显低于 1.70m/s 的实验值，产生这种差异的原因还不清楚，需要进一步研究。

图 6-13 给出的是火焰面面积的时间变化曲线。当火焰面进入到多孔介质区后，虽然存在局部淬熄或再燃现象，但总体上火焰面的面积变化不大。经过统计发现，1.0MPa 的火焰面面积平均值约为 $6.41\times10^{-3}m^2$，比 0.5MPa 下 $5.67\times10^{-3}m^2$ 略大。通过进一步的分析可以得出：当火焰在多孔介质内稳定上传后，各个时刻下采集的火焰面面积的样本大体上服从标准正态分布。

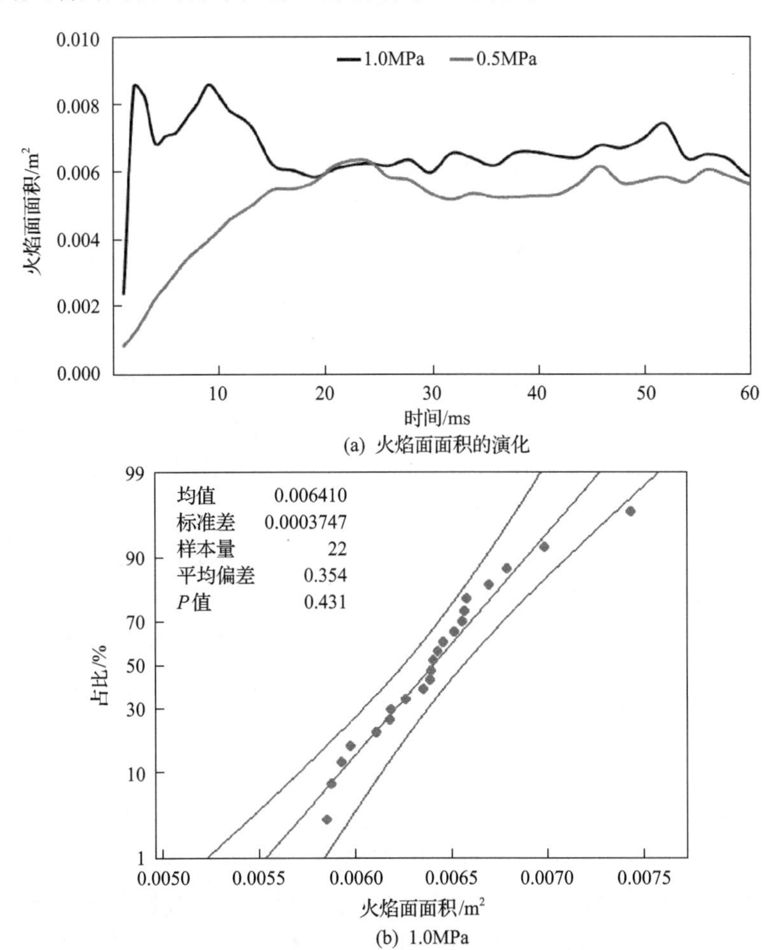

(a) 火焰面面积的演化

(b) 1.0MPa

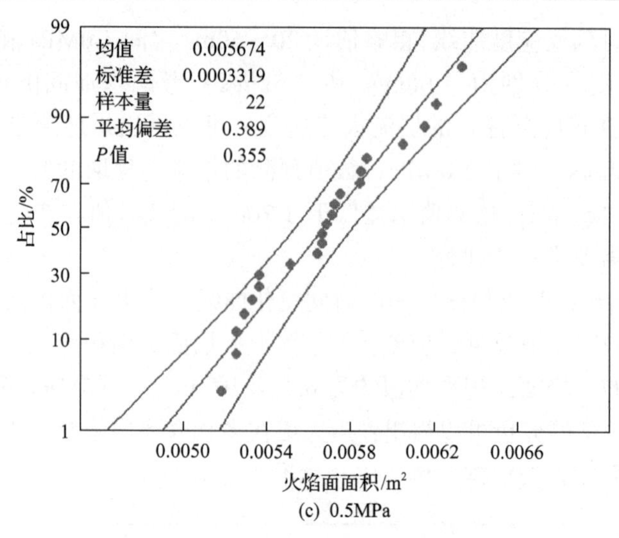

(c) 0.5MPa

图 6-13　火焰面面积的演化及其统计量

6.4　本章小结

在高压 1.0MPa 和 0.5MPa，表观速度为 0.5m/s，当量比 1.0 的情况下，对高速过滤燃烧进行了孔隙尺度模拟。为了验证 DES 方法的有效性，对三维叉排圆柱构成的伪填充床进行了无反应流计算，湍流强度的定量对比表明，DES 方法在处理多孔介质内小雷诺数湍流时是有效的。之后，将该方法应用到重构三维填充床结构，并采用燃烧火焰速度模型表示湍流与燃烧的相互作用，重点研究了压力脉动、速度和温度场的空间均匀性以及火焰表面的演化规律。结论如下：

(1) 由于气体热膨胀，点火后产生了强烈的压力脉动。特别是对高压情形，如 1.0MPa，这种现象尤为明显。

(2) 火焰面的演化大体可以分为两个阶段，即初始时刻的快速传播阶段和进入多孔介质基质内后的相对稳定传播阶段。观察火焰传播的过程发现，火焰面总是沿着紧贴小球壁面附近的底层上传，这为解释部分火焰倾斜实验提供了参考。

(3) 湍流火焰速度的预测值与实验数据在 1.0MPa 下，吻合很好，但对于 0.5MPa，还存在一定的误差，具体原因有待进一步研究。同时 1.0MPa 下，存在火焰加速现象，但 0.5MPa 下，这种现象并不明显。应用统计分析发现，尽管火焰上传的过程存在很强的空间非均匀性，但样本统计结果表明，各个时刻下提取的火焰面面积样本大致服从标准正态分布。

参考文献

[1] Dybbs A, Edwards R V. A new look at porous media fluid mechanic—Darcy to turbulent//Bear J, Corapcioglu M Y. Fundamentals of Transport Phenomena in Porous Media[C]. Netherlands: Springer, 1984: 199-256.

[2] Fand R M, Kim B Y K, Lam A C C, et al. Resistance to the flow of fluids through simple and complex porous media whose matrices are composed of randomly packed spheres[J]. Journal of Fluids Engineering, 1987, 109 (9) : 268-273.

[3] Jolls K R, Hanratty T J. Transition to turbulence for flow through a dumped bed of spheres[J]. Chemical Engineering Science, 1966, 21 (12) : 1185-1190.

[4] Kaviany M. Principles of Heat Transfer in Porous Media[M]. 2nd ed. New York: Springer, 1995.

[5] Dobrego K V, Chornyi A D. Parallels between the regimes of turbulent and filtration combustion of gases in inert porous media[J]. Journal of Engineering Physics and Thermophysics, 2001, 74 (3) : 581-590.

[6] Dobrego K V, Zhdanok S A, Khanevich E I. Analytical and experimental investigation of the transition from low-velocity to high-velocity regime of filtration combustion[J]. Experimental Thermal and Fluid Science, 2000, 21 (1) : 9-16.

[7] Bubnovich V I, Zhdanok S A, Dobrego K V. Analytical study of the combustion waves propagation under filtration of methane-air mixture in a packed bed[J]. International Journal of Heat and Mass Transfer, 2006, 49 (15) : 2578-2586.

[8] Okuyama M. Turbulent combustion characteristics of premixed gases in a packed pebble bed at high pressure[J]. Proceedings of the Combustion Institute, 2011, 33 (1) : 1639-1646.

[9] Lim I G, Matthews R D. Development of a model for turbulent combustion within porous inert media[J]. International Journal of Fluid Mechanics Research, 1998, 25 (1-3) : 111-122.

[10] Chaffin C. Experimental investigation of premixed combustion within highly porous media[C]. ASME/JSME Thermal Engineering Joint Conference, Reno, 1991.

[11] Lemos M J S. Numerical simulation of turbulent combustion in porous materials[J]. International Communications in Heat and Mass Transfer, 2009, 36 (10) : 996-1001.

[12] Lemos M J S. Analysis of turbulent combustion in inert porous media[J]. International Communications in Heat and Mass Transfer, 2010, 37 (4) : 331-336.

[13] Yarahmadi A, Nobari M R H, Hosseini R. A numerical investigation of laminar and turbulent premixed flames in porous media[J]. Combustion Science and Technology, 2011, 183 (11) : 1164-1183.

[14] Jiang L. Pore-scale simulation of hydrogen-air premixed combustion process in randomly packed beds[J]. Energy & Fuels, 2017, 31 (11) : 12791-12803.

[15] Menter F R. Two-equation eddy-viscosity turbulence models for engineering applications[J]. Aiaa Journal, 1994, 32(8): 1598-1605.

[16] Shur M L. A hybrid RANS-LES approach with delayed-DES and wall-modelled LES capabilities[J]. International Journal of Heat and Fluid Flow, 2008, 29(6): 1638-1649.

[17] Žukauskas A. Heat transfer from tubes in crossflow[J]. Advances in Heat Transfer, 1987, 18: 87-159.

[18] Zimont V L, Biagioli F, Syed K. Modelling turbulent premixed combustion in the intermediate steady propagation regime[J]. Progress in Computational Fluid Dynamics, 2001, 1(1/2/3): 14-28.

[19] Zimont V. An efficient computational model for premixed turbulent combustion at high Reynolds numbers based on a turbulent flame speed closure[J]. Journal of Engineering for Gas Turbines and Power, 1998, 120(3): 526-532.

[20] Alkhalaf A. Influence of contact point treatment on the cross flow mixing in a simple cubic packed bed: CFD simulation and experimental validation[J]. Granular Matter, 2018, 20(2): 1-13.

[21] Shi J. Experimental and numerical studies on the flame instabilities in porous media[J]. Fuel, 2013, 106: 674-681.

[22] Dobrego K V, Zhdanok S A, Zaruba A I. Experimental and analytical investigation of the gas filtration combustion inclination instability[J]. International Journal of Heat and Mass Transfer, 2011, 44: 2127-2136.

[23] Zheng C. Numerical studies on flame inclination in porous media combustors[J]. International Journal of Heat and Mass Transfer, 2011, 54: 3642-3649.

第 7 章　往复流多孔介质燃烧器的稳态模型与应用的研究

7.1　引　　言

我国工业生产过程中直接排放大量的低热值气体，以煤矿乏风为例，每年通过煤矿乏风排放的甲烷超过 150 亿 m^3，造成了巨大的能源浪费和严重的环境污染。煤矿乏风中可燃气体浓度很低，常规的燃烧技术很难实现稳定燃烧。为此，世界各国科学家都在寻找新的燃烧技术与装置。在这些技术中，与传统自由空间中燃烧相比，超绝热燃烧已被证明是一种有效的方法，可以扩大贫富可燃极限和降低污染物排放[1-3]。

超绝热或过剩焓燃烧的概念是由 Egerton 等[4]和 Weinberg[5]提出的。随后研究者通过实验[6-8]、理论[9-11]和数值研究[12-14]对惰性多孔介质中的超绝热燃烧进行了深入的研究。超绝热燃烧的一个重要问题是扩展贫可燃极限。对于燃烧器而言，降低燃烧过程中污染物 CO 和 NO_x 的排放也至关重要。

早期的实验研究主要集中在单向流多孔燃烧器贫可燃极限的扩展。Zhdanok 等[6]对 5.6mm 氧化铝小球填充床内的超绝热燃烧进行了实验和理论研究，提出了将热波和燃烧波叠加以获得超绝热燃烧的思想。实验证明，填充床内火焰温度约为理论燃烧温度的 2.8 倍，甲烷/空气混合物的贫可燃极限扩展到了当量比 0.15。同时，他们给出了理论燃烧温度、热波和燃烧波速之间关系的解析解。史俊瑞[10]从理论上验证了超绝热燃烧机理是热波和燃烧波共同作用的结果。

为了进一步扩展贫可燃极限，研究人员提出了往复流多孔介质燃烧器（reversal flow burner，RFB），即定期切换燃料/空气混合物的流向，实现燃烧器两侧余热的有效回收。结果表明，利用前半个循环中多孔燃烧器下游的热量对新鲜预混气体进行预热，使得贫可燃极限拓展，同时燃烧波被稳定在填充床内。研究人员对往复流多孔介质燃烧器内的超绝热燃烧进行了广泛的实验研究。Hoffmann 等[15]报告称，利用往复流多孔介质燃烧器可以将天然气/空气混合物的贫可燃极限扩展到当量比 0.026。研究者对两端嵌入取热装置的 RFB 开展了广泛研究[15-17]，Gosiewski 等[17]报道，当矿井乏风中甲烷浓度大于 0.2%时 RFB

系统可以稳定工作，当入口甲烷浓度超过 0.4%时，RFB 系统可以实现稳定的热量回收。

多孔介质燃烧系统具有许多优点，但多孔介质中燃烧存在着跨度很大的长度尺度和时间尺度，为物理模型、数学模型的建立和求解带来了挑战[18]。在数值研究中，体积平均法和孔隙尺度模拟是两种主要研究方法。为了简化建模，使用单步总包反应机理的体积平均法被广泛应用[18-23]。Hanamura 等[19]应用一维瞬态双温单步总包反应机理模型对 RFB 超绝热燃烧进行了数值研究。结果表明，该燃烧器内的火焰温度是理论燃烧温度的 13 倍。Dobrego 等[20]采用单步总包反应机理对 RFB 进行了理论和数值研究。Bubnovich 等[21]应用一维瞬态单步总包反应机理模型，研究了小球直径对燃烧器稳定工作范围的影响。他们发现无论是否有取热，小球直径的增加导致稳定工作范围的扩大。

均质多孔介质中的预混气体燃烧是典型的瞬态过程，使用瞬态模型和详细化学动力学模拟非常耗时。组分方程与气体能量守恒方程由于化学反应产生的源项，求解微分方程组的刚性很强，为求解带来了很大的困难。特别是对于详细化学反应机理，其所包含的组分和基元反应很多。随着组分个数的增加，计算所需内存呈现几何级数增加，为控制方程组的求解带来了极大的困难。

众所周知，RFB 至少需要 20～30 个周期才能达到准稳态状态。Bubnovich 等[21]的预测表明，在当量比为 0.25，气体速度为 0.25m/s 的条件下，时间步长为 0.01s，RFB 在 2000s 后达到准稳态平衡状态。Yakovlev 与 Zambalov[13]采用详细化学动力学模拟甲烷多孔介质中燃烧，利用多尺度方法加速过滤燃烧的计算，气相方程的时间步长为 8×10^{-5}s，固相方程的时间步长为 0.05s。Vourliotakis 等[23]报告称，使用 GRI-Mech 3.0 进行多孔介质中制取合成气的三维模拟需要一周以上的 CPU 时间。很明显，使用详细化学反应动力学模型来模拟瞬态过滤燃烧需要大量的计算时间和计算资源。刘永启团队在国内率先开始研究煤矿乏风瓦斯热逆流氧化技术，主持研制了具有我国自主知识产权的国内首台套 60000m^3/h 的热逆流氧化利用系列装备，获得了多项省级科技进步奖，实现了我国在该领域的重大技术突破[24-27]。

为了加快化学反应计算和节省计算时间，在以往的过滤燃烧研究中主要使用了四种不同的方法：缩减计算域、采用简化化学反应机理、加速化学反应计算和多尺度方法。通过对称边界条件或选择燃烧器的代表性部分来减少计算域被研究人员广泛使用[28]。一些研究人员[29]采用简化而不是详细化学动力学来节省计算负担。加速化学计算的方法很多，如当地自适应建表(ISAT)法[30-31]首先用于自由空间燃烧模拟，随后引入到过滤燃烧模拟。Yakovlev 和 Zambalov[13]使用多尺度方法来节省过滤燃烧的计算时间。基于与稳态逆流反应器的类比，Shi

等提出了贫可燃极限的简化理论解[32]，该解适用于绝热惰性多孔介质燃烧器。RFB 也可用于合成气生产。为了预测 RFB 中详细的合成气组分，计算中需要耦合详细的化学动力学模型，这需要消耗大量的计算时间[33,34]。

Yao 和 Saveliev[35]提出了一种模拟 RFB 中燃烧和热量提取的新方法，他们建立了单步总包反应机理的稳态模型，并研究了热量提取位置、当量比对热量提取效率的影响。结果表明，利用他们发展的模型可以节省计算时间。他们建议采用多步化学动力学来获得更精确和更真实的结果。

以往对 RFB 的研究表明，RFB 燃烧特性的研究大多是基于单步总包反应机理的体积平均模型，而采用详细化学动力学的贫可燃极限预测由于计算量大而很少采用，这对于本质上理解该系统的性质以及燃烧器的优化和设计是非常重要的。

本章的目的是建立一个采用详细化学反应动力学机理的 RFB 系统的一维稳态模型，研究内容包括：①在类比稳态逆流反应器的基础上，建立采用详细化学反应动力学的稳态模型；②通过预测结果与实验数据的比较，对建立的模型有效性进行验证；③分析 RFB 在贫可燃极限工况下的燃烧特性，预测热损失和燃烧器长度对贫可燃极限的影响；④在同一台工作站上开展基于瞬态模型和稳态模型的数值计算，通过使用两个模型对同一工况计算时间的比较，分析评估稳态模型的计算效率；⑤稳态模型应用于 RFB 合成气制取的模型验证与应用的研究，通过与实验值比较[36,37]，最后定量评估稳态模型应用于模拟合成气制取的计算效率。

7.2　数 值 模 型

7.2.1　物理模型

本节研究的 RFB 由 Hoffmann 等[15]开发。燃烧器长度为 0.2m，填充不同孔径的泡沫陶瓷，孔隙率均为 0.875。燃烧器采用厚度为 92mm 的高岭土板保温。以城市天然气为燃料。本研究以 13 孔/in（1in=2.54cm）泡沫陶瓷为研究对象。为了方便计算，在计算中用甲烷代替天然气。为简化问题，做以下假设：

（1）填料床内气体流动为层流，不考虑气体的辐射。

（2）燃烧器通过壁面的热损失量与固体和环境之间的当地温差成正比。

（3）多孔介质为惰性的光学厚介质，固体辐射传热采用 Rosseland 假设计算。

（4）床层内压力损失忽略不计。

（5）假设填充床内的流动和火焰是一维的。

在上述假设下，可以得到下列微分方程[31]：

连续性方程：

$$\frac{\partial(\varepsilon\rho_{g})}{\partial t}+\frac{\partial(\varepsilon\rho_{g}u_{g})}{\partial x}=0 \tag{7-1}$$

式中，ε 为孔隙度；t 为时间；x 为坐标；ρ_{g} 为气体密度；u_{g} 为气体速度。

气相能量守恒方程：

$$\varepsilon\frac{\partial}{\partial t}\left(\rho_{g}c_{g}T_{g}\right)-\varepsilon\frac{\partial}{\partial x}\left(\lambda_{g}\frac{\partial T_{g}}{\partial x}\right)+\varepsilon\frac{\partial}{\partial x}\left(\rho_{g}c_{g}u_{g}T_{g}\right)+h_{v}(T_{g}-T_{s})+\varepsilon\sum_{i=1}^{n}\omega_{i}h_{i}W_{i}=0 \tag{7-2}$$

式中，T_{g}、λ_{g}、c_{g} 分别为气体温度、导热系数和比热容；ω_{i}、W_{i} 为气体混合物中第 i 种组分的化学反应速度和分子量。化学反应采用详细化学反应机理 GRI-Mech 3.0 计算，它由 53 种组分和 325 个基元反应组成[38]。h_{v} 是气相和固相之间的对流换热系数[39]，计算公式为

$$h_{v}=Nu\times\lambda_{g}/d_{pore}^{2},Nu=0.819[1-7.33(d_{pore}/L)]Re^{0.36[1+15.5(d_{pore}/L)]} \tag{7-3}$$

式中，d_{pore} 为多孔介质平均孔隙直径；L 为燃烧器长度。

组分守恒方程：

$$\frac{\partial}{\partial t}(\rho_{g}Y_{i})+\frac{\partial}{\partial x}\left(\rho_{g}u_{g}Y_{i}\right)-\frac{\partial}{\partial x}\left(\rho_{g}D_{i}\frac{\partial Y_{i}}{\partial x}\right)-\omega_{i}W_{i}=0 \tag{7-4}$$

式中，D_{i}、Y_{i} 分别为气体混合物中第 i 种组分的扩散系数和质量分数。

固相能量守恒方程：

$$(1-\varepsilon)\rho_{s}c_{s}\frac{\partial T_{s}}{\partial t}=\frac{\partial}{\partial x}\left[\left(\lambda_{s,eff}+\lambda_{rad}\right)\frac{\partial T_{s}}{\partial x}\right]+h_{v}(T_{s}-T_{g})-\beta(T_{s}-T_{0}) \tag{7-5}$$

式中，ρ_{s}、c_{s} 分别为固体密度和比热容；T_{s}、$\lambda_{s,eff}$ 分别为填料床的固体温度和有效导热系数；β 为热损失系数[30]；λ_{rad} 为辐射折合导热系数，按下式计算：

$$\lambda_{rad}=\frac{16}{3}\sigma\varepsilon_{r}d_{pore}T_{s}^{3} \tag{7-6}$$

式中，σ 为斯特藩-玻尔兹曼常数；ε_{r} 为固体表面的发射率。

7.2.2 稳态模型

在早先的研究中，Yao 和 Saveliev[35]对两端嵌入取热装置的 RFB 的稳态模

型进行了详细类比分析。但本研究的模型中不考虑热量的提取，考虑详细化学反应动力学，使用的多孔介质也与文献[35]不同。为便于分析，本节中给出了 RFB 模型的类比分析过程。如上节所述，使用详细化学反应机理预测 RFB 内的燃烧特性，即使使用体积平均法模型，模拟非稳态过滤燃烧需要的计算资源极大且非常费时。本节发展的模型的特色是，将一维瞬态模型简化为一维稳态模型，用于预测 RFB 达到准稳态平衡时燃烧特性和贫可燃极限，同时预测的结果的精度更高。

图 7-1 所示为稳态模型，包括由导热系数很大的壁面隔开的两个平行通道，通道内填充多孔介质，甲烷/空气的预混气体由两个相反方向的气流同时送入多孔燃烧器。两个通道内的流体通过壁面进行换热，当壁面法向方向的导热系数很大时，两个通道内的流体和固体温度在垂直方向是相同的。当 RFB 的切换周期为无穷小时，逆流反应器和 RFB 的行为非常相似，可以将逆流反应器的模型应用于 RFB。

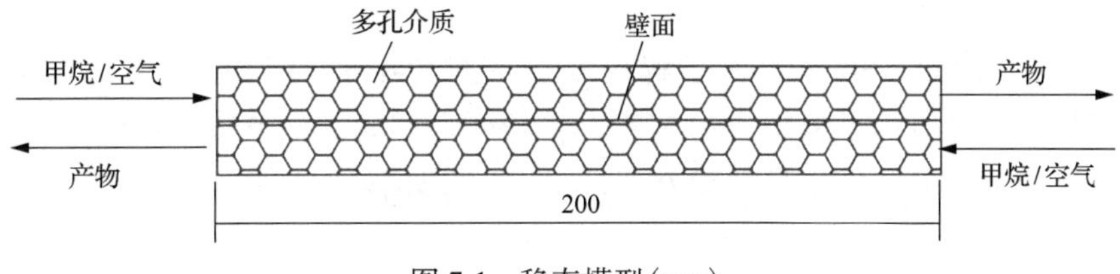

图 7-1　稳态模型(mm)

应用这些假设，RFB 的控制方程可以简化如下：

连续性方程：

$$\frac{\partial(\rho_g u_g)}{\partial x}=0 \tag{7-7}$$

气相能量守恒方程：

$$-\varepsilon\frac{\partial}{\partial x}\left(\lambda_g\frac{\partial T_g}{\partial x}\right)+\varepsilon\frac{\partial}{\partial x}\left(\rho_g c_g u_g T_g\right)+h_v(T_g-T_s)+\varepsilon\sum_{i=1}^{n}\omega_i h_i W_i=0 \tag{7-8}$$

固相能量守恒方程：

$$\frac{\partial}{\partial x}\left[\left(\lambda_{s,eff}+\lambda_{rad}\right)\frac{\partial T_s}{\partial x}\right]+h_v(T_s-T_g)-\beta(T_s-T_0)=0 \tag{7-9}$$

组分守恒方程：

$$\frac{\partial}{\partial x}(\rho_g u_g Y_i)-\frac{\partial}{\partial x}\left(\rho_g D_i \frac{\partial Y_i}{\partial x}\right)-\omega_i W_i=0 \tag{7-10}$$

式(7-7)～式(7-10)就是 RFB 的稳态模型，它是由一维瞬态模型式(7-1)～式(7-5)简化而来的。相比于非稳态模型，稳态模型的方程组求解收敛的速度很快。下面给出边界条件和求解方法。

1. 边界条件

燃烧器入口：

$$T_g=300\text{K}, u_g=u_{g,0}, Y_{CH_4}=Y_{CH_4,in}, Y_{O_2}=Y_{O_2,in} \tag{7-11}$$

将燃烧器壁面指定为速度无滑移边界条件。燃烧器出口指定为压力出口边界条件。

2. 初始与求解

利用 CFD 软件 Fluent15.0 求解式(7-7)～式(7-10)。用 SIMPLE 方法求解压力与速度的耦合。为了模拟点火过程，将长度为 60mm 的 RFB 中央位置的固体温度设定为 1600K，采用尺寸为 0.5mm 的正方形网格对计算域进行划分。

7.3 模型验证

为了评估稳态模型的有效性，将 RFB 预测的温度和贫可燃极限与实验值[15]和预测值[20]进行比较。图 7-2 显示了预测的气体温度和实验值[15]，图中还显示了使用单步反应机理和瞬态模型的预测值[20]。多孔介质的主要参数取自实验[15]和文献[20]：13ppi 泡沫陶瓷的孔隙率 ε =0.875，孔径 d_{pore}=4.38×10^{-3}m，多孔介质表面发射率 ε_r =0.8，固体导热系数 λ_s =1W/(m·K)，热损失系数 β=80W/(m^3·K)。两个通道垂直方向上的变量分布是相同的，这与模型中的假设相符。因此，图中显示的是其中一个通道上的变量分布。如图 7-2(a)所示，燃烧器两侧的温度预测值与实验值吻合良好，但预测的燃烧器中央部位的温度低于实验值，这可能是热损失系数取值不准确所致。

本研究中，贫可燃极限是通过逐渐降低当量比来确定的，通过不断地试算来确定贫可燃极限，当量比低于某一个值时，燃烧变得不再稳定直至熄火，确定该当量比为贫可燃极限。本研究通过预测的贫可燃极限与实验值[15]和预测值[20]比较，验证了稳态模型的有效性。文献[20]使用了单步总包反应机理和瞬态模型，计算结果如图 7-2(b)所示。本研究的预测值与实验值吻合较好，但预测值大都

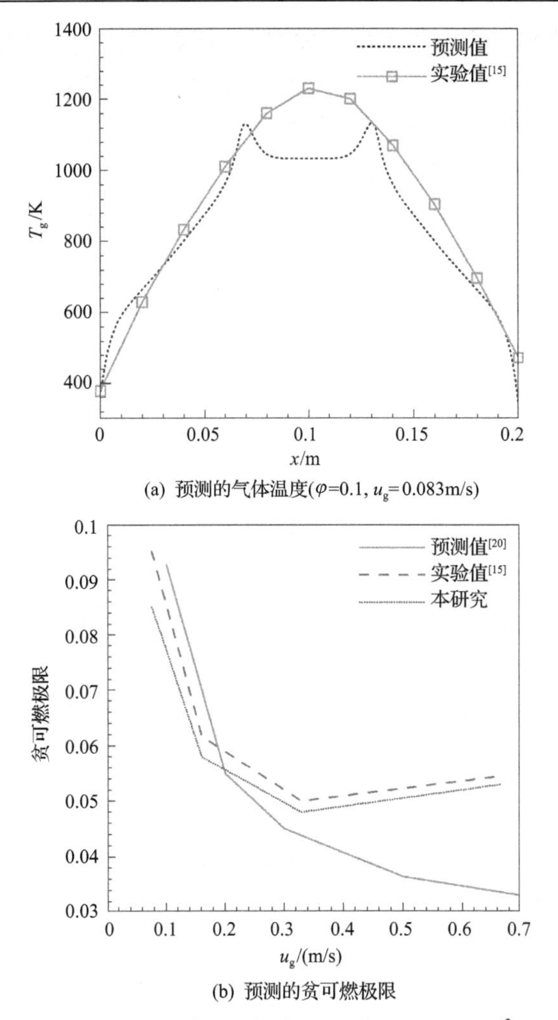

(a) 预测的气体温度(φ=0.1, u_g= 0.083m/s)

(b) 预测的贫可燃极限

图 7-2　预测的气体温度与贫可燃极限[β=80W/(m^3·K)]

小于实验值。当气体流速较小时，Dobrego 等[20]的预测值与实验结果的变化趋势一致。然而，当混合气入口速度大于 0.3m/s 时，使用单步反应机理预测的趋势与实验值相反。可以看出，本研究得到的模型的预测值比文献[20]的预测值有了改进。图 7-2 中预测的贫可燃极限是根据文献[20]的建议值 β=80W/(m^3·K)得到的，下面将研究 β 对贫可燃极限的影响。

7.4　结果与讨论

7.4.1　贫可燃极限下的温度与组分分布

为了了解 RFB 在贫可燃状态下的燃烧特性，图 7-3 显示了贫可燃极限下的气固温度、反应热和火焰区附近的主要组分，计算的工况是：燃烧器 u_g=0.33m/s，φ=0.0048。从图 7-3(a)中观察到燃烧器中心有一个狭窄的高温区，这是 RFB 在接近贫可燃极限时的准稳态平衡温度分布的典型特征。图 7-3(b)显示了反应区附近主要组分的分布。本研究中化学反应采用了详细化学动力学，因此预测到了中间组分的形成。如图 7-3(b)所示，CH_4 热解为中间产物，然后氧化为 CO，最后 CO 缓慢氧化为 CO_2。从图 7-3(a)中观察到，热迅速释放达到最大值，然后缓慢降低，这与 CO 氧化成 CO_2 的缓慢过程相对应。值得注意的是，CO 氧化为 CO_2 是不完全的，产物中 CO 的排放量可能很高。在低当量比条件下，CO

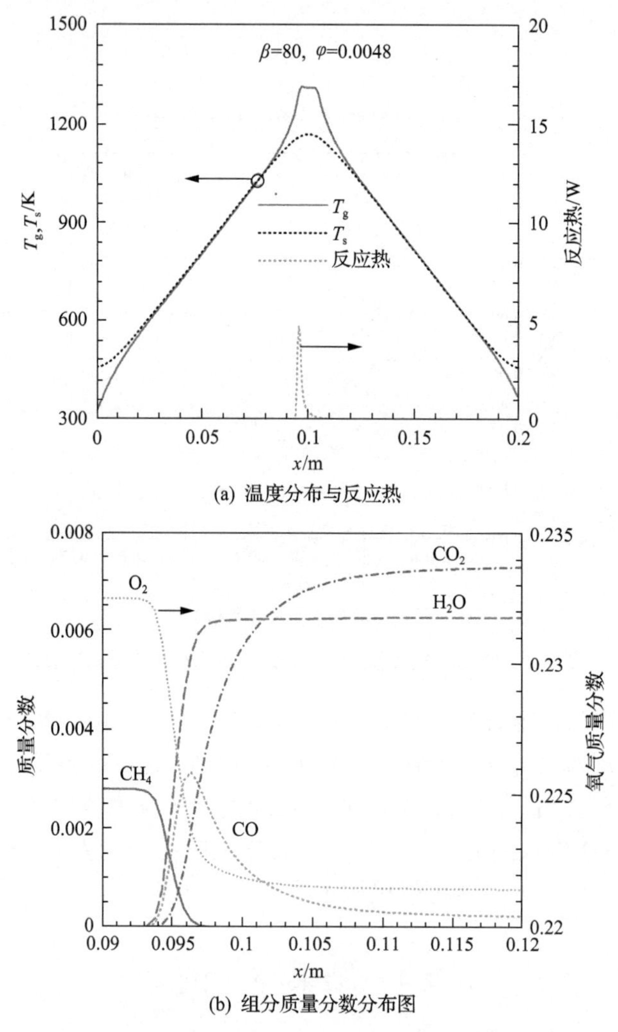

图 7-3　燃烧器内温度、反应热与组分质量分数分布图

[u_g=0.33m/s，β=80W/(m^3·K)，φ=0.0048]

不完全转化为 CO_2 会导致烟气中大量的 CO 排放。虽然在以往的研究报道中，RFB 的污染物排放浓度很低，但本研究预测到了大量的 CO 排放，这是一个有待进一步研究的问题。

7.4.2　热损失对贫可燃极限的影响

图 7-4 显示了不同气体速度下热损失对贫可燃极限的影响。考虑到实验中使用的绝热层材料和厚度，Dobrego 等[20]推荐热损失系数 β=80W/(m^3·K)。图 7-4 的计算结果表明，通过降低热损失系数，贫可燃极限总是可以得到拓展。事实上，系统的热损失系数越小，意味着系统输出到外界的热损失越少，相应的系统储存的热量越多，燃烧器内的温度越高。注意到 β=0 对应于绝热条件，这意味着通过燃烧器壁面的热损失为零。然而，计算结果表明，当 β=160W/(m^3·K) 和 β=320W/(m^3·K)时，预测值与实验值吻合很好，采用 β=160W/(m^3·K)和 β=320W/(m^3·K)预测的贫可燃极限分别略小于和大于实验值。文献[20]还给出了总包反应机理模型的预测值[20]。如图 7-4 所示，与文献[20]的结果相比，本模型的预测值比文献[20]预测值有了改进，特别是气体速度大于 0.2m/s 的工况。模型预测值与实验值之间的偏差可以用多个因素解释。主要原因可能是填料床的物性参数的不确定性。同时需要指出，实验中使用的天然气用甲烷代替，这可能也是造成偏差的原因之一。如图 7-4 所示，热损失对贫可燃极限有显著影响，β 选取不准确也可能导致预测值与实验值的偏差。

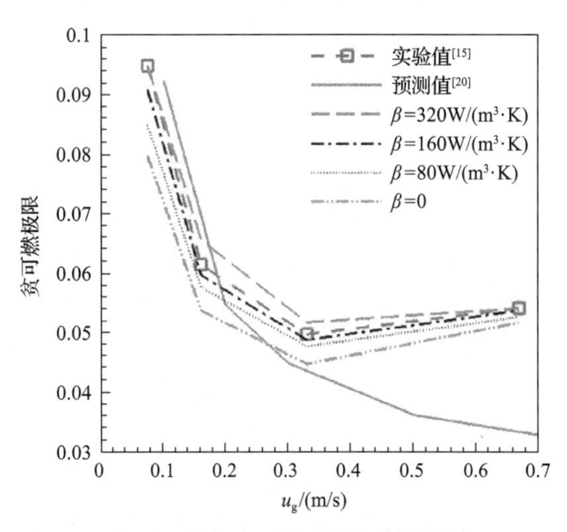

图 7-4　热损失对贫可燃极限的影响

7.4.3　燃烧器长度对贫可燃极限的影响

Hoffmann 等[15]在实验研究中，通过增加燃烧器长度和截面，最终将天然气/空气混合物的贫可燃极限从 0.028 拓展到了 0.026。研究燃烧器长度对贫可燃极限的影响，图 7-5 显示了不同燃烧器长度的贫可燃极限。如图 7-5 所示，增加燃烧器长度拓展了贫可燃极限。这是因为在相同的操作条件下，随着燃烧器长度增加，系统中可以储存的热量增多，烟气的排气温度降低。需要指出的是，增加填料床长度会导致压力损失增加和设备大型化。本模拟的多孔介质是泡沫陶瓷，其孔隙率为 0.875，因此燃烧器内的压力损失可以忽略不计。

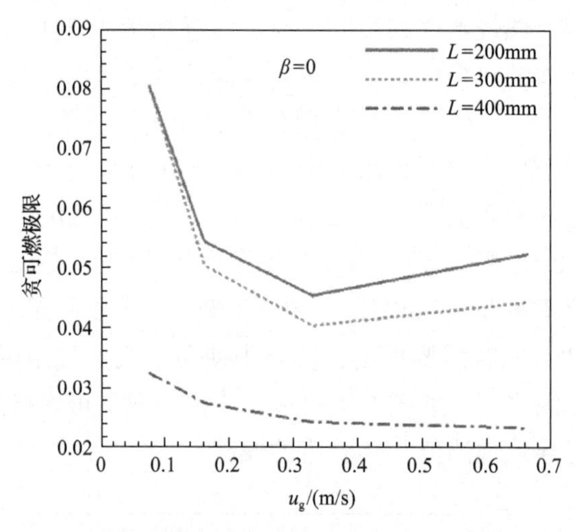

图 7-5　燃烧器长度对贫可燃极限的影响

7.4.4　计算效率

用本章发展的稳态模型和一维瞬态模型，利用同一台工作站对同一个算例分别进行了计算，通过使用两个模型的计算时间来评价稳态模型的计算效率。指定一维瞬态模型的时间步长为 1×10^{-5}s，并且流动方向由用户定义函数编译的日志文件自动更改。两个算例使用相同数量的网格、相同的物性参数和求解方法。对 φ =0.29，u_g=0.083m/s，L=0.2m，半周期 30s 的算例进行了计算，为简便起见，采用实际的计算时间而不是 CPU 时间作为衡量指标，来比较两种模型的计算性能。计算在同一台工作站上进行，主要参数是：两个 CPU 2.10GHz、128GB RAM 内存。计算结果表明，采用本研究的稳态模型和一维瞬态模型的计算时间分别为 20min 和 31200min，这意味着所建立的模型可以节省大量的计算时间，与一维瞬态模型相比，所开发的模型的计算时间是一维瞬态模型计算时间的

1/1560，极大地节省了计算时间。

7.5　稳态模型应用于燃料重整的研究

7.5.1　往复流多孔介质内燃料重整的研究进展

用于合成气生产的往复流多孔介质燃烧器的开发和优化设计需要对系统进行数学建模。计算流体力学作为往复流多孔介质燃烧器优化设计工具的应用越来越广泛。然而，由于计算资源有限，采用详细化学动力学和多维几何模型来模拟填充床中富燃料部分氧化反应具有特殊的挑战性。多孔介质中预混气体燃烧是一个典型的瞬态过程，多孔介质的几何特征尺寸跨度很大，多孔介质中的传导、气体流动和反应具有不同的时间尺度。对于重建几何模型和使用详细化学动力学求解控制方程组，获得网格无关解是非常耗时的。

研究者采用体积平均法对富燃料部分氧化制取合成气进行了大量的数值研究，通常采用单步、详细或组合机理描述富燃料的改性。富燃料燃烧伴随着火焰的传播过程，是一个典型的瞬态过程，因此研究者大多采用瞬态模型模拟燃料重整，这为数值计算带来了很大的困难。Dobrego 等[33]使用详细或组合机理及其发展的单步化学反应动力学模型对燃料重整进行了系统的研究。他们开发了惰性多孔介质中甲烷部分氧化的总包反应机理。随后，他们研究了注入蒸汽对 RFB 中甲烷重整的影响[40]。结果表明，在所有计算工况中，RFB 在 10～15 个周期后都达到了准稳态，通过添加蒸汽可以使烟气中的 H_2 浓度提高 0.5%～1%。为了提高合成气生产的转化效率，Zheng 等[41]提出了在 RFB 中部设置外加热源，用以提高燃烧温度，提升燃料的转化效率，他们应用具有详细动力学的一维瞬态模型研究了外加热源对甲烷转化的影响。经过多次试运行，选择 2.5×10^{-3}s 作为计算的时间步长。结果表明，当外加热源功率从 0W 增加到 750W 时，CO 和 H_2 的转化率提高了近 2 倍。

利用 RFB 制取合成气是由 Drayton 等[36]首次提出的。实验证明，甲烷/空气的富可燃极限可以扩展到当量比 8，远大于自由空间燃烧的富可燃极限。Zhdanok[37]实验研究了 RFB 中制取合成气，他们发现产物中 CO 和 H_2 的浓度随着进气速度的增加而增加。

如前所述，研究往复流多孔介质燃烧器中富燃料制取合成气，使用详细化学反应机理模拟燃料的改性，即使使用节省计算成本的体积平均法，不进行多孔介质建模，需要的计算资源和计算时间也相当可观，计算成本难以接受。

本节使用上节发展的稳态模型，采用详细化学反应机理模拟 RFB 内的燃料重整，首先通过与实验值的对比，验证该模型的可靠性；随后研究流速、当量比和热损失对燃料重整的影响；最后在同一台工作站上通过对同一算例，分别采用稳态模型和一维瞬态模型进行计算，通过两个模型计算时间的比较，分析评估稳态模型的计算效率。

7.5.2 数学模型与求解

本节的数学模型与前节的完全相同，因此不再赘述。模拟的燃烧器是 Drayton 等[36]设计使用的实验装置。Zhdanok[37]在实验中使用的反应器长度为 0.5m，分别填充了直径为 3mm、6mm 的氧化铝小球，以上两个实验装置都是本节的模型对象。为了模拟点火过程，将 RFB 中间长 80mm 的固体温度设置为 1800K，计算中采用了尺寸为 0.5mm 的正方形网格。

甲烷的转化效率由下式计算：

$$\eta_{\text{e-s}} = \frac{Y_{\text{CO}} \times \text{LHV}_{\text{CO}} + Y_{\text{H}_2} \times \text{LHV}_{\text{H}_2} + Y_{\text{C}_2\text{H}_2} \times \text{LHV}_{\text{C}_2\text{H}_2} + Y_{\text{C}_2\text{H}_4} \times \text{LHV}_{\text{C}_2\text{H}_4}}{Y_{\text{CH}_4,\text{in}} \times \text{LHV}_{\text{CH}_4}} \tag{7-12}$$

式中，LHV_{H_2} 、LHV_{CO} 和 LHV_{CH_4} 分别为氢气、一氧化碳和甲烷的低热值，式中其他符号的命名法与此相同。式(7-12)中考虑了 C_2 碳氢化合物的生成，是因为本节模拟的甲烷当量比很高，产物中有 C_2 碳氢化合物生成。

7.5.3 应用于燃料重整的稳态模型验证

为了评估所建模型在预测富燃料改性方面的表现，对文献[36, 37]的实验装置进行模拟，将预测的气体温度和固体温度、RFB 中烟气主要合成气成分与实验结果进行比较。本节模拟中设定固体导热系数为 2W/(m·K)，热损失系数设定为 330W/(m^3·K)。

图 7-6 所示为预测的 RFB 中气体、固体温度的预测值，并与实验结果[36]进行比较，计算的工况为：u_g=0.28m/s，β=330W/(m^3·K)，φ =4。如图 7-6 所示，模型预测到了 RFB 的典型温度分布。模型捕捉到 RFB 中部较宽的高温区和燃烧器两侧陡峭的温度梯度。预测的固体温度与实验值吻合良好。

为了进一步评估稳态模型的有效性，图 7-7 显示了烟气中 CO 和 H_2 的摩尔分数与质量流量的函数关系，为了进行比较，图中还显示了实验值[37]。图 7-7(a)中预测的 H_2 摩尔分数随质量流量的增加而线性增加。除最小质量流量外，预测值一般大于实验值。图 7-7(b)示出了预测的 CO 摩尔分数和实验测量值。模型预测的 CO 摩尔分数随着质量流量增大而减小，但减小的幅度可以忽略不计，而实验值则是分散的。

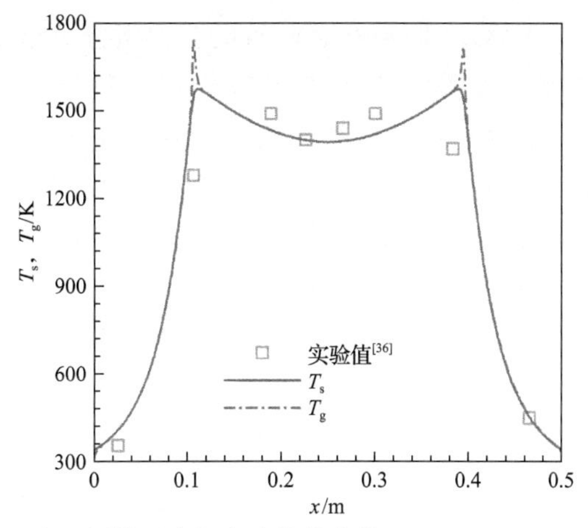

图 7-6　预测的气体温度、固体温度与实验值的比较[u_g=0.28m/s，β=330W/(m^3·K)，φ=4]

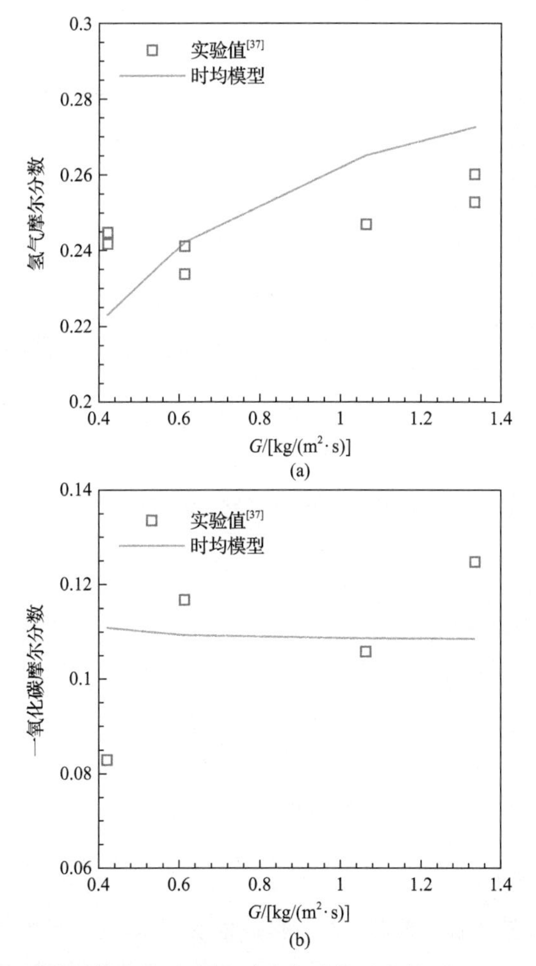

图 7-7　预测的烟气中氢气、一氧化碳摩尔分数随气体质量流量的变化(φ=4)

图 7-8 显示了 u_g=0.28m/s 时放热区附近的主要组分分布图。对于 RFB 中的富燃料部分燃烧，可以看到燃料的消失和烟气中合成气成分的出现。模型成功地捕捉到了 RFB 中的燃烧特性。放热区典型的富燃料部分燃烧特性如图 7-8 所示。从图 7-8 可以看出，甲烷开始分解，中间产物 CO 出现，然后少量 CO 被氧化为 CO_2。同时，氧气开始被消耗，最终氧气摩尔分数接近于零，这是因为富燃料燃烧，氧气不足，富燃料无法完全氧化燃烧。烟气中主要组分 CO 和 H_2 的变化是显著的。但是，由于氧气不足，产物中 CO_2 的摩尔分数很低。结果表明，产物中甲烷的摩尔分数为 6.5%。下面将研究气体速度、当量比等因素对 RFB 制取合成气的影响，同时进一步评价本研究发展的稳态模型。

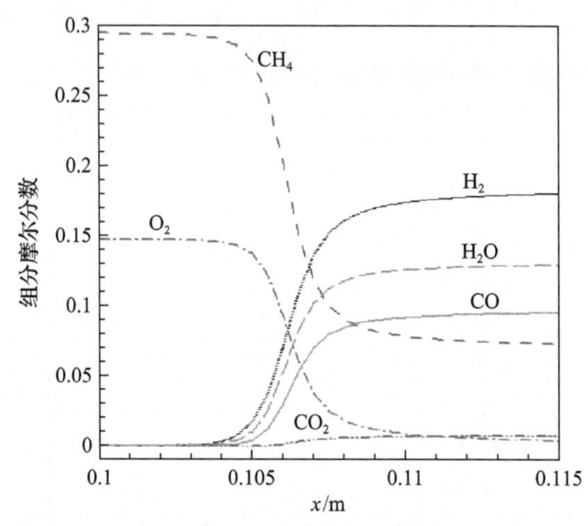

图 7-8　放热区主要组分分布图(u_g=0.28m/s，φ=4)

7.5.4　往复流多孔介质内燃料重整的燃烧特性研究

1. 气体流速的影响

图 7-9 显示了不同气体速度下计算的固体温度，同时当量比和热损失系数保持不变。尽管排烟温度升高，但较高的混合气速度会导致燃烧器功率增加，从而提高燃烧器内燃烧的最高温度，并扩大燃烧器中间高温区的宽度。所建立的稳态模型反映了混合气速度对 RFB 燃烧特性的影响，这一典型特征在 RFB 富燃料和贫燃料燃烧的研究中得到了充分的报道[2-6]。

2. 热损失的影响

本研究通过改变热损失系数，来考察热损失对 RFB 燃烧特性的影响。式(7-9)中的源项 $\beta(T_s-T_0)$，代表着系统通过管壁向外界的热损失量。图 7-10 显示了 u_g=

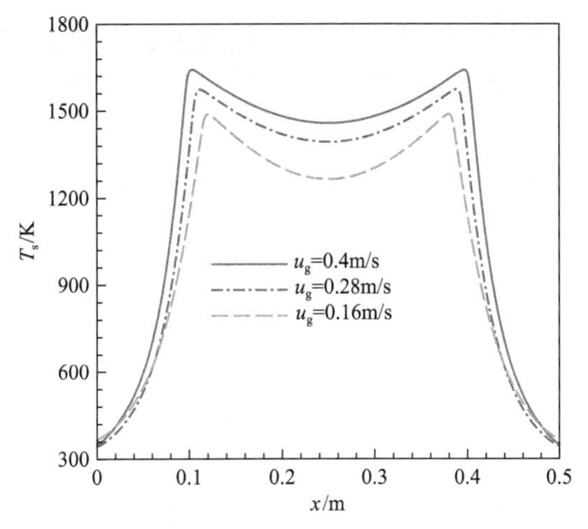

图 7-9　不同速度下燃烧器内固体温度分布(φ=4)

0.16m/s 时热损失对气体温度的影响。从图 7-10 中可以看出，热损失对 RFB 中央区域的最高气体温度有着显著的影响。在高温区 β=0 对应于理想的绝热情况，预测的燃烧器中央区域的高温区域的最高温度几乎不变。如图 7-10 所示，热损失通过降低反应器中间的最高温度来影响温度分布，当热损失系数从 0 增加到 330W/(m^3·K)时，燃烧器中间部位最高气体温度相应降低，但 RFB 中部高温区宽度不变，整个温度曲线类似于 M 形分布，燃烧器两侧气体温度梯度随热损失系数的变化可忽略不计。

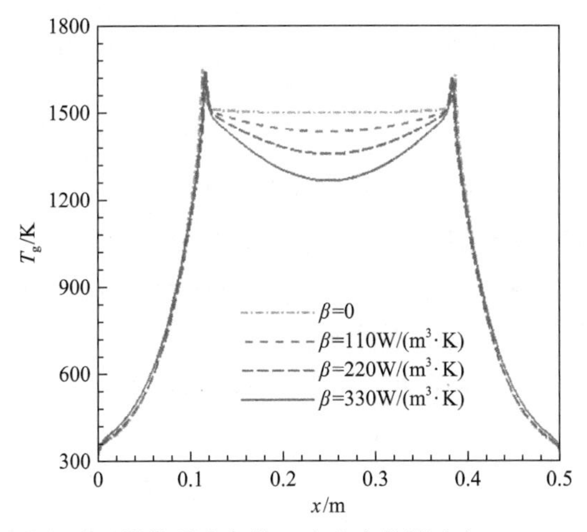

图 7-10　热损失对燃烧器内气体温度分布的影响(u_g=0.16m/s，φ=4)

3. 当量比的影响

图 7-11 显示的是当量比对燃烧器内气体温度分布的影响(u_g=0.28m/s)。很明

显，当量比从 2 增加到 8 时，反应物中甲烷的摩尔分数线性增加，对于富燃料部分燃烧，由于氧气不足，反应物甲烷燃烧不完全。当量比为 2 时，燃烧区域的最高温度达到最大。当量比从 4 增加到 8 时，高温区宽度变窄，最高气体温度略有下降，这主要是由于富燃料燃烧，随着当量比的增大，烟气中未燃烧的甲烷增多。

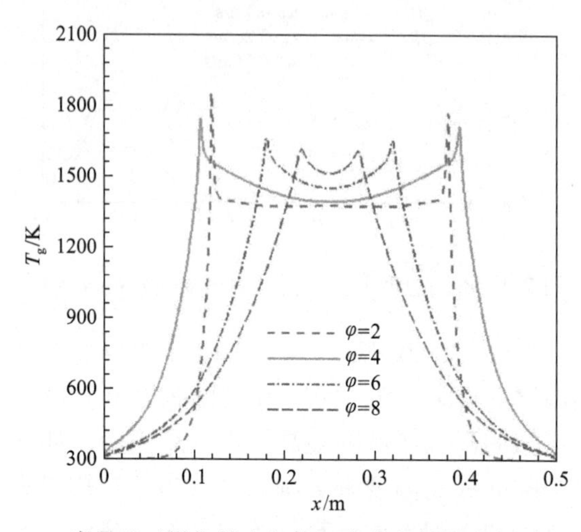

图 7-11 当量比对燃烧器内气体温度分布的影响(u_g=0.28m/s)

4. 燃料重整效率

图 7-12(a)显示了不同当量比下烟气中的主要组分，甲烷当量比的变化范围是 2～8，气体流速为 0.28m/s。在整个研究范围内，CO 的摩尔分数随着当量比的增加而略有下降。甲烷当量比从 2 增加到 5 时，H_2 的摩尔分数从 0.11 略微增加到 0.20，随后在当量比为 5～8 的范围内，H_2 摩尔分数的变化可以忽略不计。本研究以 C_2H_2、C_2H_4 和 C_3H_8 为例，分析富燃料部分燃烧时 C_2 和 C_3 碳氢化合物的形成。在当量比 2～8 的范围内，C_2H_2 的形成不容忽略。如图 7-12(a)所示，对于当量比范围为 2～5，C_2H_2 的摩尔分数从 0.01 增加到 0.039，当量比进一步增大时 C_2H_2 的摩尔分数变化很小。从图 7-12(a)中可以看出，烟气中 C_2H_4 和 C_3H_8 的形成可以忽略不计，尽管 C_2H_4 和 C_3H_8 的摩尔分数随着当量比的增加而不断增加，在当量比为 8 时，烟气中 C_2H_4 和 C_3H_8 的最大摩尔分数分别为 5.96×10^{-3} 和 7.05×10^{-5}，这与烟气中 CO、H_2 的摩尔分数相比是微不足道的。图 7-12(a)表明，在整个当量比范围内，烟气中甲烷的摩尔分数呈线性增加，其最大值为 0.21，这意味着废气中残留了大量未燃烧的甲烷。

图 7-12(b)显示了在流速 u_g=0.28m/s、不同当量比下甲烷转化效率，以及燃

烧器出口和入口甲烷质量分数之间的比率（$Y_{CH_4,out}/Y_{CH_4,in}$）。适当的当量比意味着在给定的系统参数下，甲烷转化率最大。在当量比 2～3 的范围内，转化效率随着当量比的增加而提高，在当量比为 3 时达到最大值，转化效率最大值为 63%。当量比大于 3 时，转化效率随当量比线性降低。这些研究结果表明，为了使转化效率最大化，当 u_g=0.28m/s 时，当量比应接近于 3。如图 7-12(b)所示，燃烧器出口与入口的甲烷质量分数之比随着当量比的增加而不断增加，当量比为 8 时，其最大值为 0.54，这意味着一半以上的反应物甲烷没有完全燃烧，这是导致甲烷转化效率降低的主要原因。需要说明的是，实验和数值研究都表明，甲烷/空气在 RFB 内富可燃极限扩展到了 8，这远大于自由空间中甲烷/空气的富可燃极限，这是多孔介质中燃烧的优势之一，但从上面可以看出，太高的当量比

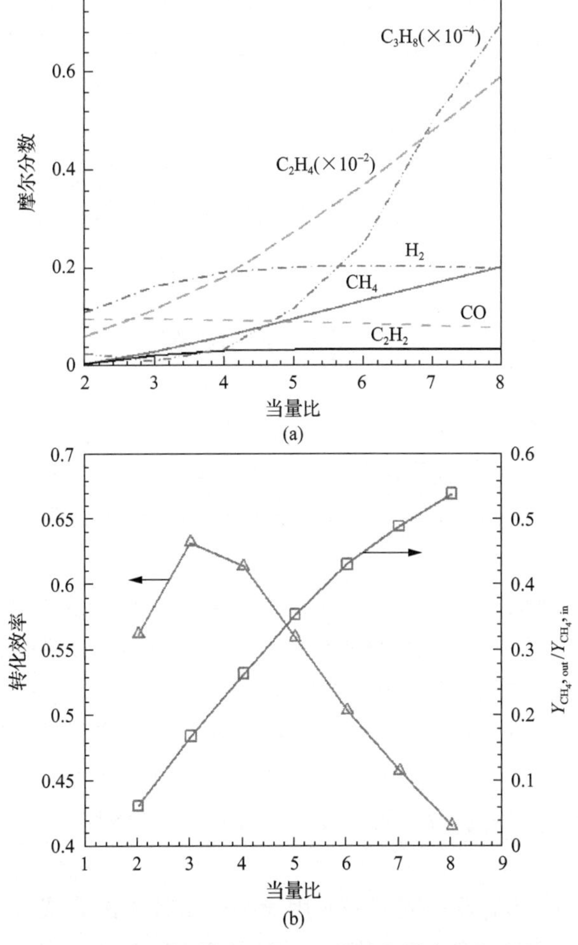

图 7-12　当量比对合成气成分含量、甲烷转化效率的影响(u_g=0.28m/s)

并没有增大燃料的转化效率。从经济角度考虑，当量比应该维持在 3 左右，以获得满意的燃料转化效率。

5. 计算效率

为了评估稳态模型的计算效率，在同一台工作站上对同一算例，使用本章发展的稳态模型、一维瞬态模型[30]分别对 RFB 进行模拟，通过两种模型计算时间的比较，来定量评估稳态模型的计算效率。一维瞬态模型计算的算例参数为：u_g=0.4m/s，φ =7，β=330W/(m^3·K)，半周期为 30s。比较一维瞬态模型和稳态模型在相同情况下的计算时间，以两个算例的计算时间的比值作为定量评价计算效率的指标。计算在同一台工作站上进行，主要参数为两个 CPU(2.10GHz)和 128GB RAM 内存。一维瞬态模型采用 0.003s 作为时间步长，在经过 15 个周期后，RFB 达到了准稳态平衡状态，计算所需时间为 63000min，而使用本章发展的稳态模型需要 450min 达到准稳态状态，这说明使用本章发展的模型，计算时间是一维瞬态模型的 1/140。需要指出的是，选定 0.003s 作为时间步长，该时间步长可能偏大，不能够满足化学反应时间尺度的要求，本章只是将 0.003s 作为一个例子来分析计算效率。实际上，如果瞬态模型满足化学反应时间尺度的要求，则本章发展的稳态模型的效率更高。时间步长对 RFB 的影响，不在本专著的研究范围之内，需要做深入的研究。

7.6　本 章 小 结

与逆流反应器类比，发展了适用于往复流多孔介质燃烧器达到准稳态平衡的稳态模型，该模型中化学反应采用详细化学反应机理，与一维瞬态模型相比，该模型可用于快速预测往复流多孔介质燃烧器的贫可燃极限和富燃料的改性。主要结论如下。

(1)稳态模型捕捉到了往复流多孔介质的燃烧特性。通过模型预测的燃烧器内的温度分布和烟气中 CO、H_2 与实验值的比较，模型预测的结果与实验值吻合较好，说明稳态模型能够定量研究往复流多孔介质燃烧器的燃烧特性。

(2)模型验证表明，使用稳态模型可以较好预测燃烧器的温度分布和贫可燃极限，预测的贫可燃极限的精度高于一维瞬态模型的预测值，而计算同一算例的计算时间是瞬态模型的 1/1560，极大地节省了计算时间，同时具有很高的计算精度。

(3)计算燃料改性的算例表明，使用稳态模型计算的合成气成分含量及燃烧器内的温度分布，与实验值吻合较好，说明该模型可用于往复流多孔介质燃烧器的设计和改造。通过计算效率的比较，发现使用稳态模型的计算时间是瞬态模型的 1/140，极大地节省了计算时间，为使用详细化学反应机理、精准预测合成气提供了一个可靠的数学模型，也为往复流多孔介质燃烧器的快速设计、改进和优化提供了可以信赖的实用模型。

参 考 文 献

[1] Wood S, Harris A T. Porous burners for lean-burn applications[J]. Progress Energy and Combustion Science, 2008, 34(5): 667-684.

[2] Mujeebu M A. Hydrogen and syngas production by superadiabatic combustion—A review[J]. Applied Energy, 2016, 173: 210-224.

[3] Ellzey J L, Belmont E L, Smith C H. Heat recirculating reactors: Fundamental research and applications[J]. Progress in Energy Combustion Science, 2019, 72: 32-58.

[4] Egerton A, Gugan K, Weinberg F J. The mechanism of smouldering in cigarettes[J]. Combustion and Flame,1963, 7: 63-78.

[5] Weinberg F J. Combustion temperature: The future?[J]. Nature, 1971, 233(5317): 239-241.

[6] Zhdanok S A, Kennedy L A, Koester G. Superadiabatic combustion of methane air mixtures under filtration in a packed bed[J]. Combustion and Flame, 1995, 100(1): 221-231.

[7] Zheng C H, Cheng L M, Saveliev A, et al. Gas and solid phase temperature measurements of porous media combustion[J]. Proceedings of the Combustion Institute, 2011, 33(2): 3301-3308.

[8] Liu H S, Wu D, Xie M Z, et al. Experimental and numerical study on the lean premixed filtration combustion of propane/air in porous medium[J]. Applied Thermal Engineering, 2019, 150: 445-455.

[9] Bubnovich V, Toledo M. Analytical modelling of filtration combustion in inert porous media[J]. Applied Thermal Engineering, 2007, 27(7): 1144-1149.

[10] 史俊瑞. 多孔介质中预混气体超绝热燃烧机理及其火焰特性的研究[D]. 大连：大连理工大学, 2007.

[11] Vahid V, Chanwoo P. Analytical solutions of superadiabatic filtration combustion[J]. International Journal of Heat and Mass Transfer, 2018, 117: 740-747.

[12] Henneke M R, Ellzey J L. Modeling of filtration combustion in a packed bed[J]. Combustion and Flame, 1999, 117(4): 832-840.

[13] Yakovlev I, Zambalov S. Three-dimensional pore-scale numerical simulation of methane-air combustion in inert porous media under the conditions of upstream and downstream combustion wave propagation through the media[J]. Combustion and Flame, 2019, 209: 74-98.

[14] Jiang L S, Liu H S, Suo S Y, et al. XieSimulation of propane-air premixed combustion process in randomly packed beds[J]. Applied Thermal Engineering, 2018, 141: 153-163.

[15] Hoffmann J G, Echigom R, Yoshida H, et al. Experimental study on combustion in porous media with a reciprocating flow system[J]. Combustion and Flame, 1997, 111 (1-2): 32-46.

[16] Barcellos W M, Souza L C E Q, Saveliev A V, et al. Ultra-low-emission steam boiler constituted of reciprocal flow porous burner[J]. Experimental Thermal and Fluid Science, 2011, 35 (3): 570-580.

[17] Gosiewski K, Pawlaczyk A, Jaschik M. Energy recovery from ventilation air methane via reverse-flow reactors[J]. Energy, 2015, 92: 13-23.

[18] Oliveira A A M, Kaviany M. Nonequilibrium in the transport of heat and mass reactants in combustion in porous media[J]. Progress in Energy and Combustion Science, 2001, 27 (5): 523-545.

[19] Hanamura K, Echigo R, Zhdanok S A. Superadiabatic combustion in a porous media[J]. International Journal of Heat and Mass Transfer, 1993, 36 (13): 3201-3209.

[20] Dobrego K V, Gnesdilov N N, Lee S H, et al. Lean combustibility limit of methane in reciprocal flow filtration combustion reactor[J]. International Journal of Heat and Mass Transfer, 2008, 51 (9-10): 2190-2198.

[21] Bubnovich V, Henríquez L, Díaz C, et al. Diameter of alumina balls effect on stabilization operation region for a reciprocal flow burner[J]. International Journal of Heat and Mass Transfer, 2011, 54 (9-10): 2026-2033.

[22] Henríquez-Vargas L, Valeria M, Bubnovich V. Numerical study of lean combustibility limits extension in a reciprocal flow porous media burner for ethanol/air mixtures[J]. International Journal of Heat and Mass Transfer, 2015, 89: 1155-1163.

[23] Vourliotakis G, Skevis G, Founti M A. Detailed kinetic modelling of the T-POX reforming process using a reactor network approach[J]. International Journal of Hydrogen Energy, 2008, 33 (11): 2816-2825.

[24] Gao Z L, Liu Y Q, Gao Z Q. Influence of packed honeycomb ceramic on heat extraction rate of packed bed embedded heat exchanger and heat transfer modes in heat transfer process[J]. International Communications in Heat and Mass Transfer, 2015, 65: 76-81.

[25] Sun P, Yang H Z, Zheng B, et al. Heat transfer trait simulation of H finned tube in ventilation methane oxidation steam generator for hydrogen production[J]. International Journal of Hydrogen Energy, 2019, 44 (11): 5564-5572.

[26] Zheng B, Liu Y Q, Sun P, et al. Oxidation of lean methane in a two-chamber preheat catalytic reactor[J]. International Journal of Hydrogen Energy, 2017, 42 (29): 18643-18648.

[27] Mao M M, Shi J R, Liu Y Q, et al. Experimental investigation on control of temperature asymmetry and nonuniformity in a pilot scale thermal flow reversal reactor[J]. Applied Thermal Engineering, 2020, 175: 115375.

[28] Shi J R, Mao M M, Li H P, et al. Pore-level study of syngas production from fuel-rich partial oxidation in a simplified two-Layer burner[J]. Frontiers in Chemistry, 2019, 7: 793.

[29] Dixon A G. Local transport and reaction rates in a fixed bed reactor tube: Endothermic steam methane reforming[J]. Chemical Engineering Science, 2017, 168: 156-177.

[30] Pope S B. Computationally efficient implementation of combustion chemistry using in situ adaptive tabulation[J] Combustion Theory and Modelling, 1997, 1(1): 41-63.

[31] Koren C, Vicquelin R, Gicquel O. Self-adaptive coupling frequency for unsteady coupled conjugate heat transfer simulations[J]. International Journal of Thermal Sciences, 2017, 118: 340-354.

[32] Shi J R, Xie M Z, Li G, et al. Approximate solutions of lean premixed combustion in porous media with reciprocating flow[J]. International Journal of Heat and Mass Transfer, 2009, 52(3-4): 702-708.

[33] Dobrego K V, Gnezdilov N N, Lee S H, et al. Partial oxidation of methane in a reverse flow porous media reactor. Water admixing optimization[J]. International Journal of Hydrogen Energy, 2008, 33(20): 5534-5544.

[34] Zheng C H, Cheng L M, Cen K A, et al. Partial oxidation of methane in a reciprocal flow porous burner with an external heat source[J]. International Journal of Hydrogen Energy, 2012, 37(5): 4119-4126.

[35] Yao Z X, Saveliev A V. High efficiency high temperature heat extraction from porous media reciprocal flow burner: Time-averaged model[J]. Applied Thermal Engineering, 2018, 143: 614-620.

[36] Drayton M K, Saveliev A V, Kennedy L A, et al. Syngas production using superadiabatic combustion of ultra-rich methane-air mixtures[J]. Symposium on Combustion, 1998, 27(1): 1361-1367.

[37] Zhdanok S A. Porous media combustion based hydrogen production[R]. Proceeding of European Combustion Meeting, 2003.

[38] Bowman C T, Hanson R K, Davidson D F, et al. Goldenberg[Z]. [2020.12.20]. http://me.berkeley.edu.

[39] Younis L B, Viskanta R. Experimental determination of the volumetric heat transfer coefficient between stream of air and ceramic foam[J]. International Journal of Heat and Mass Transfer, 1993, 36(6): 1425-1434.

[40] Dobrego K V, Gnezdilov N N, Lee S H, et al. Methane partial oxidation reverse flow reactor scale up and optimization[J]. International Journal of Hydrogen Energy, 2008, 33(20): 5501-5509.

[41] Zheng C H, Cheng L M, Cen K A, et al. Partial oxidation of methane in a reciprocal flow porous burner with an external heat source[J]. International Journal of Hydrogen Energy, 2012, 37(5): 4119-4126.